Anna & Anders Jeppsson

Hans-Ove Ohlsson

Mit Holz arbeiten im Garten

eppsson, Ohlsson: Mit Holz arbeiten im Garten

SBN 978-3-86630-942-5

Vorwort

Es war unsere Absicht mit Holzarbeiten für den Garten ein Buch zu machen, das sich an viele Menschen richtet. Ein breit gefächertes Buch mit vielen Heimwerkerprojekten für das Leben im Freien, Geselligkeit, Gartenbau, Spiel und Aufbewahrungsmöglichkeiten im Garten.

Die vielleicht wichtigste Gruppe, die wir ansprechen wo möchten, sind selbstverständlich all jene, die am Heimwerken interessiert sind – oder damit beginnen wollen. Durch den Mix aus kleineren und größeren Objekten von unterschiedlichem Schwierigkeitsgrad wollen wir erreichen, dass das Buch sowohl für den Anfänger als auch für geübte Hobbytischler geeignet ist. Wenn Sie noch nie zuvor mit Holz gearbeitet haben, können Sie mit einigen der einfacheren Projekte beginnen, um sich später an größere Herausforderungen zu wagen. Wenn Sie ein geübter Heimwerker sind, entscheiden Sie sich vielleicht stattdessen für den Bau eines Schuppens oder Carports. Aber auch bei etwas kleineren Projekten, wie zum Beispiel einem Kastenbeet für Erdbeeren, kann man gut abschalten.

Eine weitere wichtige Gruppe, die wir erreichen wollen, sind die, die viele Vorstellungen haben, aber diese nicht unbedingt durch Tischlern und Bauen selbst umsetzen wollen. Wir haben deshalb versucht, ein inspirierendes Buch mit vielen schönen Fotos zu machen, das Mann oder Frau an Heimwerken interessierten Familienmitgliedern, Freunden oder Verwandten überreichen kann. Das kann auch in viele neue, spannende Projekte münden.

Mit Holzarbeiten für den Garten wollen wir viele davon überzeugen: Das kann man wirklich gut selbst bauen! Wenn Sie nicht genau das finden, was Sie suchen, können Sie durch die Bilder und Bauanleitungen Anregungen und Hilfe finden. Passen Sie die Maße an und verändern Sie die Zeichnungen so, dass sie Ihren Wünschen entsprechen.

Wir hoffen, dass unser Vorhaben so gelungen ist, dass Sie unter den 65 verschiedenen Projekten in diesem Buch eines oder mehrere finden, welches oder welche Sie selbst bauen wollen. Oder dass Sie Anregungen finden, die Sie selbst nach ihren eigenen Wünschen weiter entwickeln können. Vielleicht finden Sie etwas, von dem Sie nicht einmal wussten, dass Sie es vermisst haben!

Viel Vergnügen!

Anna und Anders Jeppsson
Hans-Ove Ohlsson

Dieses Buch ist im Original in schwedischer Sprache erschienen. Wir haben einige Passagen an deutsche Verhältnisse angepasst, dort wo das nicht sinnvoll erschien aber die Inhalte übernommen.
In den Abb. wird häufig die Maßangabe „c/c" verwendet. Damit ist die Entfernung von der Mitte des einen Werkstückes zur Mitte des anderen Werkstückes gemeint. Da es dafür keine deutsche Entsprechung gibt, haben wir dieses Kürzel übernommen. Wir haben es aber nur beim ersten Vorkommen erläutert.

ISBN 978-3-86630-942-5

Inhalt

Blumenpracht **7**
Pflanztisch 9
Blumenkasten 12
Frühbeet 14
Wandspalier 18
Doppelter Blumenkasten 20
Blumenpyramide 22
Erdbeerpyramide 24
Freistehendes Spalier 26

Terrassen, Holzdecks und Terrassendächer **30**
Großzügige Holzterrasse 34
Holzdeck am Pool 38
Holzdeck um einen großen Baum 42
Sonnendeck 46
Terrassendach 51
Schuppen und Holzterrasse mit Überdach 54

Zäune, Gartenpforten, Plankenwände & Tore **62**
Zaun und Gartenpforte 66
Klassische Gartenpforte 68
Gartenpforte mit Sonne und ein Zaun 70
Doppeltor 74
Plankenzaun mit Tor 76
Stabiler Plankenzaun 78
Windschutz 82
Raumtrenner für den Garten 86

Für Spiel und Spaß **97**
Balkontischchen 98
Futterhäuschen und Nistkasten 100
Fußballtor 102
Gartendusche 104
Skateboardrampe 108

ISBN 978-3-86630-942-5

Stege 110

Steg auf Pfählen 114

Schwimmsteg 115

Freitragender Steg 116

Steg mit Steinlade 117

Fakten

Gesetze und Bestimmungen 118

Fundamente 119

Gebräuchliche Holzarten und ihre Eigenschaften 121

Standardabmessungen 124

Druckimprägniertes Holz 126

Holzplatten 127

Die richtigen Holzabmessungen 128

Zusammenfügen von Holzbauteilen 129

Oberflächenbehandlung von Holz 134

Kleingebäude 136

Fahrradschuppen 138

Gewächshaus 142

Spielhäuschen 148

Holzlager 152

Duschhäuschen 154

Abstellschuppen mit Plankenzaun 159

Carports 164

Carport mit Abstellraum 166

Doppelcarport 170

Treppen und Vordächer 174

Treppe 176

Kleines Vordach 178

Kleiner Vorbau 181

Einladendes Entree 184

Gartenmöbel 191

Gartentisch 192

Kleine Bank 196

Außenküche 198

Wandbank 202

Baumbank 204

Klassische Gartenmöbel 208

Gartenbank, so genannte „Armesünderbank" 214

Blumenpracht

Für viele sind Gewächse und Blumen wichtig, um ihren Garten genießen zu können. Sie geben Farbe und Pracht und duften gut. Außerdem bieten sie Entspannung nach einem Tag voller Stress. Mit Pflanzen kann man aber auch Freiräume im Garten gestalten. Wenn Sie Sorten mit verschiedenen Blütezeiten mit immergrünen Arten kombinieren, haben Sie die Möglichkeit, Pflanzen zu allen Jahreszeiten zu genießen.

Vielleicht nehmen Sie auch einige Blumenkästen, um Blumen auf der Terrasse oder im Eingangsbereich zu pflanzen, oder Sie nehmen ein Spalier, an dem Klematis oder andere Kletterpflanzen hochranken können. Oder warum bauen Sie sich nicht einen Pflanztisch, wo Sie alles finden, was Sie für Ihre Gartenarbeit benötigen? Wenn Sie den Humus zwischen den Fingern fühlen wollen, können Sie sich auch ein Frühbeet bauen, worin Sie Gemüse und andere Pflanzen ziehen können.

Benutzen Sie druckimprägniertes Holz, wenn es Kontakt zum Boden haben soll. Andernfalls können Sie auch gewöhnliches Holz verwenden und seine Oberfläche behandeln. Mehr über die Oberflächenbehandlung finden Sie auf der Seite 134.

Auf den folgenden Seiten finden Sie Projekte für den, der gerne Pflanzen hegt und pflegt.

Jeppsson, Ohlsson: Mit Holz arbeiten im Garten

ISBN 978-3-86630-942-5

Pflanztisch

Wichtige Eigenschaften eines Pflanztisches sind, dass er stabil und praktisch ist. Diese beiden Kriterien erfüllt dieser schicke Pflanztisch mit Platten aus haltbarem Formsperrholz (z.B. Brettsperrholz AW 100) sowie mit Ablagen und Haken, die die Arbeit erleichtern. Das Untergestell ist aus ungehobelter Kiefer, die mit weißer Außenfarbe angestrichen wurde. Wenn man den Pflanztisch in einen ruhigen und abgeschiedenen Winkel des Gartens stellt, erhält man eine eigene kleine Oase, in der man die Zeit vergessen kann..

Jeppsson, Ohlsson: Mit Holz arbeiten im Garten

ISBN 978-3-86630-942-5

Material

Kiefernbretter, 22 x 70 mm, ca. 17 m:

- 4 St. à 1160 mm (A)
- 4 St. à 596 mm (B)
- 2 St. à 552 mm (C)
- 2 St. à 900 mm (D)
- 2 St. à 1250 mm (E)
- 1 St. à 1160 mm (F)
- 4 St. à 710 mm (G)
- 2 St. à 200 mm (H)

Kiefernbretter, 22 x 120 mm, ca. 4 m:

- 1 St. à 1300 mm (I)
- 1 St. à 1230 mm (J)
- 2 St. à 634 mm (K)

Formsperrholz, 12 mm:

- 1 St. à 610 x 1250 mm (L)
- 1 St. à 595 x 1205 mm (M)

Holzschrauben

Wasserfester Leim

Außenfarbe

Haken

So wird's gemacht

1. Schneiden Sie die Teile A, B und C für die zwei Rahmen, welche die Sperrholzplatten tragen sollen, zu. Verleimen und verschrauben Sie diese.
2. Schneiden Sie die Vorderbeine D und die Hinterbeine E zurecht. Verleimen und verschrauben Sie diese am Rahmen. Achten Sie darauf, dass der Rahmen 22 mm von der Außenkante der Beine entfernt befestigt wird, damit die Diagonalstreben G dort Platz finden.
3. Sägen Sie das Brett F, welches die Hinterbeine ganz oben verbindet, zu. Verleimen und verschrauben Sie dieses an seinem Platz.
4. Sägen Sie die vier Diagonalstreben G mit einem 45°-Winkel an beiden Enden zu. Sie sollten an der längsten Seite ca. 710 mm messen. Verleimen und verschrauben Sie sie an ihrem Platz.
5. Schneiden Sie die zwei Konsolendreiecke H zu, und verleimen und verschrauben Sie diese ganz oben an den Hinterbeinen.
6. Schneiden Sie die Ablage I auf Maß, und leimen und schrauben Sie diese oben auf.
7. Schneiden Sie die Teile J und K für den Rahmen der oberen Tischplatte zu. Fräsen Sie einen 12 mm hohen und 10 mm tiefen Falz in die Seitenteile K des Rahmens. Runden Sie die vorderen oberen Ecken dieser Teile ab.
8. Streichen Sie die gesamte Konstruktion, auch die Teile K und J für den Rahmen.
9. Schneiden Sie die Tischplatten L und M zu (oder bestellen Sie diese fertig zugeschnitten im Holzhandel). Lackieren Sie die Schnittkanten.
10. Setzen Sie die untere Platte M ein (schrägstellen und von der Seite einführen).
11. Verleimen und verschrauben Sie die Seitenteile K an der Tischplatte L. Benutzen Sie dünne Schrauben und bohren Sie vor. Kontrollieren Sie, ob das hintere Rahmenteil J passt und verleimen und verschrauben Sie es an seinem Platz. Legen Sie die Tischplatte oben auf und fixieren Sie sie mit einigen Schrauben.
12. Befestigen Sie die Haken mit Schrauben unter der Ablage.

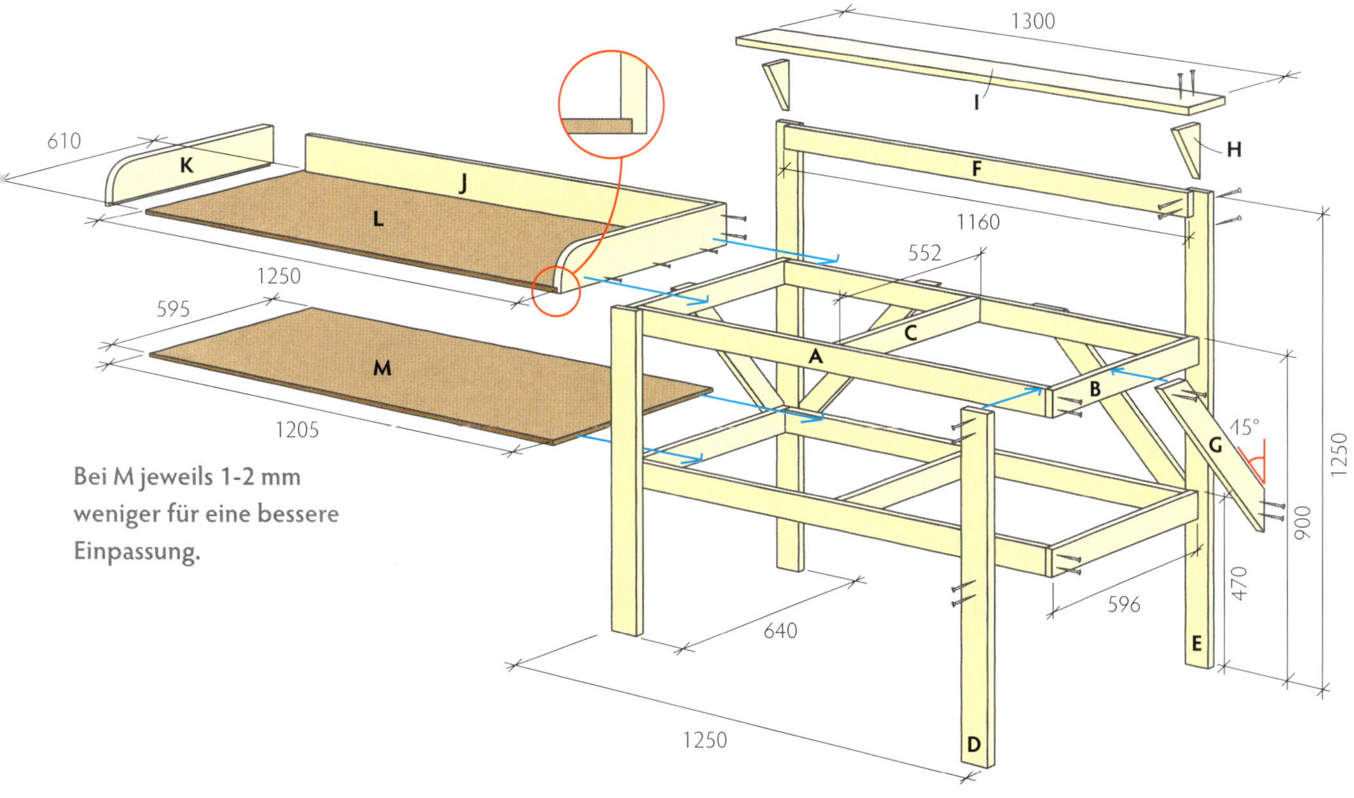

Bei M jeweils 1-2 mm weniger für eine bessere Einpassung.

Alle Maße in Millimetern.

Die Höhe des Tisches kann an die Person angepasst werden, die ihn am häufigsten benutzt.

Blumenkasten

Der Blumenkasten wird aus weiß angestrichenen Holzleisten hergestellt und ruht auf Konsolen älteren Stils. Der Raum zwischen den Leisten sorgt für einen hübschen und weniger kompakten Eindruck.
Pflanzen Sie Blumen in gewöhnliche, billige Blumenkästen oder Töpfe aus Plastik und setzen Sie diese in den hölzernen Kasten. So sind sie gut versteckt.

Alle Maße in Millimetern.

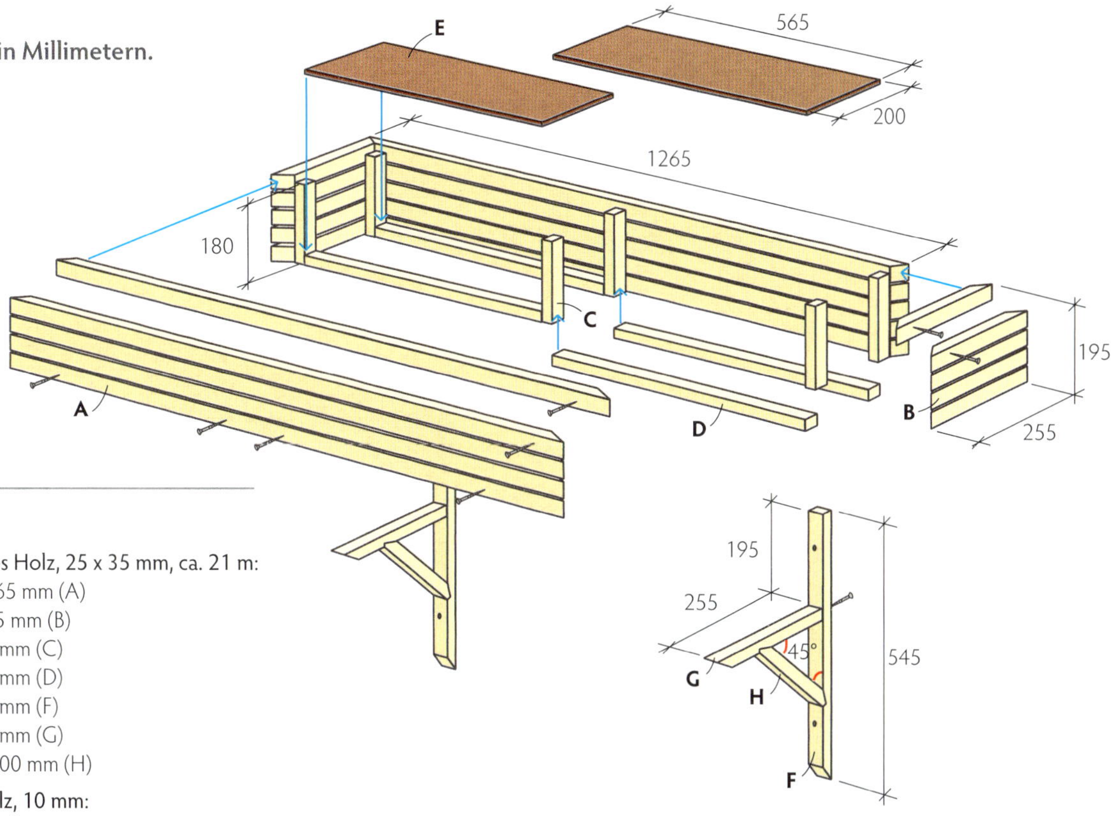

Material

Ungehobeltes Holz, 25 x 35 mm, ca. 21 m:
- 10 St. à 1265 mm (A)
- 10 St. à 255 mm (B)
- 6 St. à 180 mm (C)
- 4 St. à 570 mm (D)
- 2 St. à 545 mm (F)
- 2 St. à 255 mm (G)
- 2 St. à ca. 300 mm (H)

Formsperrholz, 10 mm:
- 2 St. à 200 × 565 mm (E)

Wasserfester Leim

Holzschrauben

2 Blumenkästen aus Kunststoff

Außenfarbe

So wird's gemacht

Wenn Sie Ihre vorhandenen Blumenkästen aus Kunststoff als „Innenkasten" verwenden wollen, passen Sie alle Maße daran an. Anstatt die Plastikkästen als „Innenkästen" zu benutzen, kann man die Innenseite auch mit Kunststofffolie auskleiden. Befestigen Sie die Folie mit Heißklebepistole und Tackerklammern.

Der Kasten

Denken Sie daran, dass die Maße in der Materialliste Endmaße sind. Die Teile, die an den Enden auf Gehrung geschnitten werden, sollte man einen Zentimeter länger machen.

1. Schneiden Sie alle Teile A-D für den Kasten zu. Das geht am besten mit einer Kapp- oder Gehrungssäge.
2. Verleimen und verschrauben Sie die Sprossen der Längsseiten A mit den drei senkrecht stehenden Teilen C.
3. Verleimen und verschrauben Sie die Bauteile D, welche die Bodenplatten E tragen. Bohren Sie einige Ablauflöcher in den Boden.

4. Verleimen und verschrauben Sie die Längsseiten mit den Kopfleisten B.
5. Streichen Sie den Blumenkasten in Ihrer Wunschfarbe an.
6. Schneiden Sie die Bodenplatten E zu, und lackieren Sie die Schnittkanten. Legen Sie die Platten in den Blumenkasten.

Konsolen

1. Schneiden Sie die senkrechten bzw. waagerechten Teile F und G auf das richtige Maß zu.
2. Verleimen und verschrauben Sie diese.
3. Schneiden Sie die Diagonalstrebe H auf das grobe Maß zu, und legen Sie diese im 45°-Winkel über die montierten Teile. Zeichnen Sie an, wie die Streben zugeschnitten werden sollen. Schneiden Sie sie zu und verleimen Sie die Teile. Pressen Sie diese zusammen und lassen Sie den Leim trocknen.
4. Bohren Sie Löcher für die Wandbefestigung.
5. Streichen Sie die Konsolen in Ihrer Wunschfarbe an.

Montage

Befestigen Sie die Konsolen und stellen Sie den Blumenkasten an seinen Platz. Damit der Kasten einen sicheren Halt hat, nehmen Sie die Bodenplatten heraus und verschrauben den Kasten auf den Konsolen.

Frühbeet

Ein kleines Frühbeet für kleine Blumensetzlinge oder Kräuter. Es passt sowohl in den kleinen Garten als auch auf den Balkon und kann auch ein großes Gewächshaus ergänzen. Die Einlegeböden sind herausnehmbar, und wenn die Pflanzen etwas größer geworden sind, setzt man sie einfach eine Etage tiefer. Im Boden befinden sich Drainagelöcher, die die Bewässerung erleichtern – so können Sie Ihren Pflänzchen direkt im Beet eine Dusche gönnen!

Jeppsson, Ohlsson: Mit Holz arbeiten im Garten

ISBN 978-3-86630-942-5

Material

Sperrholz, 7 mm:
- 2 St. à 1000 x 300 mm (A)
- 2 St. à 635 x 520 mm (B)
- 1 St. à 980 x 630 mm (F)
- 2 St. à 630 x 200-300 mm (H)

Leiste, 22 x 45 mm, ca. 12,5 m:
- 4 St. à ca. 350 mm (C)
- 2 St. à 936 mm (D)
- 3 St. à 545 mm (G)
- 8 St. à 410 mm (M)
- 2 St. à 1000 mm (N)
- 2 St. à 1000 mm (O)

Leiste, 15 x 15 mm, ca. 2 m:
- 2 St. à 936 mm (E)

Leiste, 22 x 70 mm, ca. 2,6 m:
- 4 St. à 130 mm (I)
- 1 St. à 1000 mm (K)
- 1 St. à 1030 mm (L))

Rundstab, ∅ 20 mm ca. 1 m:2 St. à 400 mm (J)

Plexiglas (oder Glas):
- 6 St. à 285 x 375 mm (P)

Scharniere: 6 St.

Wasserfester Leim

Holzschrauben

Außenfarbe

So wird's gemacht

1. Beginnen Sie damit, die Längsseiten A und die Giebelseiten B aus dem Sperrholz zurecht zu schneiden. Die Oberkanten der Längsseiten werden im gleichen Winkel zugeschnitten wie die Schrägseiten der Giebelseiten, sodass sie bei der Montage eine Linie bilden.
2. Schneiden Sie die Leisten C, D und E, die innen auf den Längsseiten liegen, zu. Verleimen und verschrauben Sie die Eckleisten C, die Beine, 7 mm von den Außenkanten entfernt. Achten Sie darauf, dass sie unten 10 mm überstehen.
3. Verleimen und verschrauben Sie die längs verlaufenden Leisten D und E.
4. Verleimen und verschrauben Sie die zwei äußeren Leisten G an der Unterkante bzw. der Giebelseite B. Verleimen und verschrauben Sie danach die Giebel B an den Leisten C.
5. Schneiden Sie die Bodenplatte F mit Aussparungen für die Eckleisten zu. Verleimen und verschrauben Sie den Boden auf den Bodenträgern G und D.
6. Verleimen und verschrauben Sie die dritte Leiste G in der Mitte unter der Bodenplatte F.
7. Bohren Sie einige Drainagelöcher in die Bodenplatte F.
8. Schneiden Sie zwei Ablageböden H zu, um sie lose auf die oberen Leisten der Längsseiten zu legen.
9. Sägen Sie vier Klötze für die Handgriffe aus. Diese sollen 130 mm lang werden. Sägen Sie die Ecken ab und bohren Sie die Löcher für die Rundstäbe J.
10. Schieben Sie die Rundstäbe J ein. Verleimen und verschrauben Sie die Handgriffe von innen auf den Giebelseiten B.
11. Schneiden Sie die Leiste K, die die Giebelspitzen verbindet, zu. Machen Sie an jedem Ende eine 20 mm hohe Aussparung für die Giebelseiten. Verleimen und verschrauben Sie die Leiste K.

12. Schneiden Sie die oben aufliegende Deckleiste L zu. Schrägen Sie die Oberseiten von der Mitte aus zu beiden Seiten hin mit einem Hobel ab. Verleimen und verschrauben Sie diese auf der Leiste K.

13. Die Leisten M und N für die Fensterklappen erhalten ihr Profil mit einer Handoberfräse. Die äußeren Leisten M erhalten ihr Profil nur auf einer Seite. Die unteren Leisten O werden auf 11 mm heruntergehobelt. Die oberen Leisten N werden im gleichen Winkel wie die Giebelseiten angeschrägt. Schneiden Sie die Leisten so zu, dass sie ineinander passen. Leimen Sie diese zusammen und lassen Sie den Leim mit Hilfe von Leimzwingen trocknen.

14. Montieren Sie die Fenster auf jeder Seite mit drei Scharnieren.

15. Streichen Sie die gesamte Konstruktion mit Außenfarbe an.

16. Setzen Sie das Plexiglas P mit Hilfe von Dichtmasse (z.B. Silikon oder Acryl) ein. Legen Sie einen schmalen Strang in den Falz, drücken Sie das Glas an seinen Platz und verfugen Sie die Außenseite. Stellen Sie die Fenster waagerecht, bis die Dichtmasse vollständig trocken ist.

Die Handgriffe erleichtern das Versetzen des Frühbeetes und das Plexiglas hält das Gewicht niedrig.

Alle Maße in Millimetern.

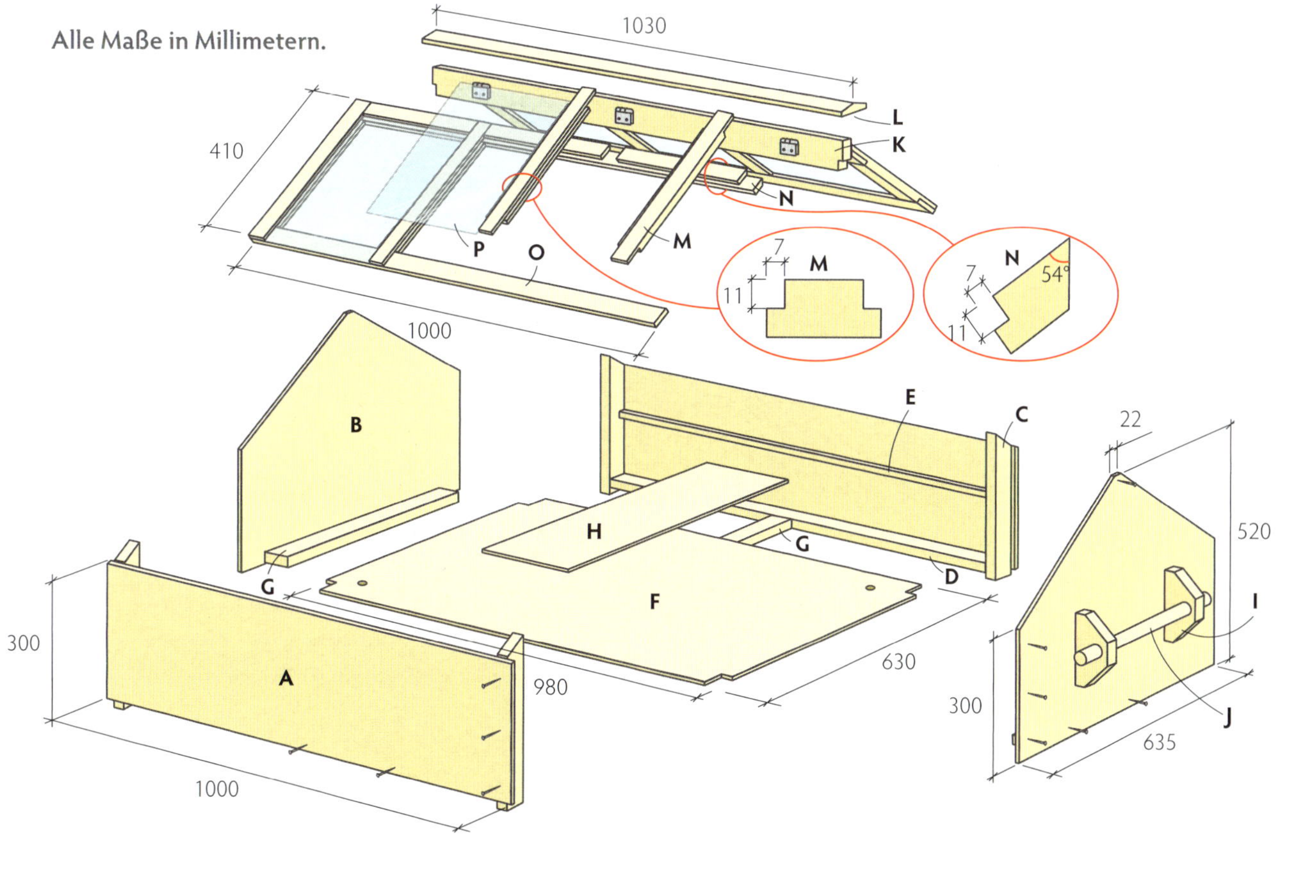

Wandspalier

Klematis gedeiht am besten, wenn sie mit etwas Abstand von der Wand klettern darf. Hier zeigen wir eine einfache und schöne Lösung, die den Pflanzen die Möglichkeit zum „Atmen" gibt. Das Spalier, das an der Wand mit Augenschrauben befestigt wird, wird aus druckimprägnierten Kanthölzern und Armierungseisen gebaut.

Material

Druckimprägniertes Kantholz, 45 x 35 mm, ca. 1,5 m:
4 St. à 360 mm (A)

Armierungseisen, ∅ 8 mm,ca. 5,5 m:3 St. à 1,7 m (B)

Augenschrauben, 150 mm: 4 St.
Holzschrauben: 4 St.

So wird's gemacht

1. Schneiden Sie die vier Kanthölzer A zu.
2. Bohren Sie drei Löcher in jedes Kantholz. Die Löcher dürfen nur so groß sein, dass die Armierungseisen B noch stramm hindurchgehen.
3. Stecken Sie alle drei Armierungseisen in eines der Kanthölzer.
4. Setzen Sie Kantholz nach Kantholz auf und schlagen Sie diese mit einem Holzschlegel an die richtige Stelle.
5. Messen Sie genau aus, wo die Augenschrauben sitzen sollen (beispielsweise zwei am oberen und zwei am zweiten Kantholz von unten) und schrauben Sie diese in die Wand.
6. Legen Sie das Gestell so auf, dass es auf den Augenschrauben ruht, und befestigen Sie es mit Holzschrauben.

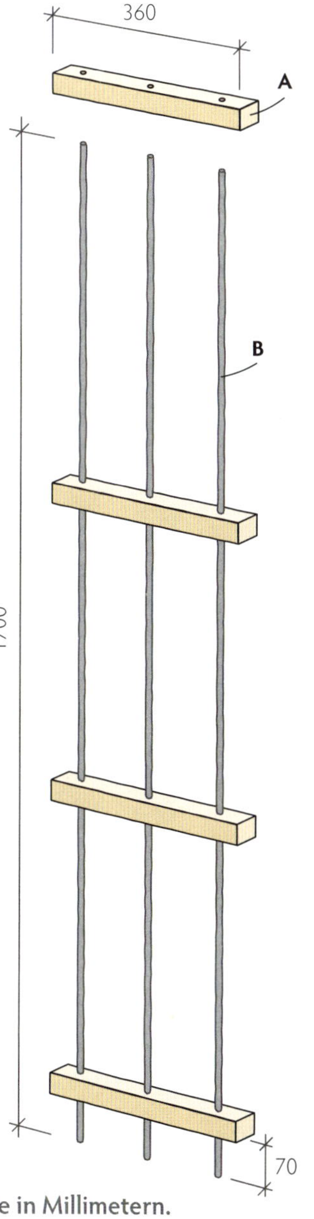

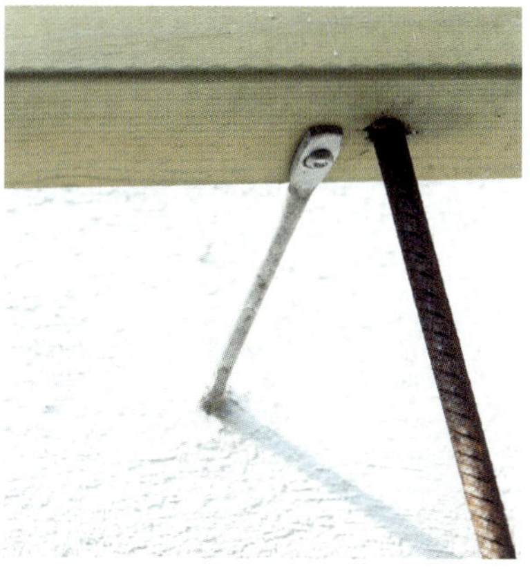

Augenschrauben werden oft von Klempnern verwendet, um Rohre unter der Decke zu befestigen.

Alle Maße in Millimetern.

Doppelter Blumenkasten

Unser Wunsch war es, dass Blumen auf beiden Seiten des Zaunes blühen sollten. Als Resultat kam dabei ein doppelter Blumenkasten heraus, der von Sommerblumen übersät über dem Geländer hängt. Der Kasten gleicht einem englischen „hanging basket", ist aber größer. Auf der Ablage, die dadurch in der Mitte entsteht, finden kleine Terrakottatöpfe einen geeigneten Platz.

Alle Maße in Millimetern.

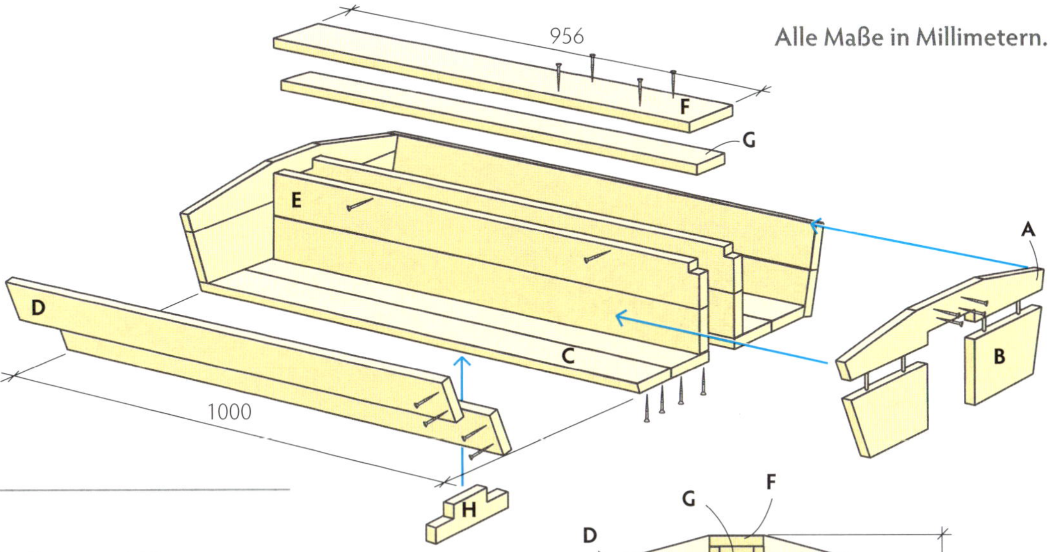

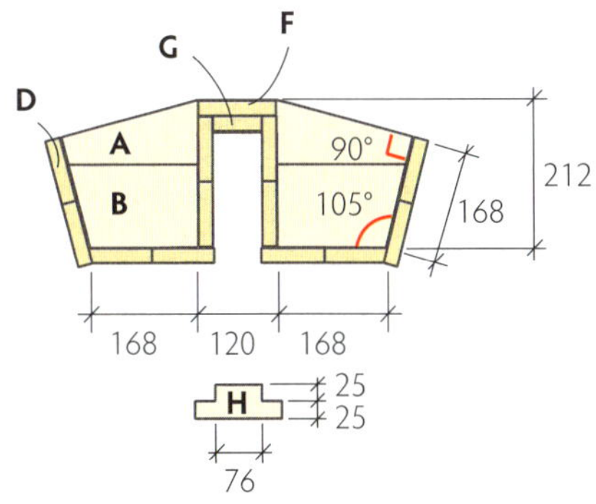

Material

Außenbretter, 22 x 95 mm, ca. 14,5 m:
- 2 St. à 600 mm (A)
- 4 St. à 1000 mm (C)
- 4 St. à 1000 mm (D)
- 4 St. à 1000 mm (E)
- 1 St. à 956 mm (G)
- 1 St. à 120 mm (H)

Außenbretter, 22 x 120 mm, ca. 2,5 m:
- 2 St. à 600 mm (B)
- 1 St. à 956 mm (F)

Holzschrauben

Wasserfester Leim

Außenfarbe

So wird` s gemacht

Dieser Blumenkasten passt auf ein Geländer, bei dem der Handlauf 70 mm breit ist. Wenn Ihr Handlauf ein anderes Maß hat, müssen Sie es anpassen.

1. Sägen Sie die Teile A und B für die Kopfstücke etwas größer zu, als sie am Ende sein sollen (z.B. 600 mm).
2. Verleimen Sie die Teile mit Holzdübeln und benutzen Sie eine Leimzwinge, während der Leim trocknet.
3. Reißen Sie die Kopfstücke an und sägen Sie diese aus. Der Ausschnitt sollte 168 mm tief und 120 mm breit sein.
4. Sägen Sie die Bretter für den Boden C aus. Achten Sie darauf, dass die zwei äußeren Bretter auf einer Längsseite im richtigen Winkel angeschnitten werden. Verleimen und verschrauben Sie diese Bretter unter den Kopfstücken.
5. Schneiden Sie alle Seiten- und Mittelbretter D bzw. E zu. Machen Sie eine Aussparung von 22 x 22 mm an den Enden der beiden obersten Mittelbretter. Verleimen und verschrauben Sie die Bretter an ihrem Platz.
6. Schneiden Sie die beiden Bretter F und G für die Aufhängung zu. Das untere Brett G wird der Länge nach so zugeschnitten, dass es stramm zwischen die Bretter E passt. Verleimen und verschrauben Sie diese und danach die Abdeckung F an ihrem Platz. Bohren Sie einige Ablauflöcher.
7. Sägen Sie einen kleinen Klotz H aus, der zwischen der Brüstung und dem Blumenkasten eingesetzt wird. (Der Klotz muss eingesetzt werden, bevor man die Kästen mit Erde füllt.)
8. Streichen Sie den Blumenkasten an.
9. Hängen Sie den Kasten auf und befestigen Sie ihn mit den Klötzen.

Der Blumenkasten lässt sich gut direkt bepflanzen, oder kleiden Sie ihn vorher erst innen mit Kunststofffolie aus.

Blumen-pyramide

Ein dekoratives und praktisches Gestell für Rosen und andere Kletterpflanzen. Die abgebildete Pyramide hat eine gedrechselte Spitze, aber der Fantasie sind hier keine Grenzen gesetzt. Wenn Sie keine eigene Spitze anfertigen wollen, finden Sie in Baumärkten vergleichbare. Oder warum setzen Sie nicht einfach eine so genannte „Trollkugel" aus Metall darauf und malen die Pyramide schwarz an?

Jeppsson, Ohlsson: Mit Holz arbeiten im Garten

ISBN 978-3-86630-942-5

Material

Ungehobelte Leisten, 19 x 19, ca. 18 m

Holzschrauben
Pyramidenspitze
Außenlasur

So wird's gemacht

1. Schneiden Sie die Beine A auf eine Länge von 1750 mm zu. Wenn Sie die Pyramide standfester machen wollen, verlängern Sie zwei Beine, damit Sie diese in die Erde eingraben können. An einem windigen Standort kann das von Vorteil sein.

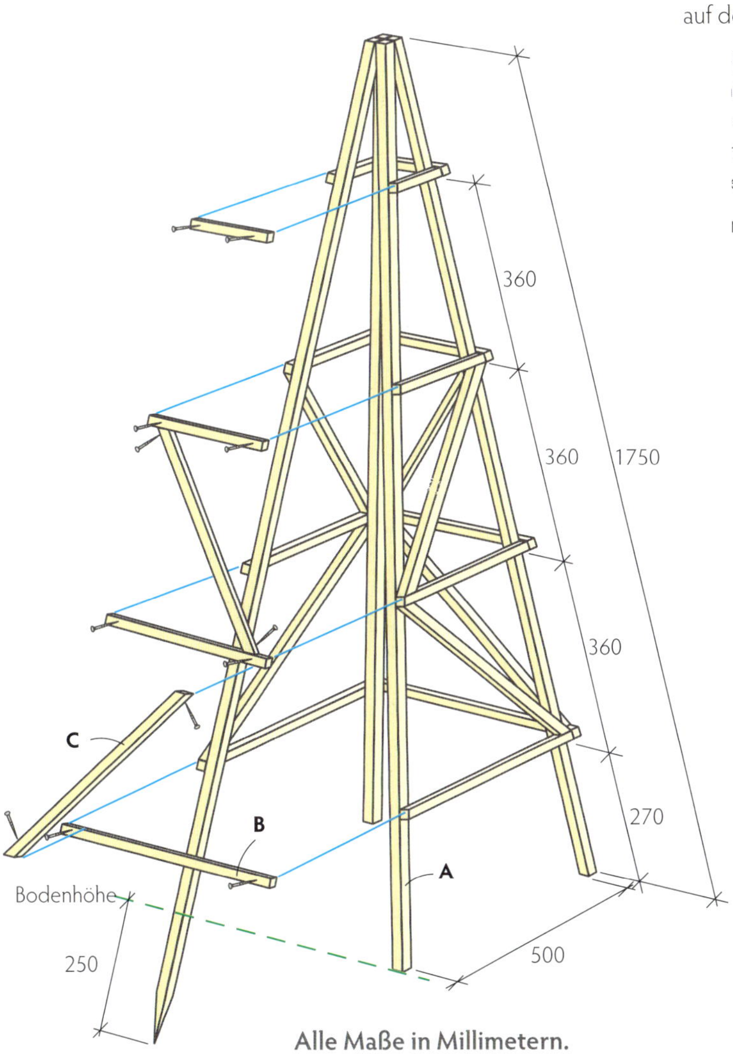

Alle Maße in Millimetern.

2. Legen Sie zwei Beinpaare auf den Boden, wobei zwei Enden zusammen liegen und die anderen 500 mm Abstand haben (auf Bodenhöhe).
3. Schneiden Sie die Querstreben B an der Stelle, an der sie sitzen sollen, zu, markieren Sie diese mit einem Bleistift und sägen Sie sie zurecht. Bohren Sie vor, und schrauben Sie die Streben an Ort und Stelle fest. Sägen Sie entlang der Standbeine.
4. Vermessen Sie die Diagonalstreben C und schneiden Sie diese zu. Bohren Sie vor, und verschrauben Sie sie an Ort und Stelle.
5. Lehnen Sie die zwei Teile aufrecht aneinander, wobei sich die Spitzen berühren, sodass Sie 500 mm Abstand zwischen den Standbeinen am unteren Ende (auf Bodenhöhe) haben. Montieren Sie die Querverbindungen und die Diagonalstreben auf die gleiche Weise wie vorher.
6. Wenden Sie die Pyramide und machen Sie das Gleiche auf der anderen Seite.

pitze ist gedrechselt, aber wenn Sie keine Möglich- aben, eine Drechselbank zu benutzen, finden Sie si- etwas anderes, um die Pyramide zu krönen. Oder ı Sie einfach die Pyramide ohne Dekoration der e.

ndeln Sie die Holzoberfläche mit Lasur.

Erdbeerpyramide

Erdbeeren gehören zur Kindheit und zum Sommer. Sie sind leicht zu pflegen und es ist ein luxuriöses Gefühl, sie pflücken zu können und direkt in den Mund zu stecken. Die Erdbeerpyramide ist einfach zu bauen. Sie muss noch nicht einmal besonders perfekt aussehen. Warum sollte man die Kinder also nicht mitbasteln lassen? Später können sie dann die Erdbeeren selbst pflanzen und pflegen. Stellen Sie sich vor, Ihr ganz eigenes Erdbeerfeld!

Material

Außenbretter, 22 x 120 mm, ca. 5,5 m:
- 2 St. à 581 mm (A)
- 2 St. à 625 mm (B)
- 2 St. à 356 mm (C)
- 2 St. à 400 mm (D)
- 2 St. à 131 mm (E)
- 2 St. à 175 mm (F)
- 4 St. à 120 mm (G)

Ungehobeltes Holz, 25 x 25 mm, ca. 2,5 m:
- 4 St. à 200 mm (H)
- 4 St. à 320 mm (I)

Formsperrholz, 12 mm:
- 1 St. à 580 × 580 mm (J)

Holzschrauben

Wasserfester Leim

Außenfarbe

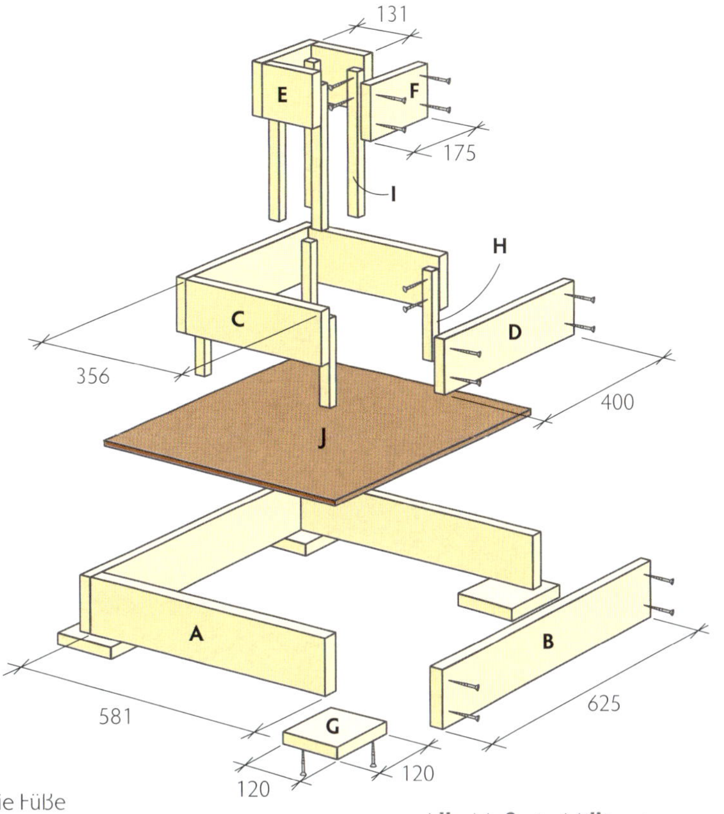

Alle Maße in Millimetern.

So wird` s gemacht

1. Schneiden Sie die Teile A-F für die Rahmen und die Füße G zu.
2. Beginnen Sie mit dem untersten Rahmen. Verleimen und verschrauben Sie die vier Seiten A und B. Leimen und schrauben Sie die Füße G an der Unterseite fest.
3. Montieren Sie den mittleren Rahmen. Beginnen Sie damit, die Beine H an den kürzeren Seiten C zu verleimen und zu verschrauben. Die Beine sollten 110 mm über die Bretter hinausstehen. Schrauben und leimen Sie die zwei längeren Seiten D zusammen.
4. Stellen Sie den obersten Rahmen aus den Teilen E und F genauso her, aber hier sollten die Beine 230 mm überstehen.
5. Streichen Sie die Rahmen und deren Beine an.
6. Schneiden Sie den Einlegeboden J aus Formsperrholz zu und lackieren Sie die Schnittkanten.
7. Legen Sie die Platte J in den untersten Rahmen. Stellen Sie die anderen Rahmen an ihren Platz. Dann können Sie sie mit Erde füllen und bepflanzen.

Wenn die Erde wie hier direkten Kontakt zum Holz hat, ist die Haltbarkeit der Erdbeerpyramide begrenzt. Aber sie hält schon einige Jahre, und danach freut man sich darauf, eine neue zu bauen.

In der nächsten Saison wird die Erdbeerpyramide vielleicht in eine Kräuterpyramide verwandelt.

Freistehendes Spalier

Kletterpflanzen fühlen sich am wohlsten, wenn sie beim Wachsen viel Luft um sich herum haben. Dieses freistehende Spalier teilt den Garten auf schöne und einfache Weise in verschiedene Bereiche auf. Es passt sowohl in den kleinen Garten als auch in eine richtig große Anlage. Abhängig von der Wahl der Pflanzen bietet das Spalier mehr oder weniger Sichtschutz.

ISBN 978-3-86630-942-5

Material

Für ein Element:

Pfosten, 70 x 70 mm, ca. 3,7 m:
2 St. à 1800 mm (A)

Ungehobeltes Holz, 25 x 38 mm, ca. 28 m:
9 St. à 1438 mm (B)
8 St. à 1810 mm (C)

Für einen Durchgang mit Pergola in der gleichen Breite wie ein Element:

Außenbretter, 22 x 95 mm, ca. 5 m:
2 St. à 2400 mm (D)

Kanthölzer, 45 x 45 mm, ca. 5 m::
11 St. à 400 mm (E)

Fertigfundamente: 2 St.

Sechskantschrauben,

Muttern und Unterlegscheiben für die Fertigfundamente

Holzschrauben

Außenfarbe

So wird das Spalier gemacht

1. Graben Sie die Fertigfundamente ein, siehe Seite 119.
2. Schneiden Sie die Pfosten A zu. Schneiden Sie das obere Ende schräg ab, damit Wasser ablaufen kann.
3. Setzen Sie die Pfosten ein und verschrauben Sie diese am Fundament.
4. Verschrauben Sie die zwei senkrechten Leisten B, die an dem Pfosten A sitzen. Wenn die Elemente im Winkel zueinander stehen sollen, schneiden Sie die Leiste längs im richtigen Winkel an. Beachten Sie den roten Kreis auf der Zeichnung.
5. Verschrauben Sie die waagerechten Leisten C. Sägen Sie diese am abgewinkelten Ende des Elements im richtigen Winkel schräg an.
6. Verschrauben Sie zuletzt die restlichen senkrechten Leisten B.

So wird der Durchgang mit Pergola gemacht

7. Verschrauben Sie die Bretter für den Querträger D.
8. Legen Sie die zwei äußeren Kanthölzer E auf. Zentrieren und verschrauben Sie diese.
9. Verteilen Sie die restlichen Kanthölzer E gleichmäßig und verschrauben Sie diese.
10. Behandeln Sie die Oberfläche des Spaliers und des Durchgangs mit Pergola mit deckender Farbe.

Alle Maße in Millimetern.

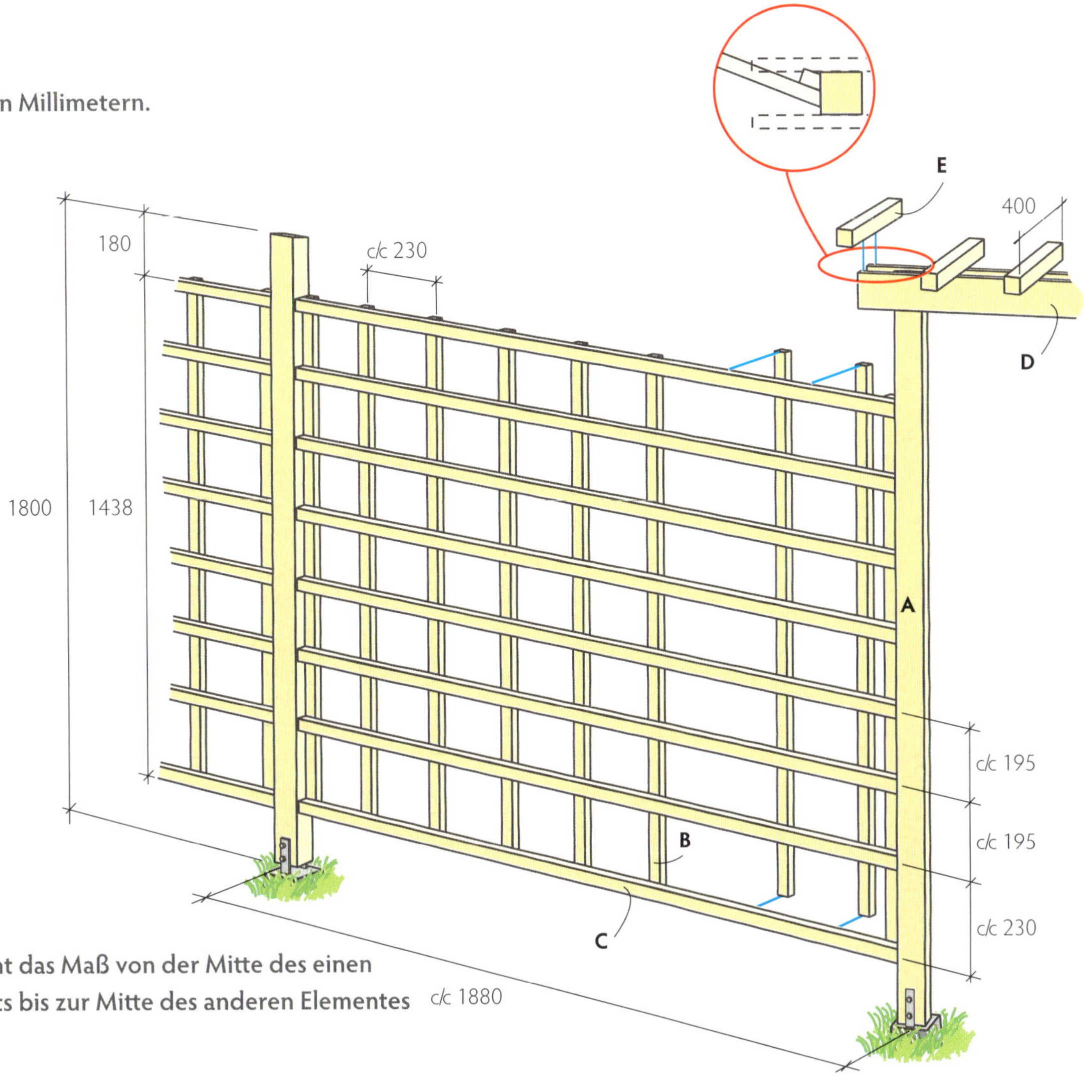

c/c meint das Maß von der Mitte des einen Elements bis zur Mitte des anderen Elementes

Terrassen, Holzdecks und Terrassendächer

Alle Einfamilienhäuser haben einen Freisitz. Er dient als eine natürliche Erweiterung des Hauses während des Sommerhalbjahres. Hier treffen wir uns, pflegen die Geselligkeit, essen und spielen. Hier feiern wir Feste oder zünden auch mal den Grill für ein gemütliches Essen mit der ganzen Familie unter der Woche an.

Auf der weichen und angenehmen Oberfläche einer Holzterrasse oder eines Holzdecks können Sie bequem laufen. Mit der richtigen Pflege hält sie Generationen und wird mit den Jahren immer schöner. Wenn Sie auch noch ein Dach mit einplanen, erhalten Sie außerdem noch einen Schutz gegen überraschende Wetterumschwünge.

Planung

Alles was Sie außerhalb des Hauses bauen, muss sich an das Gebäude und seine Umgebung anpassen. Das gilt auch für eine Terrasse oder ein Holzdeck. Beginnen Sie deshalb mit Papier und Bleistift. Zeichnen Sie Ihr Grundstück und ihr Haus darauf ein. Beachten Sie die Himmelsrichtung. Gibt es einen Höhenunterschied zwischen dem Grundstück und dem Haus? Das Problem können Sie lösen, indem Sie ein Holzdeck auf Bodenniveau anlegen, von dem eine Treppe ins Haus hinauf führt. Oder Sie bauen eine Holzterrasse auf der Höhe des Hauses, von der eine Treppe herunter zum Grundstück führt. Möchten Sie ein fest installiertes Überdach an Ihrem Freisitz, oder finden Sie eine Markise oder ein Sonnensegel besser? Skizzieren Sie! Machen Sie sich Gedanken!

Vergessen Sie nicht, mit Ihren Nachbarn zu sprechen, damit sie Ihre Pläne kennen lernen, auch wenn sie kein Einverständnis dazu geben müssen. Das fördert ein gutes Nachbarschaftsverhältnis.

Nicht vergessen

- Ein Freisitz dient im Sommer als zusätzlicher Lebensbereich. Denken Sie deshalb daran, dass er vom Haus aus gut zu erreichen sein sollte.
- Wenn Sie die Möglichkeit haben, sich den Platz für den Freisitz auszusuchen, müssen Sie sich entscheiden, ob Sie Morgen- oder Abendsonne haben wollen. Natürlich können Sie auch einen kleineren Freisitz bauen, um Ihr Frühstück zum Beispiel in der Morgensonne einzunehmen und

einen größeren für Kaffeetrinken, Abendessen und Feste mit Familie und Freunden – wenn es geht an einem Platz mit Nachmittags- oder Abendsonne.

- Benötigen Sie zur einen Wind- oder Sichtschutz, um den Freisitz komplett zu machen? Oder sollte man nicht ein Dach über dem Freisitz errichten? Das kann viele verregnete Tage retten.
- Bauen Sie Ihre Terrasse so, dass sie sicher für Kinder ist und keine Unfälle passieren können.
- Bauen Sie Ihre Terrasse nicht zu klein, denn dort verbringen Sie viel von Ihrer Zeit, wenn Sie sich im Freien aufhalten.
- Planen Sie von Anfang an so, dass Sie Ihre Terrasse vergrößern oder durch ein Dach vervollständigen können.
- Eine Terrasse oder ein Holzdeck dürfen Sie meistens ohne Baugenehmigung errichten, aber es gibt Ausnahmen. Wenn Sie ein Dach über Ihrem Freisitz haben möchten, gibt es Bestimmungen für das, was Sie dürfen und was Sie nicht dürfen. Darüber können Sie mehr im Kapitel „Gesetze und Bestimmungen" auf Seite 118 erfahren.
- Für eine Terrasse oder ein Holzdeck kann man aus vielen verschiedenen Materialien wählen. Darüber können Sie mehr im Kapitel „Gebräuchliche Holzarten und ihre Eigenschaften" auf Seite 121 erfahren. Für die Tragkonstruktion muss man druckimprägniertes Holz benutzen, weil es entweder Bodenkontakt hat oder schwierig auszuwechseln wäre.

So wird's gemacht

- Eine Holzterrasse braucht einen Unterbau auf Pfahlfundamenten, wenn das Haus oberhalb des Grundstücksniveaus liegt oder das Grundstück eine Neigung hat. Auch ein Terrassendach braucht ein stabiles Fundament. Mehr über Fundamente erfahren Sie auf Seite 119.
- Ein Holzdeck kann man ganz einfach bauen, indem man den Unterbau auf Betonplatten legt. Beachten Sie das Beispiel auf Seite 36.

Lassen Sie sich von den Beispielen auf den folgenden Seiten inspirieren.

Großzügige Holzterrasse

Eine Holzterrasse auf Bodenniveau kann auf vorteilhafte Weise eine große ebene Rasenfläche unterbrechen. Diese Terrasse erreicht man direkt aus dem Wohnzimmer des weiß verputzten eingeschossigen Hauses. Sie dient als ein großer zusätzlicher Wohnbereich. Hier kann man an lauen Sommerabenden für viele den Tisch decken und hat trotzdem noch reichlich Platz. Und wenn einen die Lust überkommt, kann man zum Tanz bitten und die Musik durch die geöffnete Terrassentür hören.

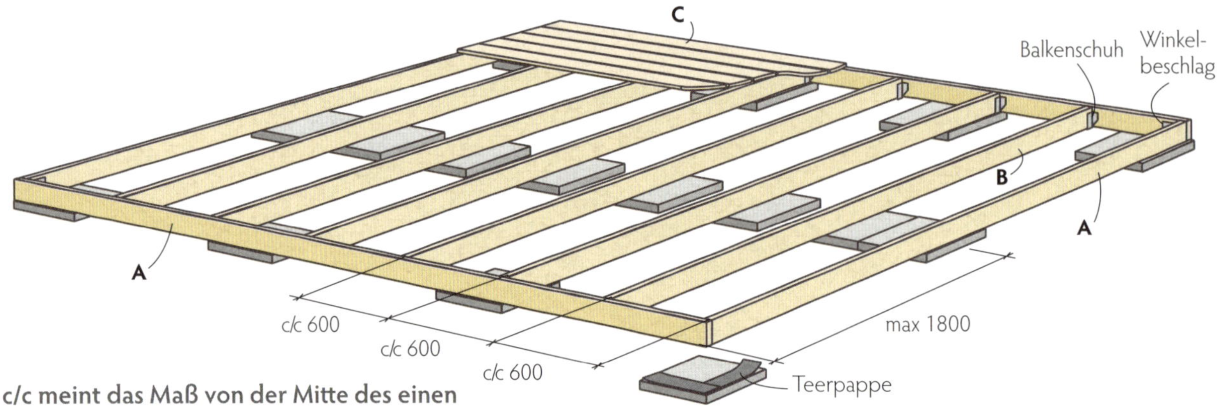

c/c meint das Maß von der Mitte des einen Elements bis zur Mitte des anderen Elementes

Alle Maße in Millimetern.

Holzdeck

Material

Fasertuch

Kies

Sand oder Gesteinsgrus

Gehwegplatten

Teerpappe

Druckimprägniertes Holz, 45 x 145 mm (A und B)

Druckimprägnierte Terrassenbohlen, 28 x 120 mm (C)

Edelstahlschrauben zur Befestigung der Bohlen

Kammnägel für die Balkenschuhe

Balkenschuhe

Winkelbeschläge

So wird's gemacht

1. Heben Sie den Boden bis zu einer Tiefe von 10-20 cm auf der gesamten Fläche aus. Die Tiefe richtet sich danach, wie hoch die Rasenfläche später an der Terrasse liegen soll.
2. Breiten Sie das Fasertuch aus, füllen Sie mit 5 cm Kies auf, danach verdichten. Darauf kommen einige Zentimeter Sand oder Gesteinsgrus.
3. Legen Sie die Gehwegplatten als Unterlage gemäß der Zeichnung für die Holzterrasse aus. Richten Sie alles sorgfältig mit einer normalen oder mit einer Laser-Wasserwaage aus, damit später alle Platten auf gleicher Höhe liegen.
4. Schneiden Sie die Teile für den Unterbau A der Terrasse aus. Legen Sie diese auf die Betonplatten, wobei Teerpappe zwischen Beton und Holz zu liegen kommt. Verschrauben Sie die Träger mit Winkelbeschlägen. Achten Sie darauf, dass der Rahmen rechtwinklig wird, siehe Seite 165.
5. Befestigen Sie die Balkenschuhe am Rahmen mit einem Mittenabstand von 600 mm. Nehmen Sie die Kammnägel. Legen Sie die Kanthölzer B aus und befestigen Sie diese mit Kammnägeln in den Balkenschuhen. Legen Sie Teerpappe zwischen Beton und Holz.
6. Richten Sie alles mit der Wasserwaage aus, bis der Unterbau waagerecht liegt. Unterfüttern Sie dort, wo es nötig ist.
7. Wenn das Holz so tief liegt, dass das Risiko eines Bodenkontaktes besteht, kleiden Sie das Holz mit Teerpappe ein und packen Sie Kies daneben.
8. Verschrauben Sie die Terrassenbohlen C. Lassen Sie die Enden überstehen und sägen Sie später alle in einem Arbeitsgang ab.

Alle Maße in Millimetern.

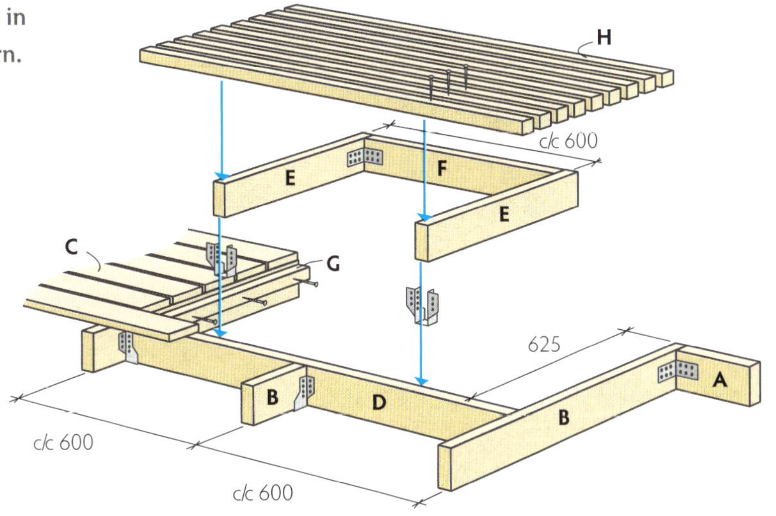

Lichtschacht

Material

Druckimprägniertes Holz, 45 x 145 mm:
A und B = gehören zur Terrasse
1 St. à 1155 mm (D)

Druckimprägniertes Holz, 45 x 120 mm, ca. 2 m:
2 St. à 620 mm (E)
1 St. à 555 mm (F)

Druckimprägniertes Holz, 45 x 45 mm, ca. 13,5 m:
2 St. à 625 mm (G)
9 St. à 1200 mm (H)

Edelstahlschrauben zur Befestigung des Rostes

Kammnägel

Balkenschuhe

Winkelbeschläge

So wird's gemacht

1. Verbauen Sie den Rahmen A der Terrasse und die Kanthölzer B so, dass eine passende Öffnung für den Lichtschacht vor dem Kellerfenster entsteht. Befestigen Sie den Wechselbalken D an den Kanthölzern B.
2. Sägen Sie den Bohlenbelag C bündig mit den Kanthölzern B ab.
3. Verschrauben Sie die zwei Auflageleisten G 45 mm unterhalb der Schmalseiten der Öffnung.
4. Befestigen Sie die Balkenschuhe am Kantholz D für die Kanthölzer E mit einem Mittenabstand von 600 mm.
5. Verbinden Sie die Kanthölzer E und F mit Winkelbeschlägen.
6. Verteilen Sie die Leisten H mit einem Abstand von ca. 20 mm und verschrauben Sie diese auf den Kanthölzern E.
7. Legen Sie den Abdeckrost locker auf.

Holzdeck am Pool

Ein eigener Pool! Gibt es etwas Einladenderes? Ein Feriengefühl so beschwingt wie der auf der türkisfarbenen Wasseroberfläche schaukelnde Schwimmsessel – den ganzen Sommer lang. Aber man muss keine Wasserratte sein, um die Atmosphäre am Pool zu genießen. Es kann schon sehr schön sein, nur am Rand zu sitzen, die Füße im Wasser baumeln zu lassen und zu philosophieren. Und wenn einen die Lust überkommt, ist das Deck groß genug für alle Freunde und Bekannten, die sich schon auf eine echte Poolparty freuen.

Sowohl die Bauart und die Größe des Pools als auch die Planungen für den Garten und die Höhenunterschiede beeinflussen den Bau des Decks. Wir zeigen hier das Grundprinzip, wie man ein Pooldeck bauen kann, wenn das Becken einen Stahlkörper mit einer Innenhülle aus Poolfolie hat, wobei ein gewisser Höhenunterschied zur Erdoberfläche besteht. Dieses Grundprinzip können Sie auch auf andere Swimmingpools und Bodengegebenheiten anwenden. Die Mengenangaben unten gelten nur für unseren speziellen Fall.

Material

Das gesamte Holz ist druckimprägniert.

Gehobeltes Holz:
- A = 45×95 mm
- B = 45×195 mm
- C = 45×70 mm
- F = 45×170 mm
- G1 und G2 = 45×120 mm

Terrassenbohlen, 28 x 120 mm (H)

Betonplatten (D)

Fertigfundamente (E)

Sechskantbolzen,

Unterlegscheiben und Muttern für die Fertigfundamente

Teerpappe

Sechskantschrauben mit Holzgewinde und Unterlegscheiben

Winkelbeschläge

Kammnägel

Holzschrauben

So wird's gemacht

1. Legen Sie die Poolfolie um das Kantholz A und schrauben Sie von der Unterseite Sechskantschrauben mit Holzgewinde und Unterlegscheiben durch den Stahlkörper.
2. Verschrauben Sie die Leiste C am Brett B für die Poolkante mit Holzschrauben. Vergessen Sie nicht vorzubohren, und kürzen Sie die miteinander verschraubten Bretter auf die richtigen Längen.
3. Legen Sie das Brett B über das Kantholz A und verschrauben Sie dieses von unten durch A, aber nicht durch die Stahlkante hindurch. Benutzen Sie dazu Sechskantschrauben mit Holzgewinde und Unterlegscheiben.
4. Bringen Sie die Betonplatten D auf das richtige Niveau. Achten Sie darauf, dass alle in Waage sind.
5. Setzen Sie die Fertigfundamente E, siehe Seite 119, und montieren Sie die Tragbalken F so, dass deren Oberkanten auf der gleichen Höhe wie die Platten D liegen. Legen Sie einen Träger über D und F und stellen Sie sicher, dass er sich in Waage befindet.
6. Verlegen Sie nun alle Bodenträger G1 und G2 und montieren Sie diese mit Winkelbeschlägen und Kammnägeln. Legen Sie Teerpappe zwischen die Bodenträger und die Betonplatten.
7. Verschrauben Sie die Terrassenbohlen H.
8. Wenn der Pool eine geschwungene Form hat, zum Beispiel bei einer runden Treppe, müssen die Bretter A, B und C in kleine Teile gesägt werden, die sich an die geschwungene Form anpassen lassen. Danach werden diese Teile auf die gleiche Weise montiert wie die geraden Kanten.

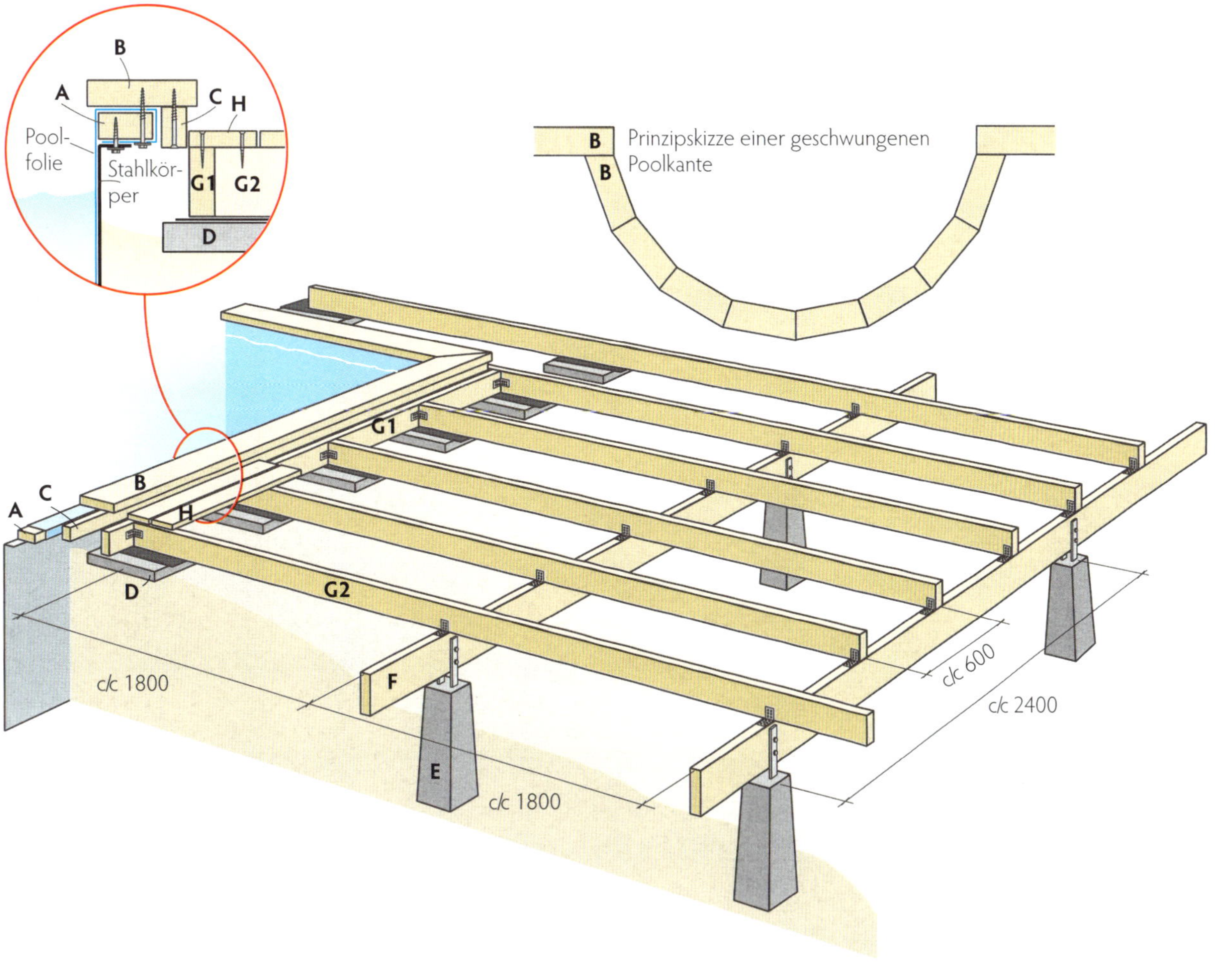

Ein Plankenzaun rahmt den Poolbereich ein und schützt außerdem neugierige Nachbarskinder davor, ihm zu nahe zu kommen. Die Lampen an der Balustrade geben, wenn der Abend naht, ein gemütliches Licht.

Holzdeck um einen großen Baum

Wenn man beim Bau einer Terrasse einen Baum mit einbeziehen kann, ist das eine vortreffliche Gelegenheit, sich eine grüne Oase zu schaffen – einen Platz zum Verweilen, Kaffeetrinken, Abendessen oder zum „Bryggdans"[1]. Selbst mit einem nicht so großen Baum erzielt man eine schöne Wirkung. Die Größe der Terrasse sollte an das Grundstück und natürlich an den Verwendungszweck angepasst sein. Wenn man außerdem das Glück hat, dass auf dem Grundstück eine große 100-jährige Eiche wächst, die an heißen Sommertagen Schatten spendet, wird diese Terrasse sicherlich Ihr Lieblingsplatz Nummer Eins werden.

Jeppsson, Ohlsson: Mit Holz arbeiten im Gart

ISBN 978-3-86630-942

Material

Druckimprägniertes Holz, 45 x 145 mm, ca. 32,5 m:
- 4 St. à 3550 mm (A)
- 2 St. à 3915 mm (B)
- 2 St. à 3550 mm (F)
- 20 St. à 150 mm (E)

Druckimprägniertes Holz, 45 x 120 mm, ca. 20 m:
- 16 St. à 1155 mm (C)
- 2 St. à ca. 600 mm (D), das Maß ist vom Durchmesser des Baumes abhängig

Gegossene Pfahlfundamente mit Flacheisen zur Befestigung der Balken, siehe Seite 120: 12 St.

Sechskantbolzen,

Unterlegscheiben und Muttern für die

Fundamente

Betonplatten: 4 St.

Teerpappe

Balkenschuhe: 36 St.

Winkelbeschläge: 16 St.

Kammnägel

Holzschrauben

So wird's gemacht

1. Setzen Sie die Fundamente, siehe Seite 120.
2. Entfernen Sie den Mutterboden, wo die Betonplatten zu liegen kommen. Bringen Sie dort eine Lage Gesteinsgrus oder Schotter auf. Legen Sie die Betonplatten.
3. Legen Sie die Kanthölzer A in ihre Verankerungen. Richten Sie mit der Wasserwaage aus, bohren Sie und schrauben Sie die Kanthölzer fest. Achten Sie darauf, dass das Holz nicht direkt auf dem Beton liegt. Unterlegen Sie die Kanthölzer, bevor sie verschraubt werden.
4. Legen Sie ein Stück Teerpappe auf die Betonplatten und unterlegen Sie die Kanthölzer A, bis sie in Waage liegen.
5. Befestigen Sie die Blenden B an den Kanthölzern A mit Winkelbeschlägen.
6. Befestigen Sie sämtliche Kanthölzer C mit Balkenschuhen an den Kanthölzern A. Die Kanthölzer um den Baum herum befestigen Sie mit 50 mm Abstand vom Stamm. Befestigen Sie die Kanthölzer D auf die gleiche Weise.
7. Verschrauben Sie die Distanzklötze E und danach die Blende F. Verschrauben Sie die Blenden B und F miteinander.
8. Verschrauben Sie die Terrassenbohlen G mit ca. 3 mm Abstand. Passen Sie die Form an den Baum an.

Alle Maße in Millimetern.

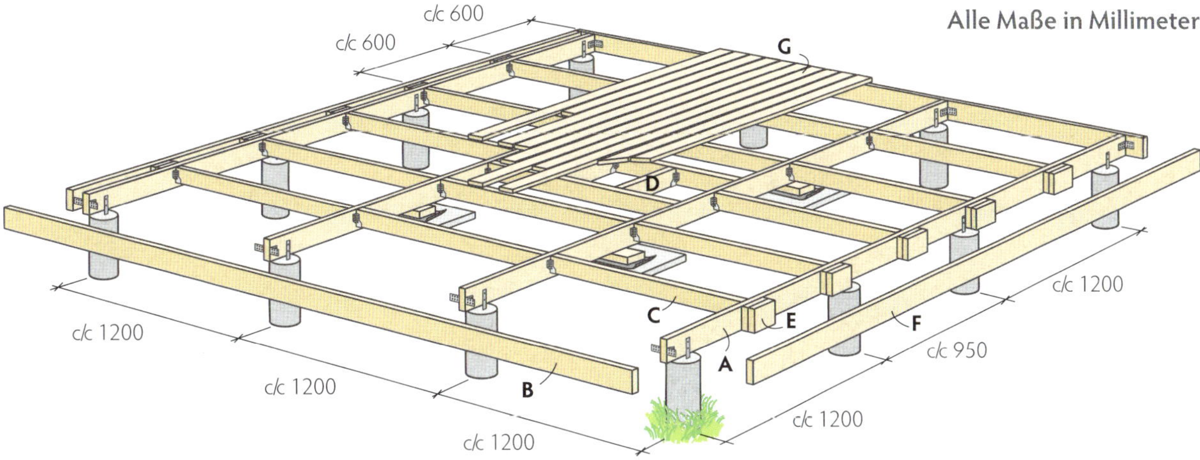

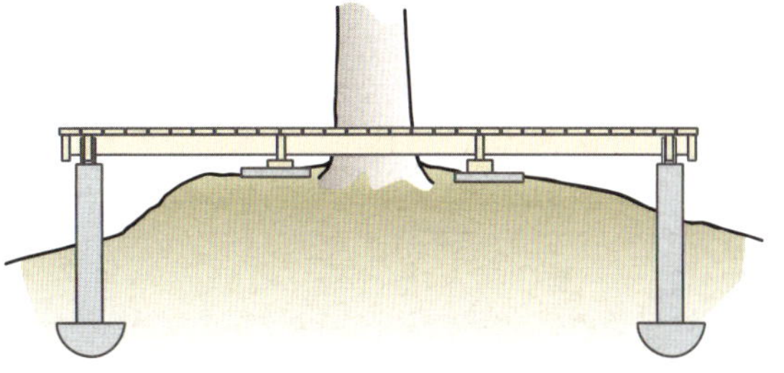

Der Baum steht auf einer kleinen Erhebung. Deshalb wird eine Kombination aus Pfählen und Betonplatten als Fundament verwendet. Außerdem ist es nicht empfehlenswert, die Löcher für die Pfahlfundamente allzu nah am Baum zu graben. Wenn der Boden eben ist, benötigt man keine Pfahlfundamente.

Sonnendeck

Dieses Holzdeck am Wasser ist eine Mischung aus Steg und Terrasse. Wenn man sich in die weißen Sonnenliegen fallen lässt, dann bleibt man auch dort. Das leichte und luftige Geländer rahmt das Sonnendeck ein, ohne die fantastische Aussicht zu stören. Diese Konstruktion ist in einem unebenen Garten besonders vorteilhaft, wenn man sich eine ebene Terrasse ohne Höhenunterschiede wünscht.

Jeppsson, Ohlsson: Mit Holz arbeiten im Ga
© Copyright 2009 by Vincentz Network, Hannover, Germ
ISBN 978-3-86630-94

Material

Passen Sie das Sonnendeck Ihren eigenen Gegebenheiten an. Die Zeichnung zeigt nur das Grundprinzip, nach dem man das Deck bauen kann, und folglich nicht das gesamte Sonnendeck, wie es auf den Fotos zu sehen ist. Das Geländer können Sie auf der gewünschten Seite montieren. Auf der Zeichnung haben wir es an der Vorderseite angebracht, damit Sie sehen können, wie es gemacht wird. Maße und Materialbedarf gelten für die Variante, die in der Zeichnung abgebildet ist.
Das gesamte Holz ist druckimprägniert.

Gehobeltes Holz, 45 x 195 mm, ca. 24 m:
- 2 St. à 2200 mm (A1)
- 1 St. à 4880 mm (A2)
- 1 St. à 4740 mm (A3)
- 1 St. à 5370 mm (A4)
- 1 St. à 940 mm (A5)
- 1 St. à 2955 mm (A6)

Gehobeltes Holz, 45 x 170 mm, ca. 11 m:
- 2 St. à 3000 mm (B1)
- 2 St. à 875 mm (B2)
- 1 St. à 785 mm (B3)
- 1 St. à 915 mm (B4)
- 1 St. à 540 mm (B5)
- 1 St. à 585 mm (B6)

Gehobeltes Holz, 45 x 120 mm, ca. 7 m:
- 1 St. à ca 2600 mm (C1)
- 1 St. à 1455 mm (C2)
- 1 St. à 1215 mm (C3)
- 1 St. à 785 mm (C4)

Gehobeltes Holz, 45 x 95 mm, ca. 19 m:
- 6 St. à ca 3045 mm (D)

Gehobeltes Holz, 45 x 195 mm, ca. 66 m (E)

Gehobeltes Holz, 95 x 95 mm, 1300 mm/Pfosten (F)

Gehobeltes Holz, 70 x 70 mm:
- 2 St. à 1105 mm für jeden Abschnitt (G)

Gehobeltes Holz, 45 x 70 mm:
- 2 St. à 1135 mm für jeden Abschnitt

Fundamente: 12 St.

Sechskantbolzen,

Unterlegscheiben und Muttern für die Fundamente

Schlossschrauben: 2 für jeden Geländerpfosten

Ankerplatte

Kammnägel

Holzschrauben

So wird's gemacht

1. Setzen Sie die Fundamente. Achten Sie darauf, dass die vier Fundamente unter dem Balken A4 auf derselben Höhe liegen wie die Fundamente unter den Balken A2 und A3, während die vier Fundamente unter dem Balken A1 195 mm niedriger liegen. Beachten Sie auch die Hinweise zu „Fundamenten" auf Seite 119.
2. Schneiden Sie die Balken A1, A2, A3, A4 und A6 zu. Schneiden Sie eventuell das sichtbare Kantholz A1 an einem Ende so an, dass es sich der Bodenneigung anpasst. Verbinden Sie A1 und A2 genauso wie A1 und A3 mit Ankerplatten.
3. Verschrauben Sie die fertigen Träger an den Fundamenten. Benutzen Sie die Wasserwaage, damit alles waagerecht ist. Legen Sie eine Planke zum Ausrichten quer über die Balken. Verschrauben Sie A6 an den Enden von A2, A3 und A4.
4. Verschrauben Sie die Träger B1 (2 St.) und C1, welche Sie eventuell an den Enden so schräg ansägen, dass sie sich der Bodenneigung anpassen.
5. Verschrauben Sie den Träger C2 senkrecht unter dem oberen Träger B1, sodass B6 dazwischen Platz findet. Befestigen Sie B6 an C2, dann beide Träger B1 und danach C3 mit Ankerplatte an B6 und an C2 mit Kammnägeln.
6. Befestigen Sie den Träger A5 mit Ankerplatte an C1 und mit Schrauben an A4. Befestigen Sie B4 mit Ankerplatte an B1 und mit Schrauben an A4.
7. Verschrauben Sie den Träger B5.
8. Sägen Sie die Träger B2 (2 St.), B3 und C4 im 45°-Winkel an und verschrauben Sie diese.
9. Befestigen Sie sämtliche Konterlatten D durch schräges Verschrauben mit dem unteren Balken.
10. Verschrauben Sie die Terrassenbohlen E auf der Unterkonstruktion und auf den Treppenstufen.
11. Sägen Sie die Spitzen von F im 45°-Winkel an, und montieren Sie diese mit Schlossschrauben an A2 und A6.
12. Befestigen Sie die Kanthölzer G an den Pfosten F durch schräges Verschrauben.
13. Halten Sie die Teile für das Kreuz H gegen die Pfosten und markieren Sie, wie sie zugeschnitten werden sollen. In der Mitte wird H durch Überplattung zusammengefügt. Sägen Sie ein und stemmen Sie aus. Legen Sie das Kreuz zusammen und montieren Sie es mit schräg eingedrehten Schrauben an F.

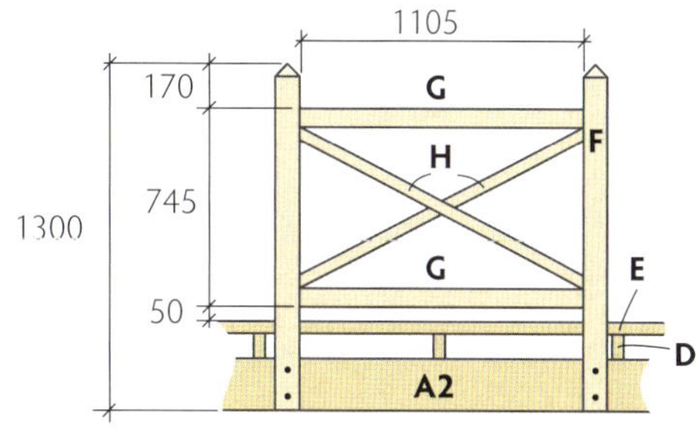

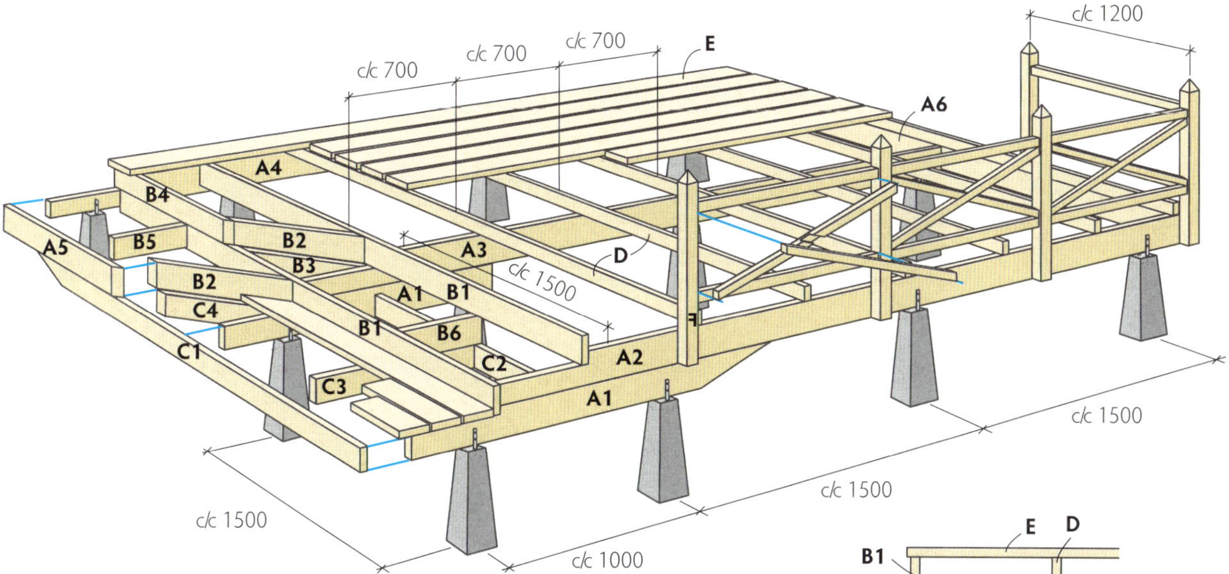

Alle Maße in Millimetern.

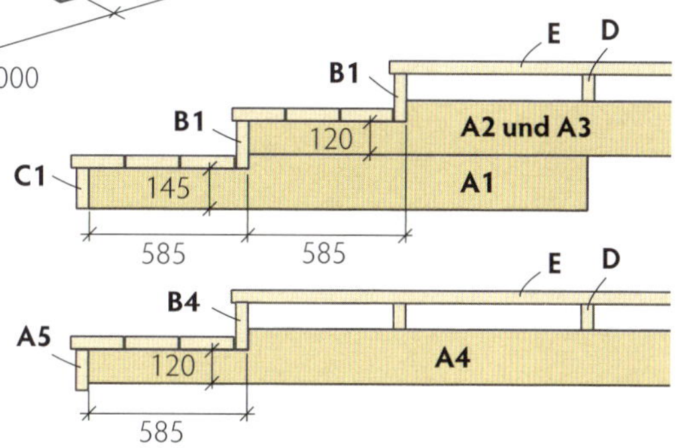

Das große Sonnendeck geht in einen Steg über, der auf einer Steinlade errichtet wurde. Ganz vorne liegt ein verankerter Schwimmsteg.
Lesen Sie mehr über Steinladen und Schwimmstege ab Seite 110.

Terrassen-dach

Das Dach dient sowohl als Schutz vor der Sonne als auch gegen Regen. Das Drahtglas bricht die Sonnenstrahlen und gibt ein schönes Licht. Und wenn es regnet, ist es viel leiser als ein Kunststoffdach. Die Balkenkonstruktion wird in bequemer Arbeitshaltung auf dem Boden zusammengefügt, demontiert und danach Teil für Teil an Ort und Stelle montiert.

Jeppsson, Ohlsson: Mit Holz arbeiten im Garten

ISBN 978-3-86630-942-5

Material

Gehobeltes Holz, 45 x 145 mm, ca. 17 m:
1 St. à 3295 mm (A)
6 St. à 2205 mm (D)

Ungehobeltes Holz, 75 x 75 mm, ca. 5,5 m:
2 St. à 2645 mm (B)

Gehobeltes Holz, 45 x 195 mm:
1 St. à 3295 mm (C)

Gehobeltes Holz, 45 x 45 mm, ca. 7 m:
2 St. à 3295 mm (E)

Gehärtetes Glas, oder wie hier, Drahtglas:
5 St. à 630 x 2270 mm (F), beim Glaser bestellen

Aluminiumprofile inkl. Dichtungen:
6 St. (G), beim Glaser bestellen

Fundamente: 2 St.

Sechskantbolzen mit Unterlegscheiben und Muttern für die Fundamente

Nageldübel oder eine andere Wandbefestigung, abhängig vom Wandmaterial

Holzschrauben

Dachrinne und Fallrohr mit Beschlägen

So wird's gemacht

1. Schneiden Sie alle Teile mit allen Aussparungen für die Dachkonstruktion zu. Setzen Sie das Dach auf einer geraden Oberfläche zusammen und prüfen Sie, ob alles stimmt. Machen Sie die Aussparungen so tief, dass alle Teile an der Oberfläche auf dem gleichen Niveau liegen. Das Dach hat eine Neigung von 4°, aber der Tragbalken A und das Rähm C sind nicht geneigt. Die Aussparungen in den Dachsparren D für A und C werden deshalb im Winkel von 4° angelegt. Die Konterlattung E folgt der Dachneigung. Zum Einsägen der Aussparungen legen Sie alle gleichen Bauteile aneinander und halten diese mit Schraubzwingen zusammen. Vermessen Sie und zeichnen Sie sorgfältig an. Danach machen Sie mehrere Einschnitte mit der Kreissäge. Dann entfernen Sie die Schraubzwingen und stemmen sorgfältig mit einem Stemmeisen aus.
2. Nehmen Sie die Teile auseinander und behandeln sie ihre Oberfläche.
3. Befestigen Sie den Tragbalken A mit Nageldübeln, Ankerdübeln, oder was sonst für Ihre Hausfassade geeignet ist, an der Wand.
4. Setzen Sie die Fundamente für die Pfosten B (siehe Seite 119). In unserem Fall stehen die Fundamente mit ihrem Mittenmaß 1952 mm von der Hauswand entfernt, an der der Tragbalken verschraubt wurde.
5. Verschrauben Sie die Pfosten B an den Ankern der Fundamente. Achten Sie darauf, dass sie im Lot sind.
6. Verschrauben Sie das Rähm C an den Pfosten B. Um die richtige Dachneigung zu erhalten, liegt C in unserem Fall mit der Oberkante 125 mm unterhalb der Oberkante von A..
7. Legen Sie die Dachsparren D auf und verschrauben Sie sie.
8. Legen Sie die Konterlattung E auf und verschrauben Sie sie.
9. Legen Sie das Glas auf und befestigen Sie es mit Aluminiumprofilen und Schrauben

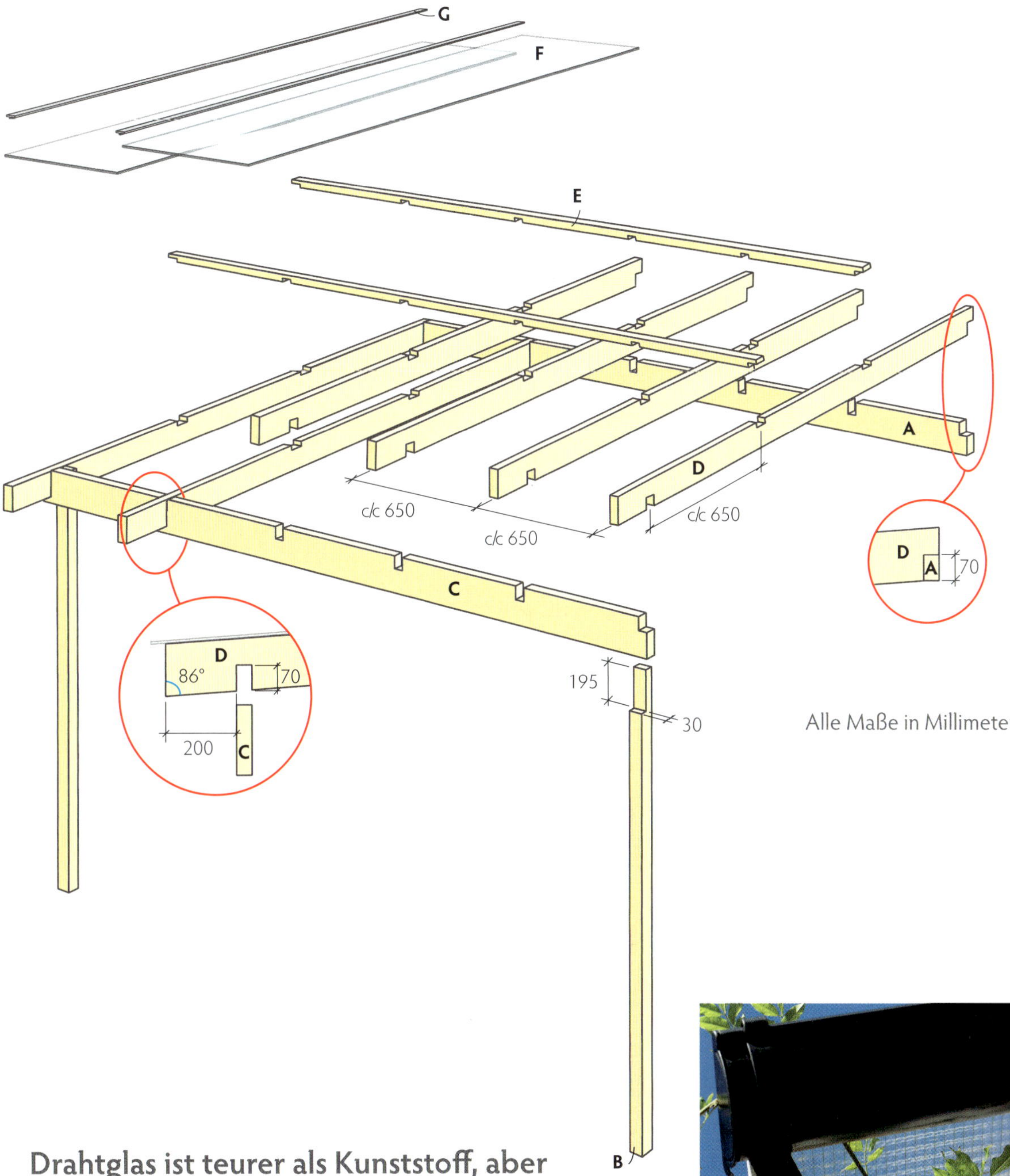

Alle Maße in Millimetern.

Drahtglas ist teurer als Kunststoff, aber es sieht gut aus, ist haltbar und lässt sich leicht sauber halten. Hier reicht das Dach an den französischen Balkon des Obergeschosses heran. Das Glas lässt sich mit Hilfe eines Besens, ein wenig Schmierseife und Wasser leicht reinigen.

Schuppen und Holzterrasse mit Überdach

Mit einer Funktionalität und einer Symmetrie, die über das Gewöhnliche hinaus geht, beeindruckt das Bauvorhaben, welches die Familie ausgewählt hat. Der Abstellraum zur Rechten, der Fahrradschuppen zur Linken und das Dach in der Mitte bilden zusammen mit der großen Holzterrasse eine durchdachte Einheit. Hier wurde nichts dem Zufall überlassen. Die Farben sind schlichtes Grau und Weiß, und wenn man an Technik interessiert ist, versieht man den Fahrradschuppen mit einem per Fernbedienung gesteuerten Tor.

Material für den Schuppen

Gehobeltes Holz, 95 x 95 mm, ca. 28 m:
- 1 St. à 3350 mm (A1)
- 1 St. à 2750 mm (A2)
- 1 St. à 2150 mm (A3)
- 1 St. à 2750 mm (A4)
- 2 St. à 2560 mm (A5)
- 2 St. à 1960 mm (A6)
- 2 St. à ca 2500 mm (A7)
- 1 St. à ca 2500 mm (A8)

Gehobeltes Holz, 45 x 95 mm, ca. 34 m:
- 2 St. à 2605 mm (B1)
- 2 St. à ca 3100 mm (B2)
- ca 10 m (B3)
- ca 12 m (B4)

Gehobeltes Holz, 45 x 145 mm, ca. 15 m:
- 4 St. à 3600 mm (C)

Gehobeltes Holz, 45 x 45 mm, ca. 3 m:
- 16 St. à 140 mm (J)

Rauhspund, 20 x 95 mm, 10,3 m^2 (D)

Dreikantleiste, 50 x 50 mm, ca. 10 m (E)

Profilbretter, überfälzt mit Schattennut, 22 x 120 mm, 27 m^2 (F)

Ungehobeltes Holz, 25 x 150 mm, ca. 10 m (G)

Ungehobeltes Holz, 25 x 75 mm, ca. 10 m (H)

Ungehobeltes Holz, 25 x 100 mm, ca. 16 m (I1 und I2)

Fundamente: 11 St.

Sechskantbolzen,

Unterlegscheiben und Muttern für die Fundamente

Tür mit Rahmen

Winkelbeschläge

Kammnägel

Holzschrauben

Nägel

Traufbleche: 2 St. à 2 m

Dachpappe und Bitumen-Kaltkleber für 10,3 m^2

Pultfirstblech

So wird der Schuppen gebaut

1. Setzen Sie die Fundamente, siehe „Fundamente" auf Seite 119.
2. Schneiden Sie die Ständer A zu und montieren Sie diese auf den Fundamenten. Achten Sie darauf, dass sie senkrecht stehen.
   Die Ständer A1 und A2 tragen auch das Terrassendach. Sägen Sie oben die Ausschnitte für die Leimbinder, 42 x 225 mm im 11°-Winkel.
   Die Ständer A7 und A8 sägen Sie zu, nachdem Sie eine Schnur zwischen A3 und A4 bzw. zwischen A1 und A2, dort wo das Rähm B2 hinkommen soll, gespannt haben. Markieren Sie an der Schnur entlang und schneiden Sie die Ständer zu.
3. Verschrauben Sie das Rähm B1 145 mm unterhalb der Oberkante der Eckpfosten A3 bzw. A4. Danach machen Sie das Gleiche an A2 bzw. A1. Kontrollieren Sie mit der Wasserwaage, damit sie in Waage liegen. Verschrauben Sie B1 von oben mit den Ständern A6 bzw. A5.
4. Verschrauben Sie B2 ganz oben an A3 und A4 und auf gleicher Höhe zwischen A1 und A2. B2 liegt oben auf A7 und A8.
5. Verschrauben Sie die Querriegel B3 zwischen den Ständern ca. 150 mm von der Unterkante entfernt.
6. Kontrollieren Sie, ob alles senkrecht steht. Vermessen und sägen Sie die Diagonalstreben B4 zu und verschrauben Sie diese an ihrem Platz.
7. Befestigen Sie die Dachsparren C gleichmäßig verteilt mit Winkelbeschlägen auf B1.
8. Verschrauben Sie die Holzklötze J, an denen die obersten Profilbretter F der Außenverkleidung befestigt werden, an den Seiten von C. Die Außenkante der Holzklötze muss in Flucht mit der Außenkante des Rähms B1 liegen.
9. Vernageln Sie den Rauhspund D. Lassen Sie ihn an beiden Seiten mindestens 30 mm überstehen. Als Hilfe nageln Sie ein Profilbrett außen an B2 und schneiden Sie den Rauhspund daran entlang bündig ab.
10. Nageln Sie das Traufblech am Rauhspund an der niedrigsten Seite auf, genauso die Dreikantleisten E an den drei anderen Seiten des Pultdaches.

11. Befestigen Sie die Windfedern G. Verlegen Sie die Dachpappe mit Pappnägeln und Bitumen-Kaltkleber (folgen Sie den Anleitungen auf der Verpackung). Montieren Sie die Pultfirstbleche.
12. Verkleiden Sie den ganzen Schuppen mit Profilbrettern F.
13. Bauen Sie die Tür ein.
14. Montieren Sie die Eckverkleidungen H und I1 und das Türfutter I2. Warten Sie aber noch mit den Eckverkleidungen, die zur Terrasse hinweisen. Diese montieren Sie erst dann, wenn die Terrasse fertig ist.

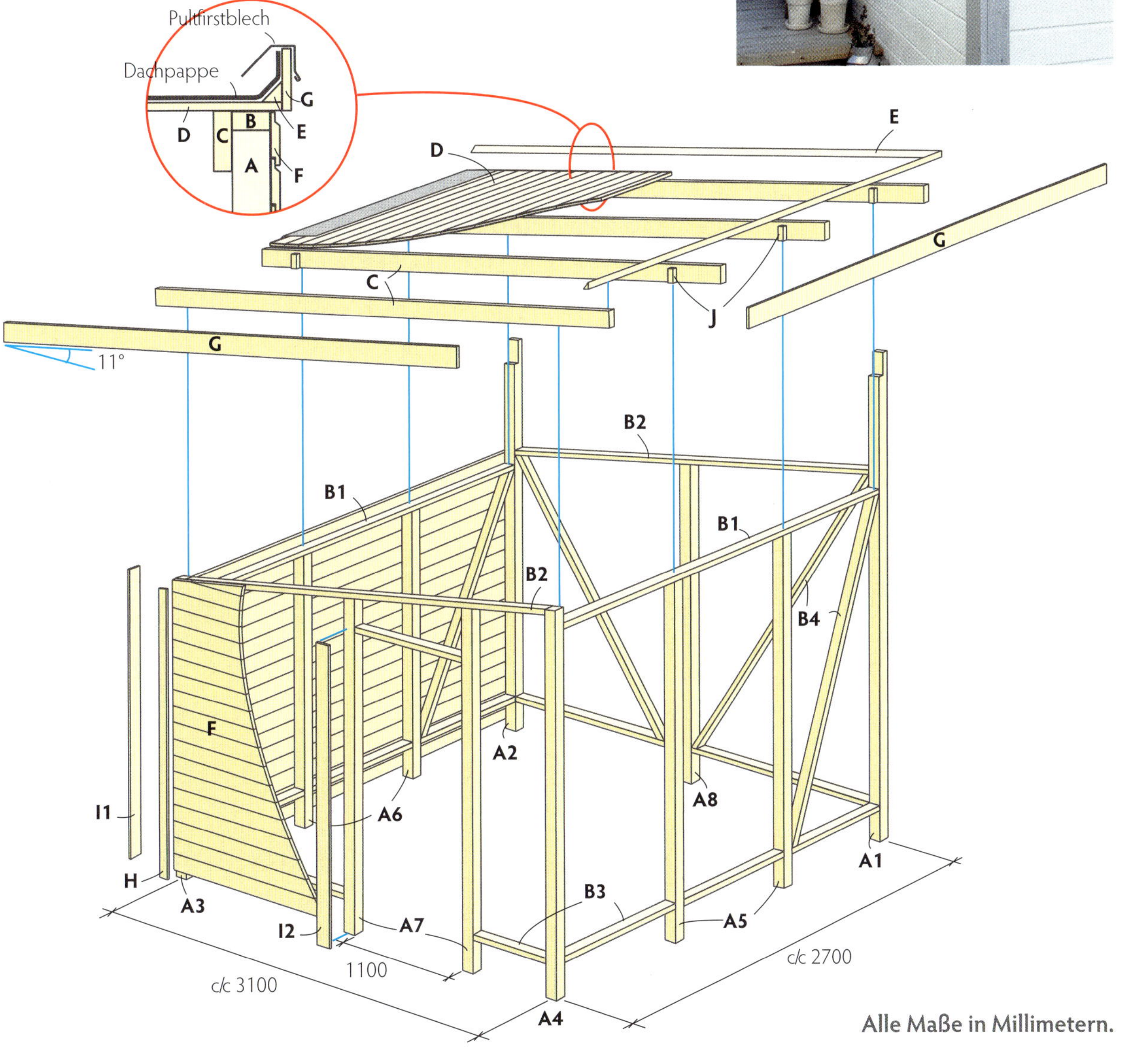

Alle Maße in Millimetern.

Material für das Überdach

Gehobeltes Holz, 95 x 95 mm, für A1 und A2:
Diese Pfosten stehen im Schuppen

Leimbinder, 42 x 225 mm, ca. 22 m:
1 St. à 4140 mm (B1)
5 St. à 3500 mm (B2)

Leimbinder, 42 x 180 mm:
1 St. à 4140 mm (B3)

Holzschrauben

Dieses Überdach hat zwischen den Dachsparren verschiebbare Kunststoffelemente. Der Abstand zwischen den Balken hängt von der gewählten Abdeckung ab.
Nimmt man zum Beispiel eine Abdeckung aus Doppelstegplatten oder gewelltem Kunststoff, kann es notwendig werden, Riegel zwischen die Sparren B2 zu setzen. Überprüfen Sie zusammen mit dem Dachlieferanten, ob die Abmessungen der Riegel passend sind und wie dicht sie stehen müssen. Der Leimbinder B3 kann dann das gleiche Maß erhalten wie B1.

So wird das Überdacht gemacht

1. Versehen Sie die Dachsparren B2 an beiden Enden mit einem 11°-Winkel.
2. Befestigen Sie die beiden äußeren Sparren B2 an den Ständern A1 und A2, die oberhalb des Schuppendachs herausstehen. Lassen Sie die Sparren vorne und hinten gleich weit überstehen.
3. Verschrauben Sie die Leimbinder B1 und B3 mit B2. Achten Sie darauf, dass die Unterkanten von B3 und B2 zueinander bündig liegen.
4. Verschrauben Sie die restlichen Sparren B2 in gleichen Abständen.
5. Montieren Sie das Dach gemäß den Anweisungen des Lieferanten.

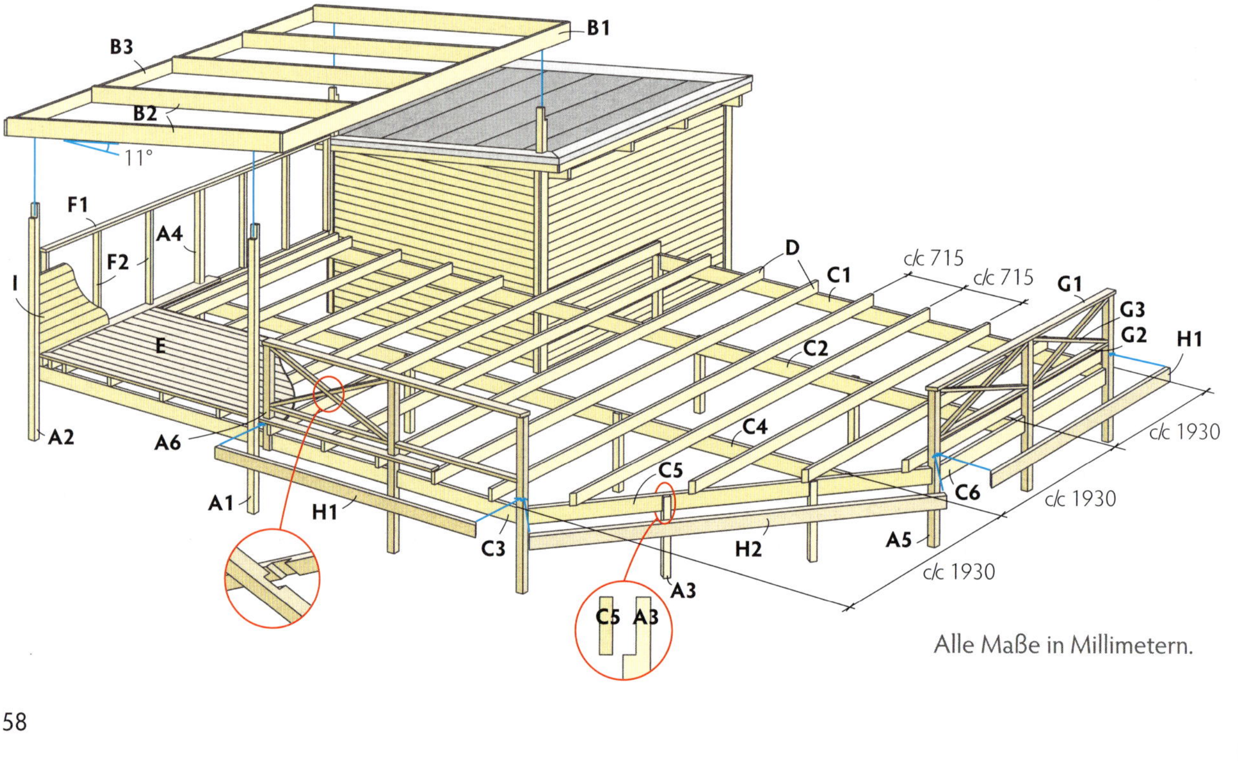

Alle Maße in Millimetern.

Material für die Holzterrasse

Gehobeltes Holz, 95 x 95 mm, ca. 9 m:
7 St. à 835 mm (A3)
1 St. à 2265 mm (A4)

Druckimprägniertes gehobeltes Holz, 95 x 95 mm, ca. 11 m:
5 St. à 1825 mm (A5)
1 St. à 1328 mm (A6)

Gehobeltes Holz, 45 x 195 mm, ca. 36 m:
1 St. à 5765 mm (C1)
1 St. à 8950 mm (C2)
1 St. à 5900 mm (C3)
1 St. à 7870 mm (C4)
1 St. à 4300 mm (C5)
1 St. à 2900 mm (C6)

Gehobeltes Holz, 45 x 145 mm, ca. 61 m (D)

Terrassenbohlen, 28 x 120 mm, ca. 43 m^2 (E)

Profilbretter, überfälzt mit Schattennut, 22 x 120 mm, 11 m^2 (I)

Gehobeltes Holz, 45 x 95 mm, ca. 12 m:
1 St. à 3905 mm (F1)
6 St. à 1350 mm (F2)

Druckimprägniertes gehobeltes Holz, 45 x 95 mm, ca. 25 m:
(G1, G2 und G3)

Druckimprägniertes gehobeltes Holz, 45 x 145 mm, ca. 11m:
2 St. à ca 3000 mm (H1)
1 St. à ca 4400 mm (H2)

Fundamente: 13 St.

Sechskantbolzen, Unterlegscheiben und Muttern für die Fundamente

Winkelbeschläge

Balkenschuhe

Ankerplatten

Kammnägel

Holzschrauben

Nageldübel

So wird die Holzterrasse gemacht

1. Setzen Sie die Fundamente, siehe „Fundamente" auf Seite 119. In diesem Fall wird eine Seite des Wohnhauses als Befestigung für einen Tragbalken benutzt. Wenn Sie diese Möglichkeit nicht haben, benötigen Sie zwei weitere Fundamente.
2. Sägen Sie in die Pfosten A3 und A5 Ausschnitte für den Tragbalken C und montieren Sie die Pfosten an den Fundamenten. Richten Sie mit der Wasserwaage aus: Legen Sie ein Brett oder einen Balken zum Ausrichten über die Pfosten, worauf Sie die Wasserwaage legen. Montieren Sie auch den Pfosten A4 in seinem Fundament. Achten Sie darauf, dass er im Lot ist.
3. Montieren Sie den Tragbalken C1 mit Nageldübeln an der Hauswand und mit Schrauben an dem Pfosten A3, der am Schuppen steht.

Damit die Tragbalken C die richtige Länge bekommen, verbinden Sie die Stöße von beiden Seiten mit Ankerplatten.

4. Befestigen Sie den Tragbalken C6 mit Schrauben in den Aussparungen der 3 Geländerpfosten A5.
5. Montieren Sie die Träger C2 und C3 mit Sechskantschrauben mit Holzgewinde an den Pfosten des Schuppens sowie an A1 und A2. Der Träger C3 wird ebenfalls in der Aussparung der Geländerpfosten A5 mit Schrauben befestigt. C2 wird an den Pfosten A3 verschraubt und an C6 mit einem Balkenschuh befestigt. Verschrauben Sie den Geländerpfosten A6 an C3.
6. Montieren Sie den Träger C4 mit Winkelbeschlägen am Pfosten A4 und mit Schrauben an den Pfosten A3. Ziehen Sie eine Schnur zwischen den beiden Eckpfosten A5 und markieren Sie, wie C4 gesägt werden soll. Schneiden Sie C4 zu.
7. Schneiden Sie den Träger C5 an beiden Enden im 45°-Winkel zu und befestigen Sie ihn an den Pfosten A3 und A5. Verschrauben Sie auch C4 von innen an C5.
8. Legen Sie sämtliche Bodenträger D aus, schneiden Sie diese auf die richtige Länge und verschrauben Sie sie. Benutzen Sie Winkelbeschläge oder verschrauben Sie schräg.
9. Montieren Sie die Terrassenbohlen E. Machen Sie Aussparungen für die Geländerpfosten A5 und A6.
10. Verschrauben Sie die Ständer F2 (4 St.) mit dem Rähm F1. Die Ständer F2 werden mit Winkelbeschlägen auf einer Bodenlatte montiert. Verkleiden Sie die Terrassenwand mit den Profilbrettern I (siehe Materialliste) von beiden Seiten
11. Verschrauben Sie die Sichtblenden H1 und H2 so, dass deren Oberkante bündig mit der Oberkante der Terrassenbohlen E liegt
12. Verschrauben Sie die Handläufe G1 oben auf den Pfosten und G2 100 mm oberhalb des Bodens zwischen den Pfosten.
13. Legen Sie die Diagonalstreben G3 an und markieren Sie, wie sie zugeschnitten werden sollen. Schneiden Sie sie zu und stemmen Sie die Überplattungen aus. Danach montieren Sie die Diagonalstreben mit Schrauben an G1 und G2.

Material für die Treppe

Druckimprägniertes gehobeltes Holz, 95 x 95 mm, ca. 3 m:
- A3 und A5 sind Bestandteile der Terrasse
- 2 St. à 1170 mm (A9)

Druckimprägniertes gehobeltes Holz, 45 x 145 mm, ca. 60m:
- 4 St. à 4300 mm (B)
- 4 St. à 4210 mm (C)
- 2 St. à 1400 mm (D1)
- 6 St. à 1355 mm (D2)
- 2 St. à 1050 mm (E1)
- 6 St. à 1005 mm (E2)
- 2 St. à 700 mm (F1)
- 6 St. à 655 mm (F2)
- 2 St. à 305 mm (G1)
- 6 St. à 260 mm (G2)

Terrassenbohlen, 28 x 120 mm, ca. 60 laufende Meter (H)

Druckimprägniertes gehobeltes Holz, 45 x 95 mm, ca. 14 m (I)

Fundamente: 4 St.

Sechskantschrauben mit Holzgewinde für die Fundamente

Holzschrauben

Ankerplatten

Kammnägel

So wird die Treppe gebaut

1. Setzen Sie die Fundamente, siehe „Fundamente" auf Seite 119.
2. Verschrauben Sie die Kanthölzer B (1 St.), D1 (2 St.) und C (1 St.) zu einem Rahmen.
3. Verschrauben Sie die Pfosten A9 in den Ecken.
4. Verschrauben Sie die Kanthölzer D2 mit dem Rahmen. Die zwei äußersten liegen an A9 an, während die übrigen in gleichmäßigem Abstand verteilt werden.
5. Entfernen Sie eines der Flacheisen der Fundamente mit dem Trennschleifer und montieren Sie den Rahmen mit Sechskantschrauben mit Holzgewinde an dem übrigen Flacheisen und an den Kanthölzern D2. Die Kanthölzer C des Rahmens werden mit Schrauben an den Pfosten A3 und A5 befestigt, die Bestandteile der Terrasse sind. Richten Sie sie sorgfältig mit der Wasserwaage aus.
6. Verschrauben Sie die Stufenbretter auf der ersten Stufe, denn die nächste Stufe/Rahmen muss auf dem Stufenbelag ruhen.
7. Verschrauben Sie die Kanthölzer B (1 St.), E1 (2 St.) und C (1 St.) zu einem Rahmen.
8. Verschrauben Sie die Kanthölzer D2 am Rahmen. Die beiden äußeren müssen 95 mm von E1 entfernt liegen, während die restlichen in gleichmäßigem Abstand verteilt werden.
9. Montieren Sie diesen Rahmen auf dem unteren, und verbinden Sie diese auf der Innenseite mit Ankerplatten auf D2 und E2 an zwei Stellen, die so nah wie möglich an B liegen sollten. Befestigen Sie das Kantholz C des Rahmens an den Pfosten A3 und A5.
10. Verschrauben Sie die Stufenbretter.
11. Fertigen Sie zwei weitere Rahmen/Stufen auf die gleiche Weise, wie unter Punkt 7 bis 10 angegeben, an.
12. Spannen Sie eine Schnur zwischen den Pfosten A5 und A9 (Achten Sie darauf, dass Sie parallel zur Treppe gespannt wird) und markieren Sie, wie A9 zugeschnitten werden muss. Schneiden Sie A9 zu.
13. Befestigen Sie den Handlauf I1 an der Brüstung der Terrasse und oben auf A9. Befestigen Sie die Strebe I2 parallel zu I1 an den Pfosten A5 und A9.
14. Legen Sie die Holzstreben I3 an und markieren Sie, wie sie zugeschnitten werden sollen. Schneiden Sie sie ein, und stemmen Sie die Überplattung aus. Danach mit Schrauben an I1 und I2 montieren.

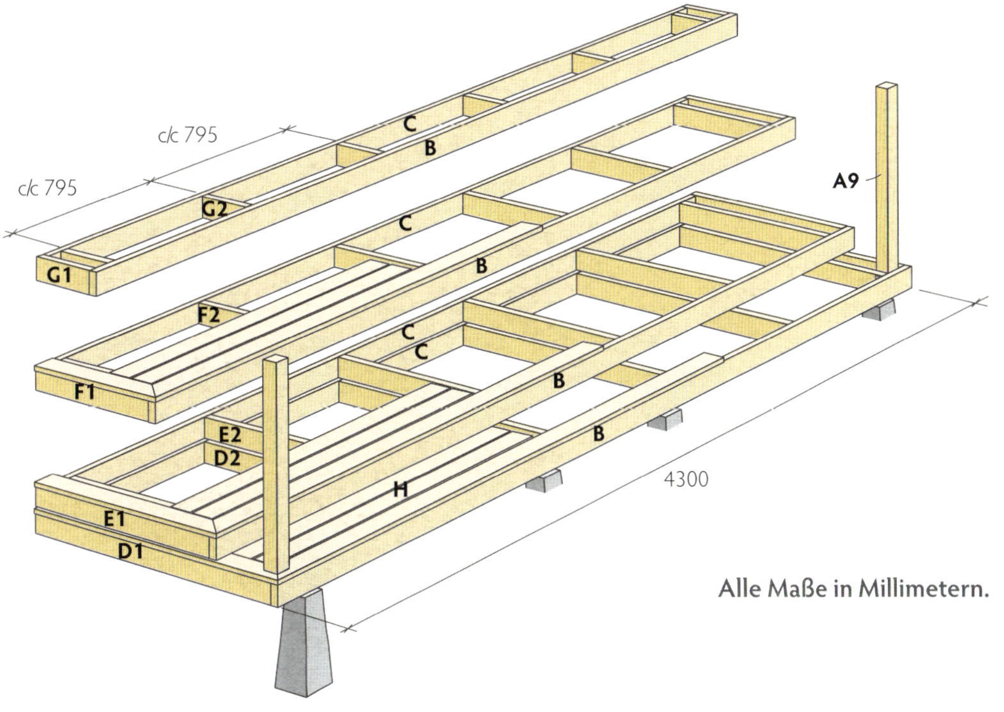

Alle Maße in Millimetern.

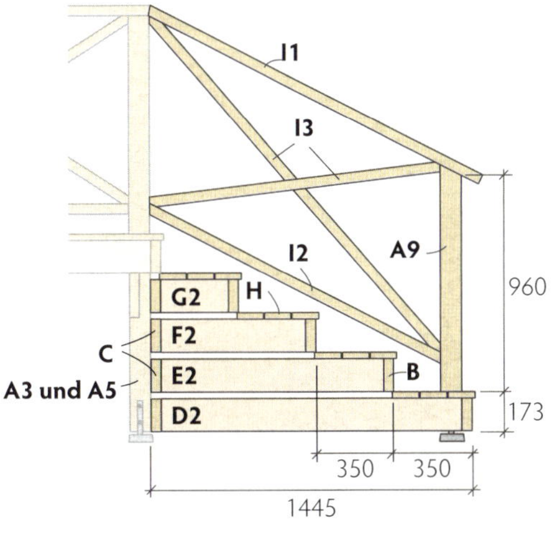

Kleine Treppe

Zwischen dem einen Schuppen und dem Wohnhaus befindet sich eine kleine, schmale Treppe, die vom Steinbelag zur Terrasse führt. Sie wurde mit fertigen Wangen, die an Haus- und Schuppenwand befestigt wurden, angefertigt. Auf Seite 175 finden Sie die Grundlagen für den Bau einer solchen Treppe.

Zäune, Gartenpforten, Plankenwände und Tore

Ein Zaun markiert die Grundstücksgrenze und schafft ein „Revier". Eine Plankenwand sorgt außerdem für Abgeschiedenheit und schützt vor Einblick. Traditionell bauen wir niedrige Zäune. Aber kleinere Grundstücke und dichtere Bebauung haben bewirkt, dass wir höhere Zäune und Plankenwände benötigen, um ein Raumgefühl und Abgeschiedenheit im Garten zu schaffen. Da ein Zaun oder eine Plankenwand rund um das Grundstück oft das erste ist, was Besucher und Passanten sehen, wenn sie sich nähern oder an Ihrem Haus vorbeigehen, sollten Sie danach streben, die Gestaltung dem Haus und seiner Umgebung anzupassen. Eine Gartenpforte macht einen einladenden Eindruck und verschmilzt gut mit dem Zaun und der Umgebung.

Gleichzeitig hat der Zaun die Funktion abzugrenzen, auszusperren oder einzuschließen. Ein Gartenzaun muss harte Beanspruchung aushalten können und deshalb gut dimensioniert sein – gerne mit extra starkem Rahmen.

Ein Tor hat häufig eine eher praktische als gestaltende Funktion – man muss eine Plankenwand nun einmal einfach öffnen können, um etwas hindurch zu transportieren.

Jeppsson, Ohlsson: Mit Holz arbeiten im Ga
© Copyright 2009 by Vincentz Network, Hannover, Germ
ISBN 978-3-86630-94

Planung

Beginnen Sie damit, Ihr Haus und seine Umgebung zu studieren. Nehmen Sie Papier und Bleistift zur Hand und skizzieren Sie verschiedene Lösungen für den Gartenzaun oder die Plankenwand. Bedenken Sie dabei, wie Sie ihren Garten nutzen, wo sich die Sitzgelegenheit befindet, aus welcher Richtung der Wind am häufigsten kommt, wie es um Einblick oder Aussicht steht, und so weiter. Sprechen Sie mit Ihren Nachbarn. Es ist wichtig, dass sie an Ihrem Zaun oder Ihrer Plankenwand ebenfalls Gefallen finden. Vielleicht können Sie diese auch zusammen auf der gemeinsamen Grundstücksgrenze errichten.

Eine Gartenpforte ist ein Bestandteil des Zaunes, und ein Tor ein Teil einer Plankenwand. Gestalterisch muss es deshalb zum Zaun bzw. zur Plankenwand passen. Denken Sie darüber nach, was Sie möglicherweise durch den Durchlass hineinbringen wollen. Wollen Sie mit einem Lastwagen hindurchfahren können, muss die Öffnung ca. drei Meter breit sein, während der Durchgang für Fußgänger nicht mehr als 90 cm breit sein muss.

Nicht vergessen

- Als reine Grenzmarkierung kann ein 60 bis 70 cm hoher Gartenzaun ausreichend sein.
- Wenn Sie für den Bereich, in dem Sie sitzen, einen Sichtschutz haben wollen, sollte er 120 cm hoch sein.
- Wenn Sie einen kompletten Sichtschutz haben wollen, müssen Sie eine Plankenwand von 180 cm Höhe bauen, was auch bedeutet, dass sie gegen Abend Schatten wirft.
- Eine dichte Plankenwand bietet schlechteren Windschutz als eine durchbrochene, da sie Luftwirbel erzeugt und es hinter ihr zugig wird, siehe Abbildung 1.
- Senkrechte Bretter lassen einen Gartenzaun oder eine Plankenwand höher aussehen, waagerechte lassen sie länger erscheinen. Denken Sie auch daran, dass waagerechte Bretter zum Klettern einladen. Deshalb kann es gefährlich sein, diese um einen Pool herum oder am Rande eines Abhanges zu verwenden.
- Nehmen Sie für Ihre Gartenpforte oder Ihr Tor Bauteile größerer Dimensionen. Sie sind großen Beanspruchungen durch Wind und Wetter, aber auch durch spielende Kinder und anderes ausgesetzt.
- Die Torpfosten müssen aus druckimprägniertem Holz hergestellt werden.
- Alle Scharniere, Schrauben und andere Beschläge müssen zumindest feuerverzinkt, am besten aber aus rostfreiem Stahl sein
- Wählen Sie Torbänder, deren Länge mindestens 2/3 der Torbreite entspricht. So wird es sehr stabil.

Abbildung 1

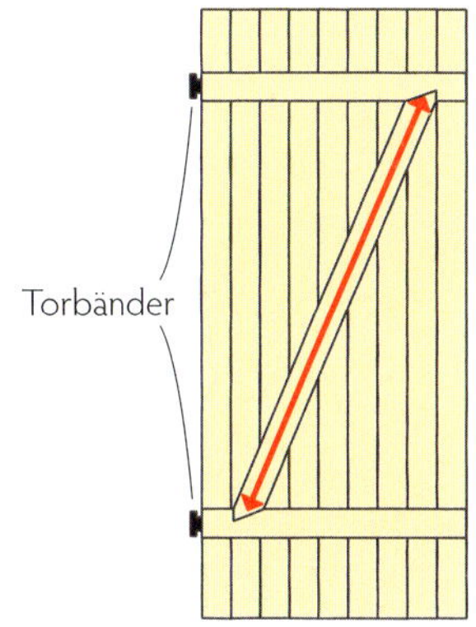

Abbildung 2

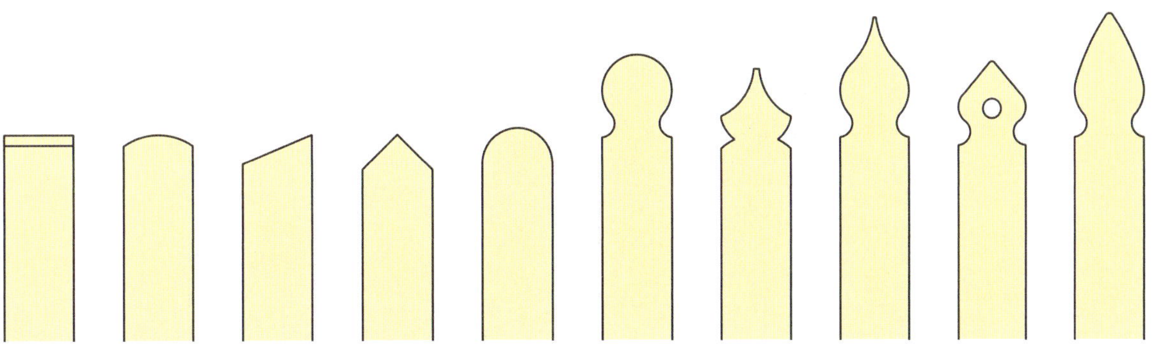

Die Spitze der Zaunlatten kann auf viele verschiedene Arten gestaltet werden. Beachten Sie die Schablonen in Originalgröße auf den Vorsatzseiten am Ende des Buches..

- Denken Sie darüber nach, wie Sie Ihre Gartenpforte oder Ihr Tor verschließen wollen. Möchten Sie verhindern, dass jemand hineinkommt, oder verhindern, dass Ihre kleinen Kinder für ein Abenteuer verschwinden?
- Es gibt Gesetze und Bestimmungen, welche die Bauform regeln, und oftmals benötigt man auch eine Baugenehmigung. Darüber mehr auf Seite 118.

So wird's gemacht

- Alle Zäune oder Plankenwände brauchen einen passenden Untergrund. Pforten- oder Torpfosten benötigen ein stabiles Fundament, am besten noch stabiler als die übrigen Zaun- oder Plankenwandpfosten. Mehr über Fundamente auf Seite 119.
- Denken Sie daran, die Befestigungen der Pfosten so zu platzieren wie in Abbildung 3, besonders dann, wenn Sie eine Plankenwand errichten.
- Machen Sie am besten die Torpfosten etwas höher und etwas dicker. Das macht die Pforte eindrucksvoller und gibt dem Zaun auch mehr Halt. Siehe Abbildung 4.
- Arbeiten Sie von Anfang an sorgfältig. Ein Zaun oder eine Plankenwand, die nicht in der Flucht steht, sieht nicht gut aus. Beginnen Sie damit, die Endpfosten mit Hilfe der Wasserwaage senkrecht auf eine Gerade zu setzen. Spannen Sie dazwischen eine Schnur und richten Sie die restlichen Pfosten an ihr aus, siehe Abbildung 5. Ein Abstand von 1,80 m zwischen den Pfosten ist meistens empfehlenswert, aber manchmal möchte man auch etwas ganz anderes haben.
- Befestigen Sie die waagerechten Riegel mit Winkeleisen, wie auf Abbildung 6a gezeigt, oder machen Sie Aussparungen im Pfosten wie auf Abbildung 6b. Die Methode mit der Aussparung eignet sich am besten für Zäune während Winkelbeschläge sowohl für den Zaun als auch für die Plankenwand geeignet sind. Für einen Zaun benutzt man normalerweise zwei waagerechte Riegel und für eine Plankenwand nimmt man drei. Machen Sie die Aussparung nicht zu tief, mindestens 45 mm des Pfostens müssen übrig bleiben.

Die Stöße der waagerechten Riegel werden am Pfosten gemacht. Wenn Sie unsichtbare Stöße haben wollen, setzen Sie ein Deckbrett darüber, wie in Abbildung 7 gezeigt. In diesem Fall müssen Sie eine Aussparung machen, die der gesamten Stärke des waagerechten Riegels entspricht. Wenn die Riegel 45 mm stark sind, muss der Pfosten daher mindestens 90 mm dick sein, da 45 mm des Pfostens stehen bleiben müssen.

Wenn Sie die Pfosten aus drei Teilen anfertigen, wie in Abbildung 8 gezeigt, erhalten Sie einen stabilen Pfosten, der nicht reißt. Für den Zaun benutzen Sie als Mittelstück ein Kantholz von 45 x 70 mm und zwei Deckbretter von 28 x 95 mm. Die waagerechten Riegel werden in der Abmessung 45 x 70 mm gewählt und mit Winkelbeschlägen am Pfosten befestigt. Dieser Pfostentyp erfordert eine sehr exakte Platzierung der Fundamente, da es nicht sehr viel Spielraum gibt, um die Flach-

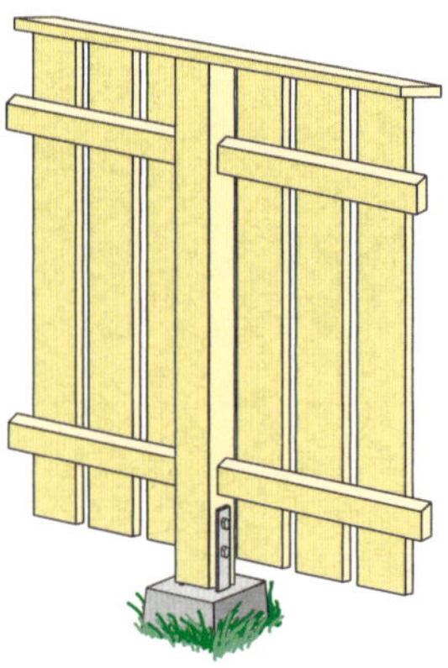
Abbildung 3

Abbildung 4

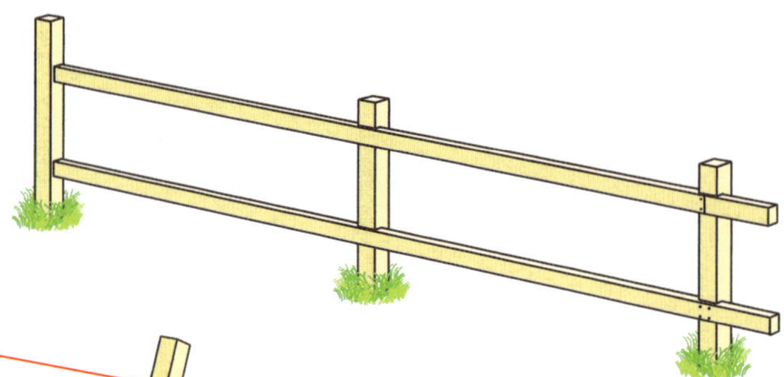

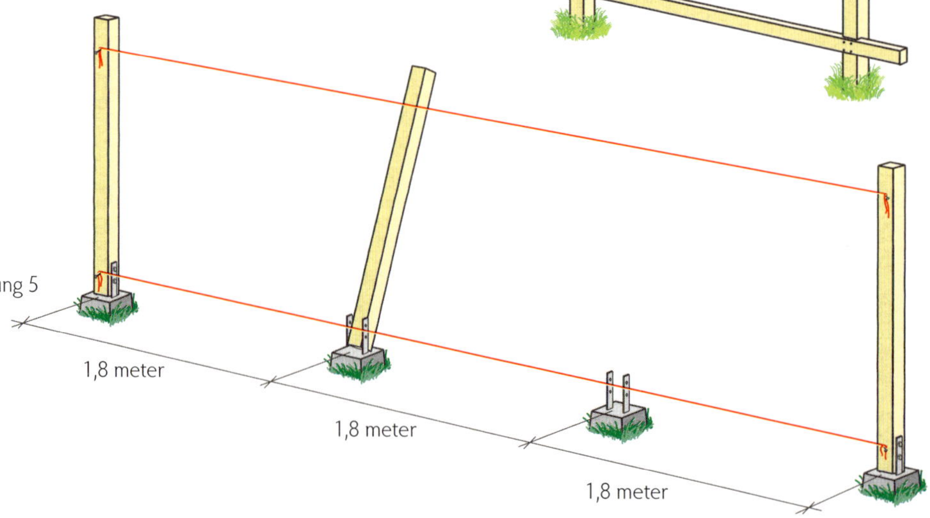

Abbildung 5

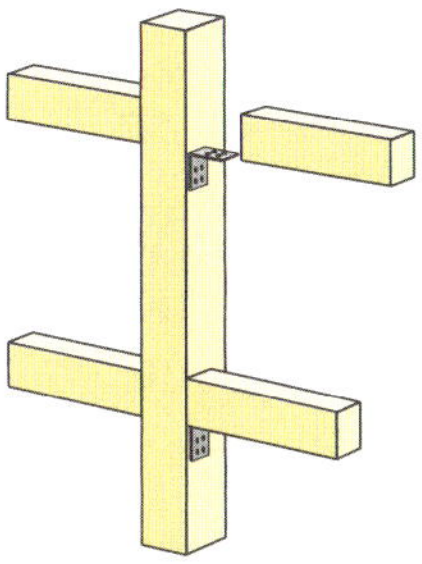

Abbildung 6a

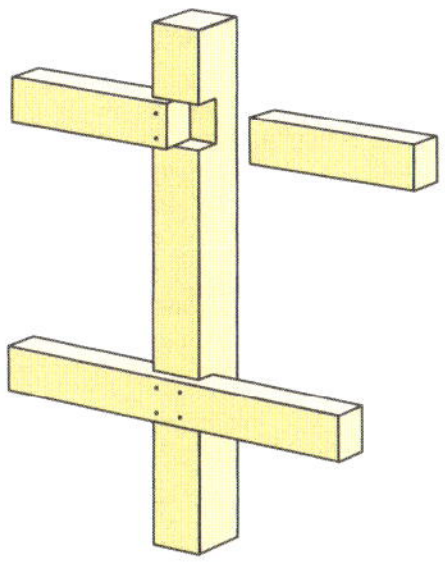

Abbildung 6b

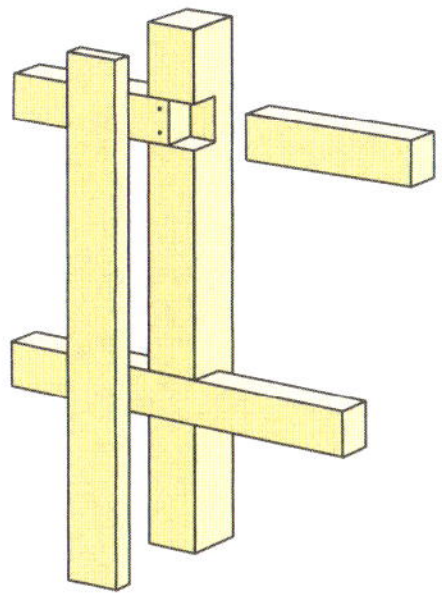

Abbildung 7

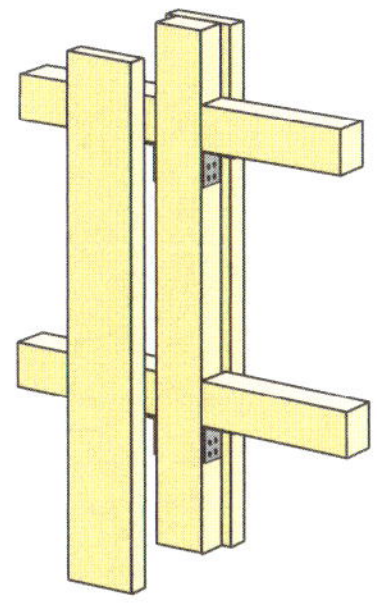

Abbildung 8

Abbildung 9

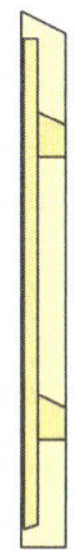

Abbildung 10

Abbildung 11

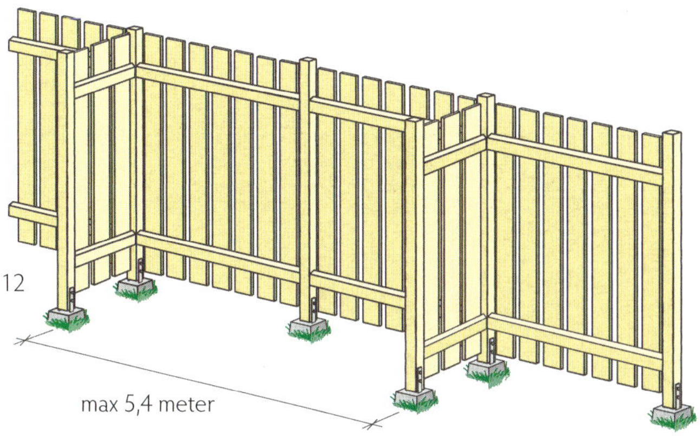

Abbildung 12

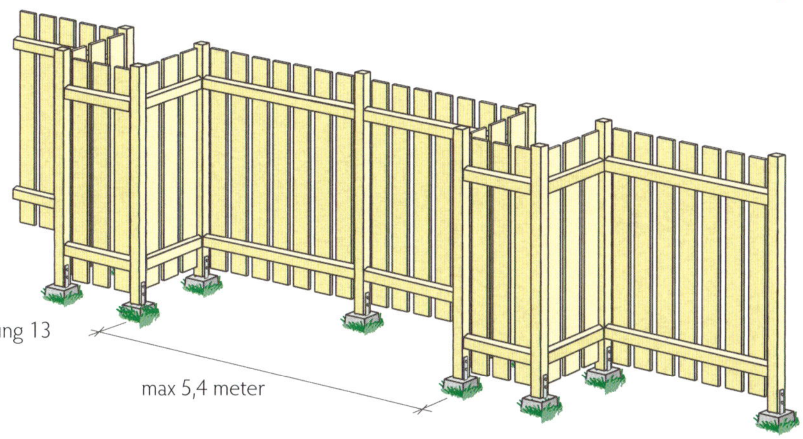

Abbildung 13

eisen am 45 mm starken Mittelteil zu befestigen. Für die Plankenwand müssen Sie abhängig von der Höhe und dem Abstand zwischen den Pfosten stärkere Abmessungen wählen.

- Am besten versehen Sie die Pfosten mit einer Abdeckung, siehe Abbildung 9. Das verhindert, dass Feuchtigkeit in das Kopfholz des Pfostens eindringt. Die Abdeckung kann aus Blech oder Holz angefertigt werden; oder vielleicht gießen Sie einfach eine aus Beton? Wenn Sie keine Abdeckung auf dem Pfosten haben möchten, ist es von Vorteil, sie am oberen Ende schräg anzusägen, siehe Abbildung 10. Das sollten Sie auch mit der Oberseite der horizontalen Riegel machen.
- Wenn Sie eine Pforte oder ein Tor vermessen und bauen, sollten Sie besonders sorgfältig arbeiten. Alles muss im richtigen Winkel stehen, da eine Pforte oder ein Tor bewegliche Teile sind und gleichzeitig stabil sein müssen.
- Ein Plankenzaun bietet dem Wind eine große Angriffsfläche, besonders wenn er lang ist und an einem windigen Platz steht. Ein stabiles Fundament ist da eine selbstverständliche Voraussetzung, aber es können auch noch andere Maßnahmen notwendig werden, damit ihr Plankenzaun auch in Zukunft gerade steht. Die Abbildungen 11, 12 und 13 zeigen einige Beispiele für Maßnahmen, die verhindern, dass Ihr neuer Plankenzaun später einmal schief steht.

Schauen Sie sich die folgenden Seiten an und lassen Sie sich inspirieren! Eine weitere Plankenwand finden Sie auf Seite 162.

Zaun und Gartenpforte

Der Zaun wurde an die Neigung des Grundstücks angepasst, was einen sanften Eindruck vermittelt. Der einfache Zuschnitt der roten Zaunlatten und die weiße Pforte passen gut zu der ländlichen Umgebung und dem weißen Haus aus der Jahrhundertwende.

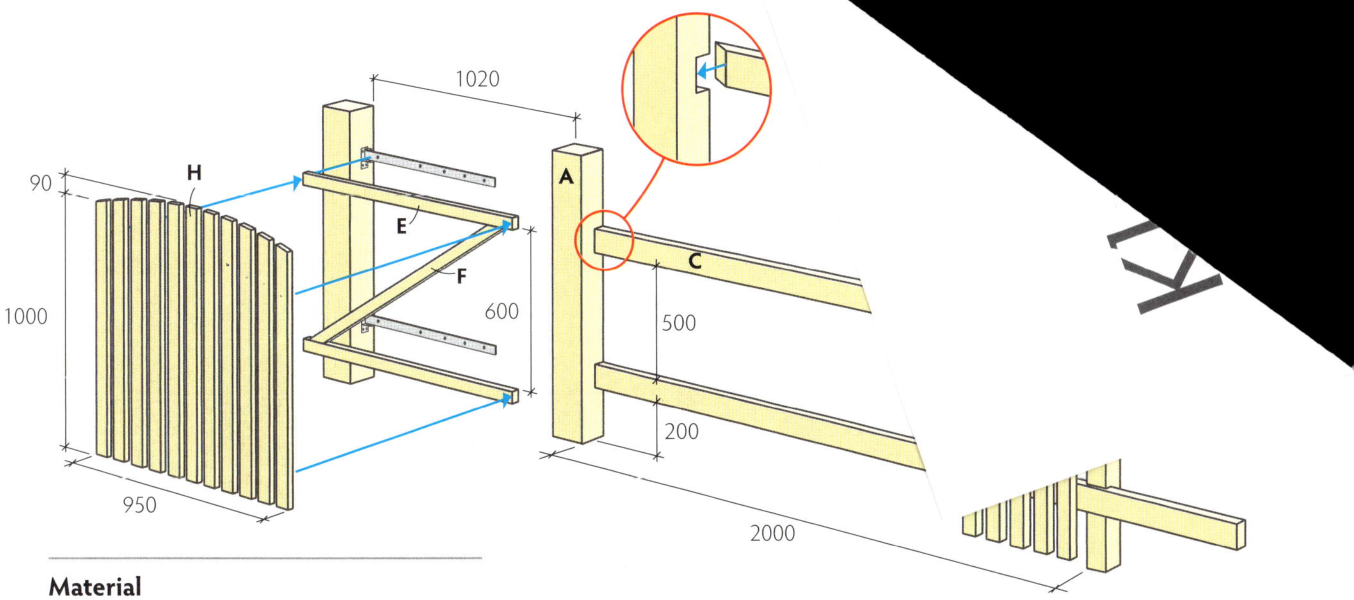

Material

Für einen Zaunabschnitt und eine Pforte.

Ungehobeltes Holz, 125 x 125 mm, ca. 2,4 m:
2 St. à 1150 mm (A)

Ungehobeltes Holz, 75 x 75 mm, ca. 2 m:
2 St. à 900 mm (B) außer für den Abschnitt, der direkt am Torpfosten steht

Ungehobeltes Holz, 50 x 75 mm, ca. 4 m:
2 St. à 2000 mm (C)

Ungehobeltes Holz, 38 x 50 mm, ca. 39 m:
ca 23 St. à 1000 mm (G); 2 St. à 950 mm (E)
1 St. à 1080 mm (F); 11 St. à gut 1100 mm (H)

Fundamente

Sechskantbolzen,

Unterlegscheiben und Muttern für die Fundamente

Torbänder: 2 St., Torschloss, Holzschrauben

So wird der Zaun gebaut

Denken Sie daran alle Teile zu streichen, bevor sie montiert werden.

1. Graben Sie die Fundamente ein, siehe Seite 119.
2. Befestigen Sie die Torpfosten A an den Flacheisen der Fundamente, siehe Seite 120. Achten Sie darauf, dass die Pfosten im Lot stehen.
3. Machen Sie die Aussparungen in die Zaunpfosten B für die Riegel C. Sägen Sie 30 mm tief ein und stemmen Sie mit dem Stemmeisen aus.
4. Befestigen Sie die Zaunpfosten B an den Flacheisen der Fundamente. Achten Sie darauf, dass die Pfosten im Lot stehen.
5. Messen Sie die Höhe für den Riegel C am Torpfosten A aus. Sägen Sie ein und stemmen Sie wie aus. (s. Zeichnung)
6. Verschrauben Sie die Riegel C. Die Stöße liegen auf der Mitte der Aussparung am Pfosten B.
7. Schneiden Sie die Zaunlatten G oben im 60°-Winkel zu. Unten leicht anschrägen, damit Wasser gut abtropfen kann.
8. Spannen Sie eine Richtschnur dort, wo die Unterkante der Latten liegen soll. So ist es leichter, sie auf eine Linie auszurichten. Schneiden Sie sich am besten ein Brett von 40 mm Breite als Abstandshalter um einen gleichmäßigen Zwischenraum zu erhalten. Schrauben Sie die Latten fest und prüfen Sie immer wieder mit der Wasserwaage.

So wird die Gartenpforte gebaut

1. Schneiden Sie die Riegel E auf die richtige Länge und verschrauben Sie darauf die Latten H. Beginnen Sie mit den beiden äußeren, kontrollieren Sie den Winkel und setzen Sie die mittlere Latte an ihren Platz. Verteilen Sie danach die Restlichen in gleichem Abstand.
2. Schneiden Sie die Diagonalstrebe F zu, vermessen Sie genau und verschrauben Sie diese an den Riegeln E und den Latten H.
3. Zeichnen Sie den oben am Tor liegenden Bogen an und schneiden Sie die Latten entlang der Linie mit einer Stichsäge ab. Der Radius des Bogens ist groß, aber man kann ihn leicht mit einer Hartfaserplatte oder anderem biegsamen Material anzeichnen. Schlagen Sie dazu einen Nagel in die beiden äußeren Latten und einen in die mittlere Latte genau an der höchsten Stelle. Halten Sie die Platte an den Seiten fest, drücken Sie sie zusammen und gleichzeitig gegen die Nägel. Bitten Sie jemanden, den Bogen anzuzeichnen.
4. Montieren Sie die Torbänder. Beginnen Sie damit, die Teile, die am Pfosten sitzen, zu befestigen. Setzen sie das Tor vorübergehend in der richtigen Position auf Unterlagen. Achten Sie auf Lotrechtigkeit und machen Sie die Markierungen für die Schrauben. Befestigen Sie die Torbänder an der Pforte, und hängen Sie diese ein. Zum Schluss montieren Sie das Schloss.

Klassische Gartenpforte

Diese schicke kleine Pforte ist ziemlich leicht zu bauen. Das untere Kreuz und das Gitter aus Rundstäben geben der Pforte eine schöne Gliederung. Der Zaun mit den oben angespitzten Latten ist eine passende Ergänzung. Als besonderes Detail hat man die Zaunlatten gekürzt, um Platz für einen Briefkasten zu schaffen.

Material

Gehobeltes Holz, 95 x 95 mm:
 2 St. à 1025 mm für die Torpfosten (A)
 1 St. alle 1,8 Meter für den Zaun

Gehobeltes Holz, 45 x 95 mm, ca. 3,7 m:
 2 St. à 810 mm (B)
 2 St. à 950 mm (C)

Gehobeltes Holz 45 x 70 mm, ca. 3 m:
 1 st. à 950 mm (D)
 2 st. à 1000 mm (E)

Rundstäbe, ∅ 21 mm, ca 2,3 m:
 8 St. à 270 mm (F)

Gehobeltes Holz, 45 x 95 mm:
 2 St. à 1800 mm (G) pro Zaunabschnitt

Gehobeltes Holz, 22 x 70 mm:
 Jedes Stück in der Länge von 880 mm (H)

Pfostenabdeckungen (J): kaufen Sie fertige oder : 120 mm lange Stücke aus einem Brett von 34 x 120 mm und fräsen Sie ein Profil ein.

Fundamente

Sechskantbolzen,

Unterlegscheiben und Muttern für die Fundamente;

Holzdübel; Torbänder: 2 St.;Torschloss

Holzschrauben;Wasserfester Leim,

Winkelbeschläge für den Zaun

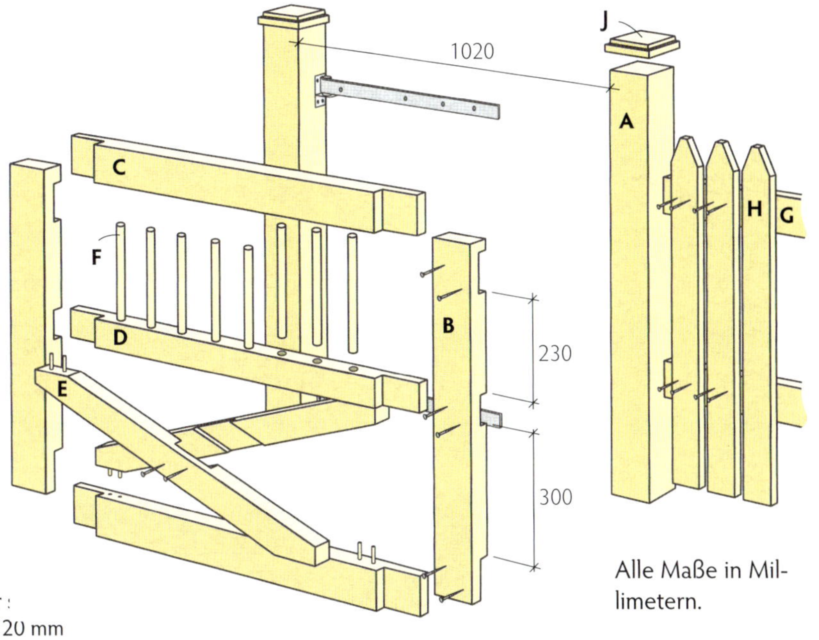

Alle Maße in Millimetern.

So wird die Pforte gebaut

1. Graben Sie die Fundamente ein, siehe Seite 119.
2. Befestigen Sie die Torpfosten A an den Flacheisen der Fundamente, siehe Seite 120. Achten Sie darauf, dass die Pfosten im Lot stehen.
3. Schneiden Sie B, C und D zu. Machen Sie die Überblattungen, indem Sie bis zur halben Stärke des Holzes einschneiden und das Holz mit einem Stemmeisen entfernen. Glätten Sie die Überplattungen mit einer Feile.
4. Legen Sie die Teile zusammen, pressen Sie diese mit Schraubzwingen zusammen und kontrollieren Sie den Winkel. Legen Sie die Diagonalstreben E exakt an ihren Platz und markieren Sie wie sie zugeschnitten werden müssen und wo die Überplattung in der Mitte liegt.
5. Machen Sie die Teile E fertig, und schlagen Sie dort Nägel ein, wo die Holzdübel sitzen sollen. Von diesen kneifen Sie den Kopf ab.
 Legen Sie die Teile E zusammen, und drücken Sie diese gegen den mittleren Riegel D und den unteren Riegel C, sodass die Nägel die Stellen anzeigen, an denen die Dübel sitzen sollen.
6. Ziehen Sie die Nägel aus und bohren Sie Löcher für die Dübel.
7. Bohren Sie 22 mm tiefe Löcher für die Rundstäbe F in den oberen Riegel C und den mittleren Riegel D.
8. Montieren Sie die Teile C und D und die Rundstäbe F. Dabei liegen C und D in den Teilen B, damit der Abstand stimmt. Verfahren Sie auf die gleiche Weise mit den Teilen E und C. Lassen Sie den Leim trocknen
9. Verleimen und verschrauben Sie die Teile B an ihrem Platz. Kontrollieren Sie die ganze Zeit über die Winkel, messen Sie am besten diagonal, um das Stichmaß zu überprüfen. Seien Sie mit dem Leim großzügig, besonders weil er die Fugen gegen das Eindringen von Wasser schützt.
10. Eventuelle Unebenheiten an den Stößen schleifen Sie einfach mit einem Bandschleifer ab.
11. Montieren Sie die Torbänder und das Torschloss.
12. Montieren Sie die Pfostenabdeckungen J an ihrem Platz.

So wird der Zaun gemacht

Denken Sie daran, die Oberfläche aller Teile vor der Montage zu streichen.

1. Befestigen Sie die Riegel G mit Winkelbeschlägen an den Pfosten. Schrägen Sie die Oberkanten an, damit Wasser besser ablaufen kann.
2. Spitzen Sie die Zaunlatten H oben an und verschrauben Sie diese. Spannen Sie eine Richtschnur zwischen den Pfosten, damit alle Latten auf gleiche Höhe kommen.

Gartenpforte mit Sonne und ein Zaun

Rot und Grün sind Komplementärfarben. Deshalb ergänzen sich der rote Zaun und die grüne Bepflanzung so gut. Die Spitzen des Zauns wurden nach einer alten, klassischen Vorlage angefertigt und passen sehr gut zu ihrer Umgebung. Ihre Form harmoniert mit den Spitzen der Torpfosten. Das großzügige Doppeltor mit seinen zwei aufgehenden Sonnen macht einen fröhlichen und einladenden Eindruck und heißt sowohl die Hausbesitzer als auch die Besucher willkommen.

Material für das Tor

Ungehobeltes Holz, 125 x 125 mm, ca. 3,2 m:
- 2 St. à 1270 mm (A)
- 2 St. à 300 mm (E)

Gehobeltes Holz, 45 x 95 mm, ca. 14 m:
- 2 St. à 1220 mm (F)
- 4 St. à 1200 mm (G)
- 2 St. à 1150 mm (H)
- 2 St. à 1150 mm (I)
- 2 St. à 1150 mm (J)
- 2 St. à 100 mm (K)

Gehobeltes Holz, 45 x 170 mm, ca. 1 m:
- 2 St. à 420 mm (L)

Gehobeltes Holz, 45 x 45 mm (M), ca. 9,4 m

Material für einen Zaunabschnitt

Gehobeltes Holz, 95 x 95 mm:
- 1 St. à 1020 mm (B)

Gehobeltes Holz, 45 x 95 mm, ca. 3 m:
- 2 St. à 1400 (C)

Gehobeltes Holz, 22 x 95 mm, ca. 16m:
- 13 St. à 1220 (D)

Weiteres Material

Fundamente

Sechskantbolzen,

Unterlegscheiben und Muttern für die Fundamente

Torbänder: 4 St.

Torschloss

Holzdübel

Winkelbeschläge

Schrauben

Wasserfester Leim

Außenfarbe

So wird's gemacht

Denken Sie daran, die Oberfläche des Holzes vor der Montage einmal zu behandeln, damit auch die später verdeckten Teile des Holzes ihren Schutz erhalten.

1. Setzen Sie die Fundamente, siehe Seite 119.
2. Befestigen Sie die Pfosten A und B an den Flacheisen der Fundamente, siehe Seite 120. Achten Sie darauf, dass die Pfosten im Lot stehen.
3. Befestigen Sie die Winkelbeschläge an den waagerechten Riegeln C und verschrauben Sie diese.
4. Schneiden Sie die Spitzen der Zaunlatten D mit der Stich- oder Bandsäge zu. Schneiden Sie sie ganz unten schräg an, damit Wasser gut abtropfen kann. Befestigen Sie eine Latte an jedem der Pfosten B und verteilen Sie die übrigen im gleichmäßigen Abstand von ca. 20 mm.
5. Die Spitzen der Pfosten E sind 300 mm hoch und werden aus einem Stück ausgesägt, das die gleichen Maße hat wie der Pfosten. Verwenden Sie das gleiche Profil wie für die Zaunlatten D und vergrößern Sie es proportional auf die Abmessungen des Pfostens. Schneiden Sie die Spitzen mit dem Fuchsschwanz oder am besten mit einer Bandsäge zu.
6. Verleimen und verschrauben Sie das Kantholz F an den Torpfosten
7. Schneiden Sie die senkrechten Teile G des Tores zu und geben Sie ihnen oben ihr Profil.
8. Schneiden Sie die Zapfen der Riegel H, I und J zu. Die Zapfen sind 50 mm lang und hoch und 20 mm breit.
9. Markieren Sie, wo die Zapfen in den senkrechten Bauteilen G sitzen sollen. Bohren Sie zwei Löcher von 20 mm Durchmesser für jeden Zapfen, und stemmen Sie das Loch mit einem scharfen Stemmeisen aus.
10. Schneiden Sie die „Sonne" L mit einem Radius von 215 mm aus. Befestigen Sie diese mit Holzdübeln und Leim an J. Nehmen Sie Leimzwingen und lassen Sie den Leim trocknen.
11. Setzen Sie die Teile G, H, I und J provisorisch ohne Leim zusammen. Vermessen Sie die Diagonale, damit alle Bauteile im rechten Winkel stehen.
12. Vermessen Sie die Länge des Bauteils K und schneiden Sie es zu.
13. Vermessen und markieren Sie die Streben M sorgfältig. Dazu legen Sie diese an ihren Platz und prüfen und justieren bis alles passt. Beginnen Sie mit der mittleren Strebe und machen Sie danach die äußeren. Alle Streben stehen im 18°-Winkel zueinander. Markieren Sie an I, G und L wo die Streben M befestigt werden sollen.
14. Zerlegen Sie das Tor und bohren Sie die Löcher für die Holzdübel.
15. Setzen Sie das Tor vor der Endmontage probeweise zusammen. Vielleicht muss noch das eine oder andere angepasst werden.
16. Verleimen Sie die Bauteile. Pressen Sie diese zusammen und lassen Sie den Leim trocknen. Gehen Sie mit dem Leim großzügig um. Der Leim sollte das Tor nicht nur zusammenhalten, sondern auch das Eindringen von Feuchtigkeit an den Verbindungen verhindern.
17. Streichen Sie das Tor und die Torpfosten.

So wird das Doppeltor montiert

1. Verschrauben Sie die Scharniere an den Kanthölzern F.
2. Legen Sie ein 22 mm starkes Brett zwischen die zwei Torflügel und verbinden Sie diese so, dass sie eine Einheit bil-

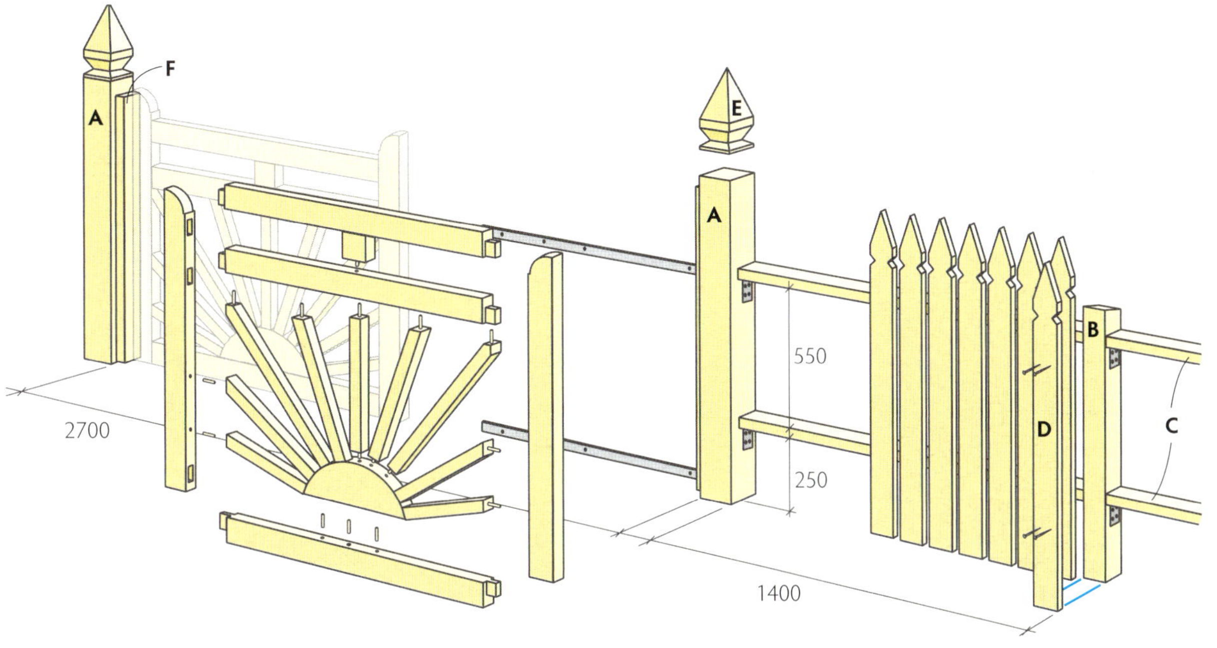

Alle Maße in Millimetern.

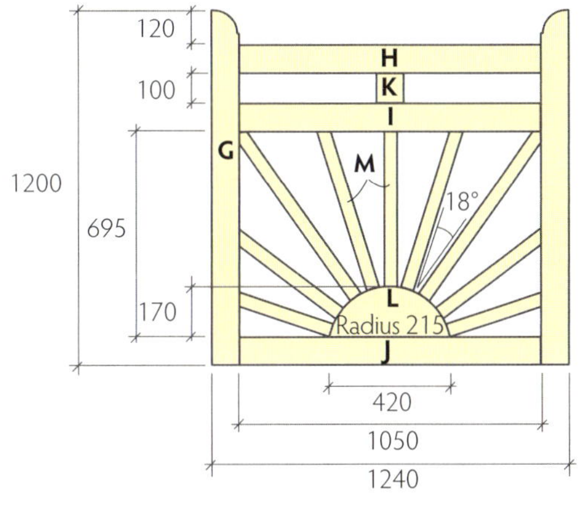

den. Unterlegen Sie das Tor so, dass es völlig exakt in seiner endgültigen Position ist und befestigen Sie die Torbänder.
Entfernen Sie die Zwingen sowie das Brett und öffnen Sie das Tor.

3. Am Ende bringen Sie das Torschloss an.

Es lohnt sich, sich bei den Spitzen der Torpfosten Mühe zu geben. Diese geben dem Tor seinen Charakter und vervollständigen den optischen Eindruck.

Doppeltor

Ist das Tor verschlossen, verschmelzen die Torflügel mit dem Zaun. Das sorgt für einen schönen und stilvollen Gesamteindruck. Es wirkt dann wie ein einziger weißer und herrlich geschwungener Zaun. Die schlichte Form passt perfekt zu dem Haus aus dem frühen 20. Jahrhundert, aber man kann das Tor auch mit vielen anderen Haustypen von klassisch bis modern kombinieren.

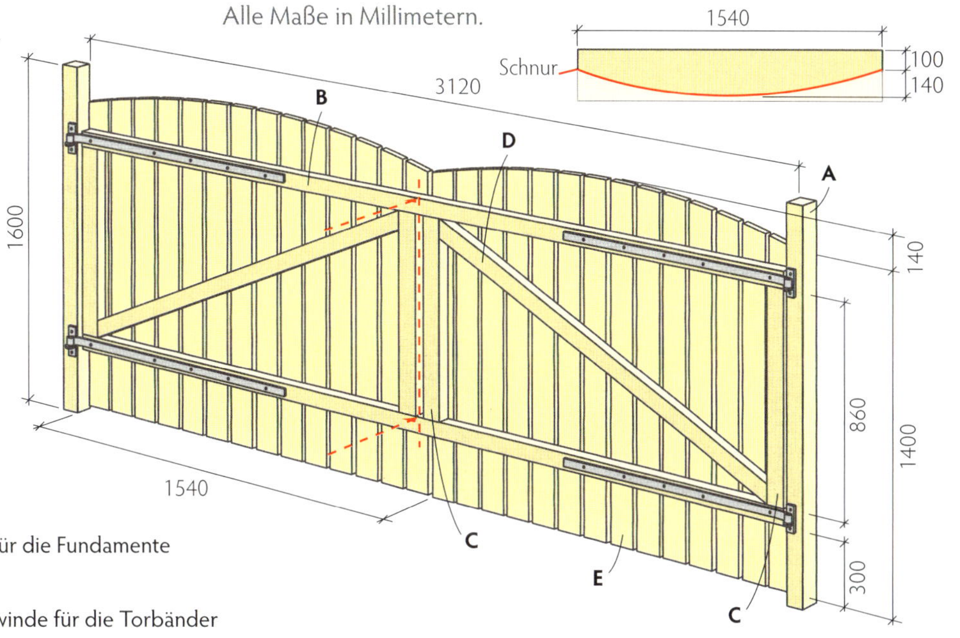

Material

Gehobeltes Holz, 70 x 70 mm, ca. 3,3 m:
- 2 St. à 1600 mm (A)

Gehobeltes Holz, 45 x 70 mm, ca. 13,5 m:
- 2 St. à 3080 mm (B)
- 4 St. à 860 mm (C)
- 2 St. à gut 1700 mm (D)

Gehobeltes Holz, 22 x 95 mm, ca. 44 m:
- 28 St. à 1550 mm (E)

Fundamente

Sechskantbolzen,

Unterlegscheiben und Muttern für die Fundamente

Torbänder: 4 St.

Sechskantschrauben mit Holzgewinde für die Torbänder

Torverschluss

Holzschrauben

So wird's gemacht

Denken Sie daran, alle Oberflächen des Holzes zu streichen, bevor die Teile montiert werden.

1. Setzen Sie die Fundamente, siehe Seite 119.
2. Befestigen Sie die Torpfosten A an den Flacheisen der Fundamente, siehe Seite 120. Achten Sie darauf, dass die Pfosten im Lot stehen.
3. Schneiden Sie die waagerechten Riegel B zu und montieren Sie sie zwischen den Pfosten mit den Torbändern. Kontrollieren Sie mit der Wasserwaage. Die Torflügel sollten an beiden Seiten 20 mm Abstand zu den Torpfosten haben.
4. Verschrauben Sie die senkrechten Kanthölzer C an ihrem Platz und lassen Sie 20 mm Abstand zwischen den beiden mittleren. Stützen Sie in der Mitte ab, damit die Konstruktion nicht herabhängt.
5. Befestigen Sie die Diagonalstreben D vorübergehend mit Schraubzwingen und markieren Sie die Sägestellen. Diese wieder lösen, zuschneiden und an ihren Platz einbauen. Sie sollten sehr exakt eingepasst werden und stramm an Ort und Stelle sitzen. Verschrauben Sie sie mit allen Torlatten.
6. Verschrauben Sie die Zaunlatten E, ohne sie zurechtzuschneiden. Spannen Sie ganz unten am Tor eine Richtschnur zwischen den Pfosten, damit die Torlatten auf die gleiche Höhe kommen.
7. Machen Sie sich eine Schablone für die Rundung der Tore. Benutzen Sie dazu eine Hartfaser- oder Sperrholzplatte von 1540 x 250 mm. Befestigen Sie eine Schnur oder eine Kette so, dass sie in der Mitte 140 mm herunterhängt (siehe kleine Zeichnung). Zeichnen Sie an und schneiden Sie zu.
8. Setzen Sie die Schablone auf einer der Torhälften auf den Querriegel B, markieren Sie die Rundung und schneiden Sie die Latten mit der Stichsäge ab.
9. Schneiden Sie die Querriegel B mit den zwei mittleren Latten C bündig ab und öffnen sie das Tor!
10. Verschrauben Sie C mit den Diagonalstreben D an allen vier Ecken.
11. Befestigen Sie den Torverschluss an seinem Platz.

Damit die Torpfosten großen Belastungen widerstehen können, kann es manchmal notwendig sein, auf der Innenseite eine Diagonalstrebe zwischen dem Boden und den Torpfosten anzubringen, siehe Abbildung 11 auf Seite 65.

Plankenzaun mit Tor

Damit der Zaun nicht zu kompakt wird und schöne Proportionen erhält, kann man zwischen verschiedenen Höhen wählen. Die Höhe des Zauns richtet sich danach, wie viel Sichtschutz man in den verschiedenen Teilen des Gartens braucht. Die im Zaun eingelassene Tür verschmilzt mit ihm, und die Abstände zwischen den Zaunlatten lassen das Sonnenlicht effektvoll hindurch scheinen.

Material

Gehobeltes Holz, 95 x 95 mm:
- A = 1950 mm (hoch)
- B = 1560 mm (mittelhoch)
- C = 1280 mm (niedrig)

Gehobeltes Holz, 45 x 95 mm:
- D = 2205 mm
- J = 900 mm

Ungehobeltes Holz, 22 x 95 mm:
- E = 1750 mm (hoch)
- F = 1360 mm (mittelhoch)
- G = 1080 mm (niedrig)
- K = 900 mm
- L = ca. 1700 mm

Ungehobeltes Holz, 22 x 120 mm
- H = 2205 mm
- H2 = 900 mm

Fundamente

Sechskantbolzen,

Unterlegscheiben und Muttern für die Fundamente

Pfostenabdeckungen (I). Kann man fertig im Baumarkt zu kaufen.

Torbänder: 2 St.

Torverschluss; Holzschrauben; eventuell Winkelbeschläge

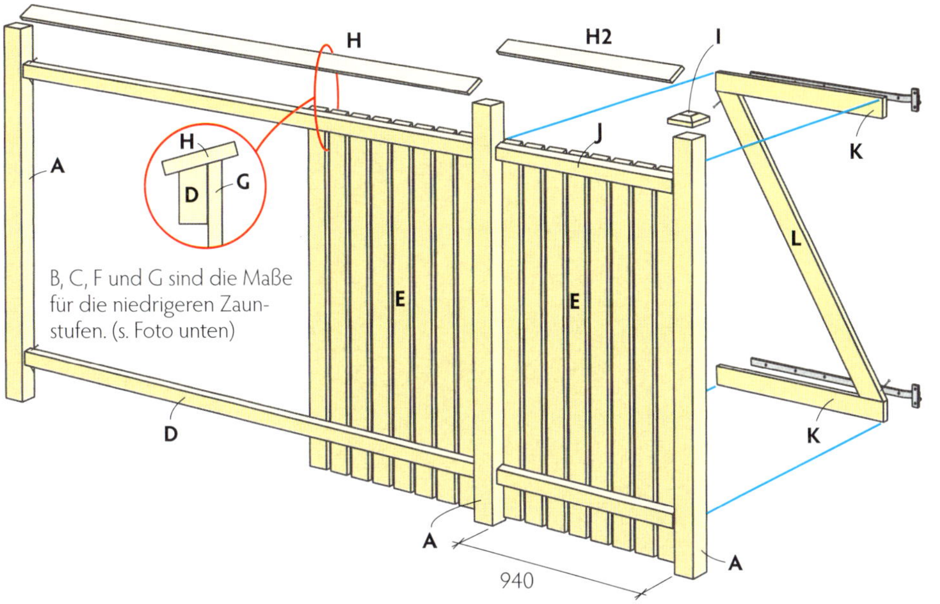

Alle Maße in Millimetern.

So wird der Plankenzaun gebaut

Denken Sie daran, alle Oberflächen des Holzes zu streichen, bevor die Teile montiert werden.

1. Setzen Sie die Fundamente, siehe Seite 119.
2. Montieren Sie die Pfosten A, B und C an den Fundamenten.
3. Schneiden Sie die Querriegel D im 15°-Winkel an einer Längsseite an. (Beachten Sie den roten Ring auf der Zeichnung).
4. Befestigen Sie die Querriegel D an den Pfosten. Am einfachsten ist es, Winkelbeschläge an den Pfosten zu befestigen. Legen Sie die Querriegel darauf und schrauben Sie sie von unten fest. Bei dem abgebildeten Zaun hat man die Querriegel durch schräg eingedrehte Schrauben am Pfosten befestigt. Das ist etwas schwieriger, aber man benötigt keine Winkelbeschläge. Benutzen Sie lange Schrauben und bohren Sie vor, damit die Querriegel nicht gespalten werden.
5. Schneiden Sie die Zaunbretter E, F und G an beiden Enden im 15°-Winkel an, damit Wasser ablaufen kann.
6. Verschrauben Sie die Zaunlatten. Beginnen Sie mit den zwei Äußeren und machen Sie dann von der Mitte aus weiter. Verteilen Sie die Restlichen gleichmäßig mit einem Abstand von ungefähr 20 mm. Kontrollieren Sie die ganze Zeit mit der Wasserwaage. Spannen Sie eine Richtschnur 40 mm von der Unterseite der Pfosten entfernt, damit die Zaunlatten auf die gleiche Höhe kommen.
7. Verschrauben Sie die oben aufliegende Abdeckung H und die Pfostenabdeckungen I.

So wird das Tor gemacht

1. Schneiden Sie die Querriegel J auf die gleiche Weise zu wie D. Montieren Sie diese provisorisch mit Winkelbeschlägen. Achten Sie darauf, dass beide Enden zu den Pfosten hin 20 mm Abstand haben.
2. Montieren Sie die Zaunlatten E und die Abdeckung H2 genauso wie beim Zaun.
3. Verschrauben Sie die Querriegel K auf der Innenseite des Tores zwischen den Querriegeln J.
4. Vermessen und sägen sie die Diagonalstreben L sehr sorgfältig zu, damit das Tor später nicht schräg durchhängt. Verschrauben Sie die Diagonalstreben an den Querriegeln K und an allen Zaunlatten.
5. Montieren Sie die Torbänder an einem der Pfosten A und an den Querriegeln K. Entfernen Sie die Winkelbeschläge und öffnen Sie das Tor.

Stabiler Plankenzaun

Ein langer und hoher Plankenzaun muss wirklich stabil gebaut werden, damit er auch stehen bleibt, wenn die Herbststürme kommen. Und stabiler als dieser hier kann kaum einer sein! Man benötigt dafür ziemlich viel Holz, aber auf der anderen Seite hält er viele, viele Jahre durch. Außerdem kann man die Nischen, die ihm seine schöne Form geben, als eigene Nutzbereiche oder für Bepflanzung nutzen.

Material

Die Angaben unten beziehen sich auf einen Teilabschnitt zwischen zwei Pfosten. Bedenken Sie aber, dass mehrere Abschnitte einen gemeinsamen Pfosten haben. Das gesamte Holz ist druckimprägniert.

Ein Abschnitt von 1,65 m Pfosten, 100 x 100 mm, ca. 5,5 m:
  2 St. à 2560 mm (A)

Querriegel, 45 x 95 mm, ca. 5 m:
  3 St. à 1555 mm (B)

Wandbretter, 25 x 150 mm, ca. 22 m:
  9 St. à 2420 mm (C)

Querbretter, 25 x 125 mm, ca. 3,2 m:
  2 St. à 1555 mm (D)

Deckleisten, 25 x 50 mm, ca. 22 m:
  10 St. à 1660 mm (F1) – wovon 2 St. auf 30 mm verschmälert werden (E1)
  10 St. à 510 mm (F2) – wovon 2 St. auf 30 mm verschmälert werden (E2)

Senkrechte Abdeckungen, 25 x 150 mm:
  1 St. pro Pfosten (bei Außenecken 2) à 2560 mm (G)

Riegelabdeckungen, 25 x 125 mm:
  1 St. à 1555 mm (H)

Ein Abschnitt von 1 m Pfosten, 100 x 100 mm, ca. 5,5 m:
  2 St. à 2560 mm (A)

Querriegel, 45 x 95 mm, ca. 3 m:
  3 St. à 905 mm (B)

Wandbretter, 25 x 150 mm, ca. 12,5 m:
  5 St. à 2420 mm (C)

Querbretter, 25 x 125 mm, ca. 2 m:
  2 St. à 905 mm (D)

Deckleisten, 25 x 50 mm, ca. 13 m:
  6 St. à 1660 mm (F1) – wovon 2 St. auf 30 mm verschmälert werden (E1)
  6 St. à 510 mm (F2) – wovon 2 St. auf 30 mm verschmälert werden (E2)

Senkrechte Abdeckungen, 25 x 150mm:
  1 St. pro Pfosten (bei Außenecken 2) à 2560 mm (G)

Riegelabdeckungen, 25 x 125 mm:
  1 St. à 9055 mm (H)

Weiteres Material

Fundamente

Sechskantbolzen,

Muttern und Unterlegscheiben für die Fundamente

Holzschrauben

Winkelbeschläge, 45 mm breit:

2 St. pro Querriegel B

Pfostenabdeckung:
  1 St. pro Pfosten A

So wird's gemacht

1. Setzen Sie die Fundamente, siehe Seite 119.
2. Befestigen Sie die Pfosten A sorgfältig, siehe Seite 64.
3. Verschrauben Sie die Winkelbeschläge sorgfältig an den Querriegeln B und befestigen Sie diese.
4. Verschrauben Sie die Wandbretter C in gleichmäßigem Abstand. Sie sollten an der Unterseite schräg angeschnitten werden, damit Wasser ablaufen kann.
5. Verschrauben Sie die Querbretter D.
6. Die Leisten E, die auf 30 mm verschmälert wurden, sind Deckleisten. Schneiden Sie die Deckleisten E2 an der Unterkante schräg an, damit Wasser ablaufen kann. Verschrauben Sie die Leisten mit ihrer breiten Seite an den Pfosten, sodass sie mit der Kante bündig sind, siehe die Abbildung innerhalb des roten Ringes.
7. Verschrauben Sie die Deckleisten F. Schneiden Sie die Leisten F2 an der Unterkante schräg an, damit Wasser ablaufen kann.
8. Verschrauben Sie die Abdeckungen G an den Pfosten. An den Außenecken muss eine von ihnen auf 125 mm Breite verschmälert werden.
9. Verschrauben Sie die Abdeckung H.
10. Die Pfostenabdeckungen dieses Zauns wurden aus Beton gegossen, aber man kann sie auch gut aus Holz herstellen. Als Alternative kann man die Pfosten auch oben schräg ansägen und darauf einen Brettabschnitt von 25 x 150 mm befestigen.

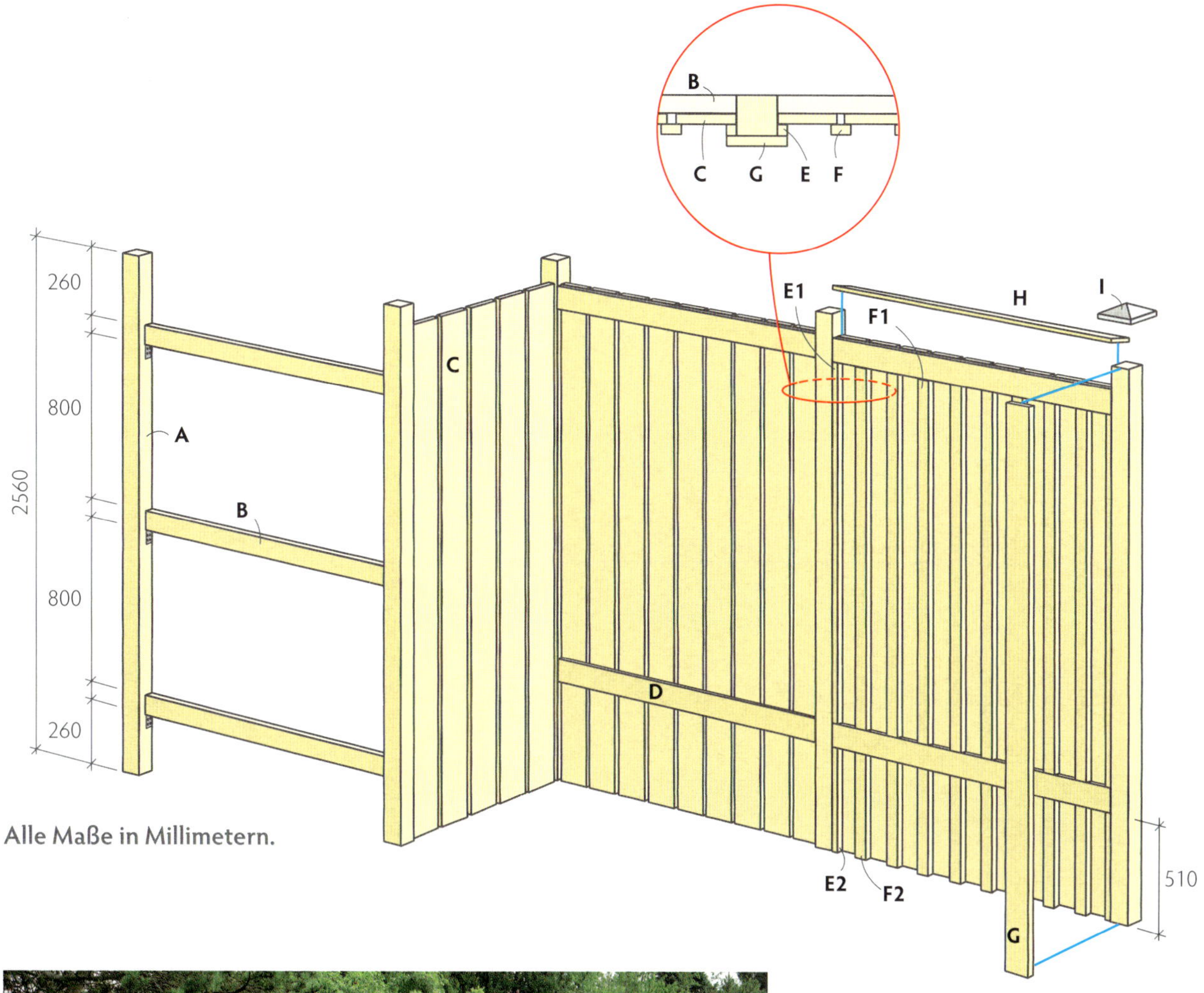

Alle Maße in Millimetern.

Die Nischen machen es möglich, kleine Nutzräume im Garten zu schaffen. Lassen Sie Ihrer Fantasie freien Lauf!

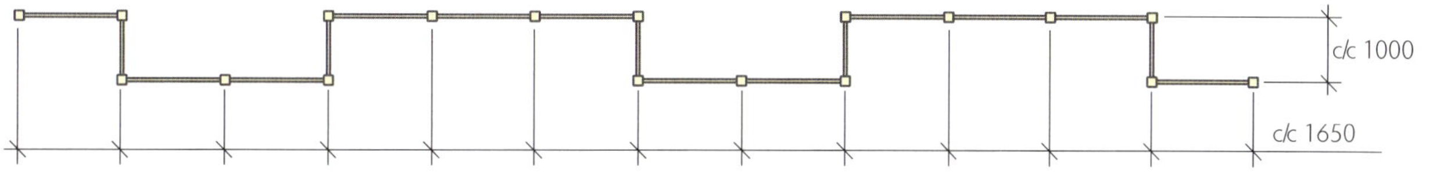

Windschutz

Sowohl als Wind- als auch als Blickschutz dient diese Holzkonstruktion aus druckimprägnierten Kanthölzern. Mit ihrer modernen Formensprache wird die Schutzwand auch zu einem hübschen Detail Ihres Gartens, welches den Freisitz einrahmt. Die daneben stehenden großen, grünen Pflanzen vervollständigen diesen Bereich des Gartens auf eine gefällige und einladende Weise.

Jeppsson, Ohlsson: Mit Holz arbeiten im Garten

ISBN 978-3-86630-942-5

Material

Druckimprägniertes Holz, 95 x 95 mm, ca. 6 m:
- 3 St. à 1790 mm (A)
- 22 × 95 mm, ca 20 m:
- 3 St. à 1652 mm (B)
- 3 St. à 1608 mm (C)
- 3 St. à 1550 mm (D)
- 3 St. à 1528 mm (E)
- 45 × 45 mm, ca 78 m:
- 46 St. à 1670 mm (F)

Fundamente: 3 St.

Sechskantbolzen,

Muttern und Unterlegscheiben für die Fundamente

Holzschrauben

So wird's gemacht

1. Versenken Sie die Fundamente, siehe S. 119.
2. Schneiden Sie die Pfosten A am oberen Ende im 45°-Winkel zu.
3. Setzen Sie die Pfosten zwischen den Flacheisen der Fundamente an ihren Platz. Richten Sie sie mit der Wasserwaage aus und verschrauben Sie mit Sechskantbolzen, Unterlegscheiben und Muttern.
4. Schneiden Sie die Teile B, C, D und E zu. Wenn die Pfosten nicht genau wie auf der Zeichnung stehen, passen Sie die Maße an.
5. Verschrauben Sie die Querriegel B an den Pfosten, danach die Querriegel C an einem der Pfosten A und am Querriegel B.
6. Schneiden Sie die Kanthölzer F am oberen Ende im 45°-Winkel zu.
7. Befestigen Sie die beiden äußeren Kanthölzer F von der Vorderseite her an beiden Elementen der Konstruktion.
8. Verteilen Sie die übrigen 22 Kanthölzer auf dem jeweiligen Element mit ca. 20 mm Abstand. Verschrauben Sie sie von der Rückseite.
9. Verschrauben Sie die Querriegel D und E.

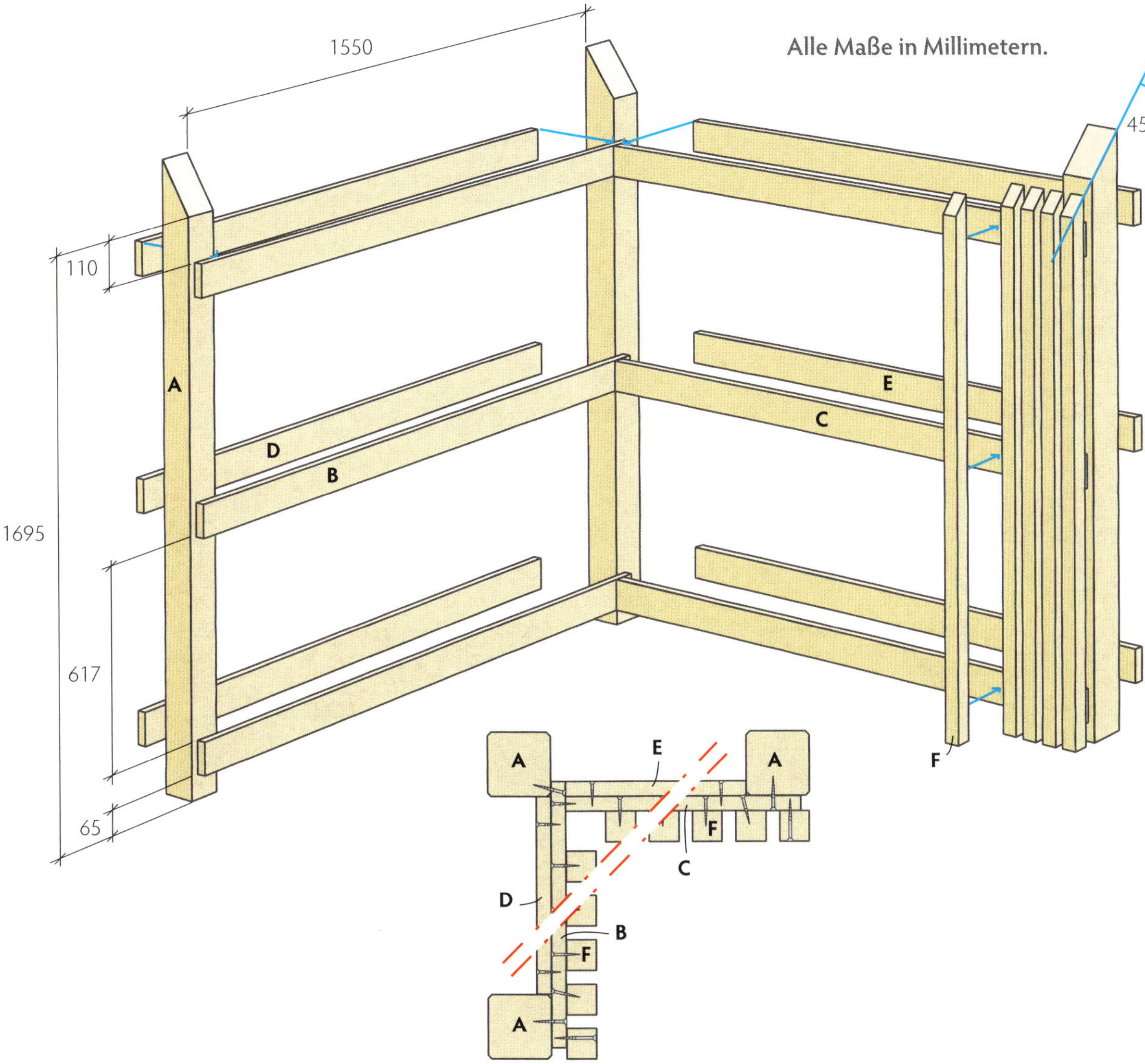

Alle Maße in Millimetern.

Der Zaun ist baugleich mit dem Windschutz.

Raumteiler für den Garten

Wir bezeichnen diese Konstruktion als Raumtrenner für den Garten – eine Einfriedung, die das Gartenland einrahmt. Hier hat man verschiedene Bauformen kombiniert und, um ein einheitliches Aussehen zu erzielen, in den gleichen roten Farbton angestrichen wie die alte Holzscheune und die Aluminiumprofile des Gewächshauses. Dadurch dass die Bauform variiert wurde, erhält man eine aufregende und ungewöhnliche Lösung, bei der der Zaun dem Freisitz Schutz gibt und die offenen Abschnitte und das Gartentor einen willkommen heißenden Einblick gewähren. Auf einem der Pfosten befindet sich außerdem, etwas überraschend, ein dazu passender Nistkasten.

Plankenwand

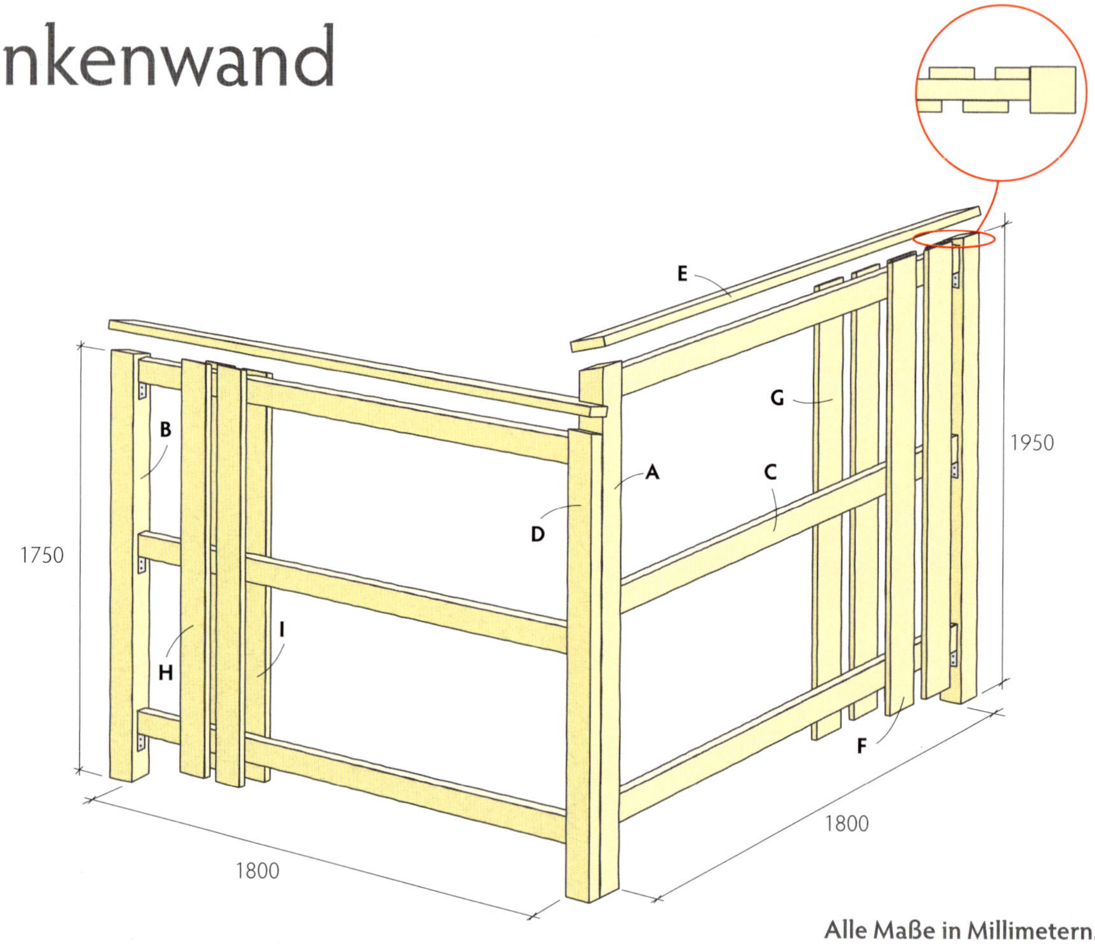

Alle Maße in Millimetern.

Material

Pfosten, 100 x 100 mm, ca. 6 m:
2 St. à 1950 mm (A)
1 St. à 1750 mm (B)

Querriegel, 45 x 95 mm, ca. 11 m:
6 St. à 1800 mm (C)

Ungehobeltes Holz, 38 x 100 mm:
1 St. à 1750 mm (D)

Ungehobeltes Holz, 38 x 125 mm, ca. 4,2 m:
2 St. à 2040 mm (E)

Ungehobeltes Holz, 25 x 100 mm, ca. 100 m:
14 St. à 1900 mm (F)
13 St. à 1855 mm (G)
14 St. à 1700 mm (H)
13 St. à 1655 mm (I)

Gegossene Fundamente, siehe Seite 120

Sechskantbolzen,

Unterlegscheiben und Muttern für die Fundamente

Winkelbeschläge

Holzschrauben

Nägel

Den besten Windschutz erhält man durch einen Zaun, der etwas Wind durchlässt.

So wird's gemacht

1. Graben Sie Löcher und gießen Sie die Fundamente, siehe Seite 120.
2. Schneiden Sie die Pfosten A und B etwas länger zu als in der Materialliste angegeben.
3. Richten Sie die Pfosten A und B aus und montieren Sie diese mit Sechskantbolzen, Unterlegscheiben und Muttern an den Flacheisen der Fundamente. Bringen Sie mit Hilfe der Wasserwaage alles ins Lot.
4. Schneiden Sie die Querriegel C zu. Messen Sie den Abstand zwischen den Pfosten und sägen Sie so exakt wie möglich. Montieren Sie die Querriegel zentriert auf den Pfosten mit Winkelbeschlägen und Schrauben.

   Dort, wo die Querriegel des niedrigeren Abschnittes auf den Eckpfosten treffen, werden sie nicht zentriert, sondern bündig mit der Außenseite des Pfostens montiert.
5. Schneiden Sie die oberen Enden der Pfosten im 20°-Winkel auf die richtige Höhe zu.
6. Schneiden Sie das Deckbrett D, welches auf dem Eckpfosten sitzt, zu und nageln Sie es fest. Auch dieses muss oben im 20°-Winkel angeschnitten werden. Geben Sie dem Brett auch unten diesen Winkel, sodass es eine so genannte Tropfnase erhält.
7. Schneiden Sie die Abdeckungen E zu und nageln Sie diese fest. Achten Sie darauf, dass die Enden 20 mm über die Pfosten hinaus gehen.
8. Schneiden Sie die Deckbretter F bis I zu. Achten Sie darauf, dass die auf der Innenseite liegenden Bretter 45 mm kürzer sein müssen als die außen liegenden. Schneiden Sie sie oben im 20°-Winkel ab. Auch an der Unterkante sägen Sie sie schräg an, damit Wasser ablaufen kann.
9. Streichen Sie, bevor diese montiert werden, Pfosten, Querriegel und Abdeckungen samt Innenseite, Kanten und Hirnholz an beiden Enden der Deckbretter an.
10. Vernageln Sie die Deckbretter mit der Kernholzseite nach außen. Verteilen Sie sie alle mit gleichmäßigem Abstand.

Zaun

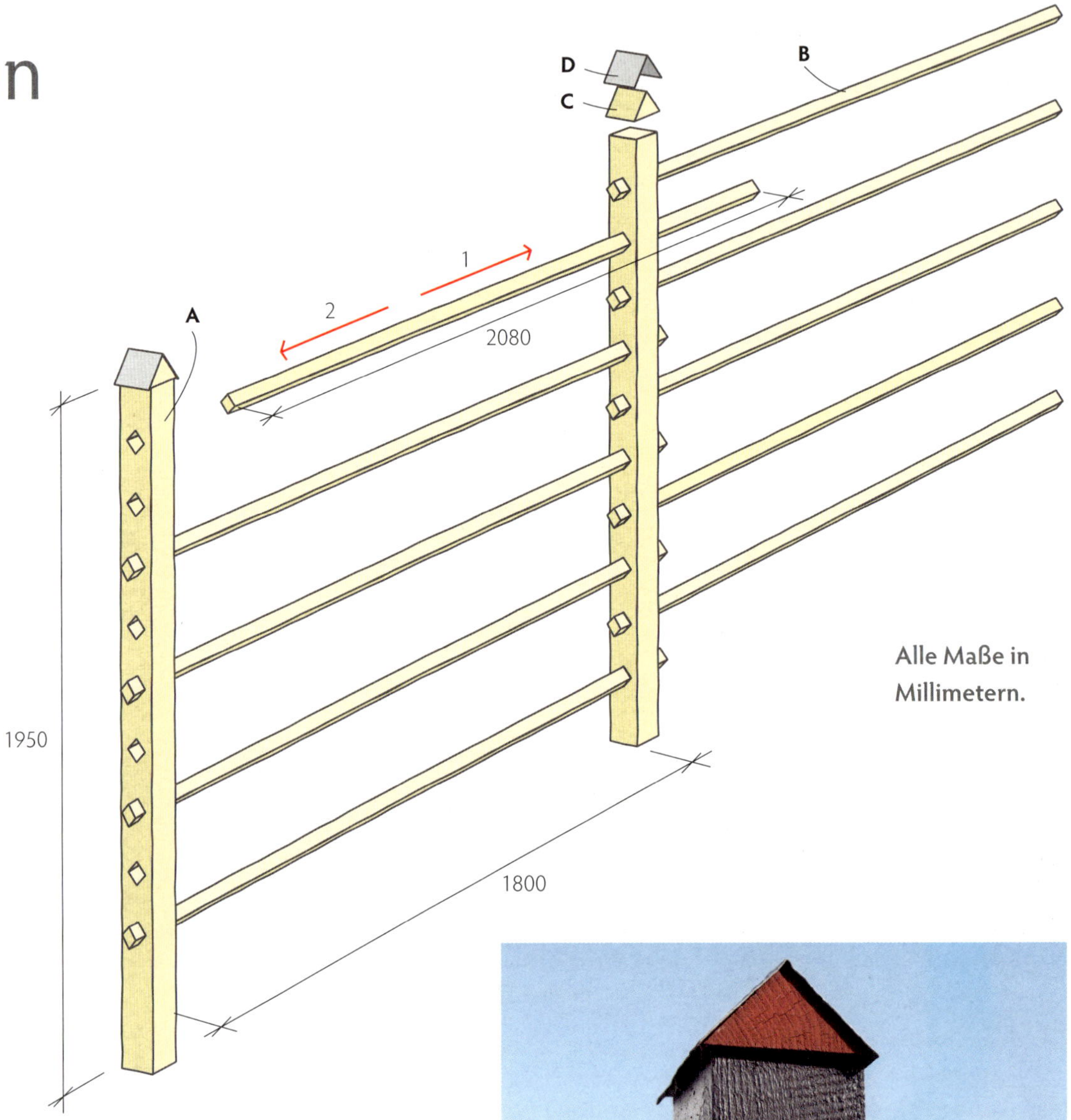

Alle Maße in Millimetern.

Ein kleines Dach auf der Oberseite der Pfosten schützt das Holz vor Feuchtigkeit.

Material

Pfosten 100 x 100 mm (A):
1950 mm pro Pfosten

Querriegel, 45 x 45 mm (B):
5 St. à 2080 mm pro Abschnitt

Dreikantholz, 75 x 75 mm (C):
110 mm pro Pfosten

Fundamente

Sechskantbolzen,

Unterlegscheiben und Muttern für die Fundamente

Blech (D) für die Abdeckungen der Pfosten

Nägel

So wird's gemacht

1. Graben Sie Löcher und setzen Sie Fertigfundamente, siehe Seite 119.
2. Schneiden Sie die Pfosten A auf die richtige Länge zu.
3. Vermessen Sie und zeichnen Sie auf, wo die quadratischen Löcher für die Querriegel B sitzen sollen. Hier steht der Zaun an einem leichten Gefälle. Bei einem ebenen Grundstück kommen 4 Querriegel in jeden Abschnitt. Bohren Sie Löcher und stemmen Sie diese so aus, dass sie quadratisch werden.
4. Richten Sie alles aus, und montieren Sie die Pfosten an den Flacheisen der Fundamente mit Sechskantbolzen, Unterlegscheiben und Muttern. Bringen Sie alles mit der Wasserwaage ins Lot. Achten Sie auch darauf, dass die quadratischen Löcher in waagerechter Linie zueinander stehen..
5. Schneiden Sie die Querriegel B zu und setzen Sie diese, indem Sie sie in die Löcher schieben, an ihren Platz. Fixieren Sie die Querriegel mit einem Nagel.
6. Schneiden Sie die Dreikanthölzer C für die Abdeckung der Pfosten zu. Mit Nägeln befestigen. Schneiden und biegen Sie ein Stück Blech D für jeden Pfosten zu, und nageln Sie es fest.

Eine Mischung aus Zaun und Spalier. Luftig, einfach und stilsicher!

Tor

Material

Pfosten, 100 x 100 mm, ca. 4 m:
2 St. à 1950 mm (A)

Querriegel, 45 x 95 mm:
1 St. à 1200 mm (B)

Dreikantholz, 75 x 75 mm:
1 St. à 1250 mm (C)

Abdeckblech:
1 St. à 1270 × 170 mm (D)

Querriegel, 45 x 70 mm, ca. 2 m:
2 St. à 870 mm (E)

Leiste, 16 x 16 mm, ca. 14 m:
10 St. à 1360 mm (F)

Fundamente

Sechskantbolzen,

Unterlegscheiben und Muttern für die Fundamente

Lange Torbänder (G): 2 St.

Eisenstab

Nägel

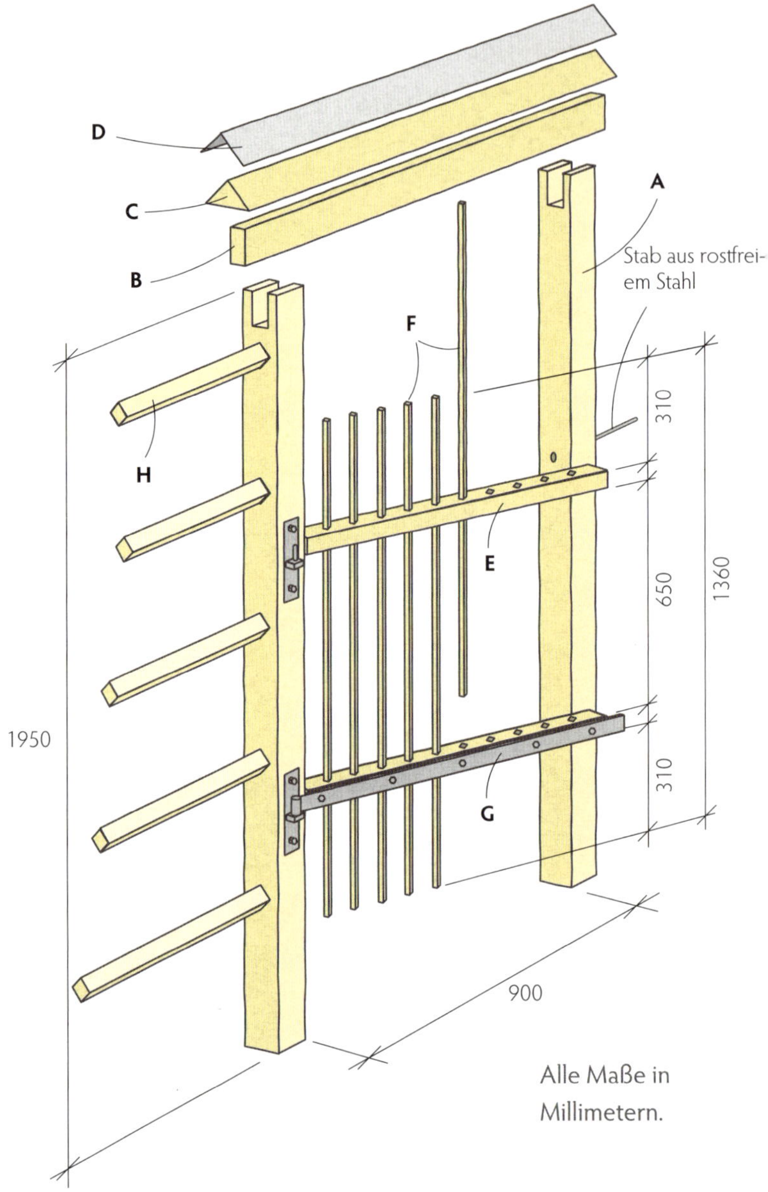

Alle Maße in Millimetern.

So wird's gemacht

1. Graben Sie Löcher und setzen Sie die Fertigfundamente, siehe Seite 199.
2. Schneiden Sie die Pfosten A auf die richtige Länge zu (falls sie nicht in einen Zaun übergehen oder schon an Ort und Stelle vorhanden sind). Schneiden Sie mit der Säge ein und stemmen Sie die Aussparungen für den Querriegel B aus. Bohren Sie Löcher und stemmen Sie die quadratischen Löcher für die Querriegel (H) des Zauns aus, falls Sie sich für einen solchen entschieden haben
3. Richten Sie alles aus und montieren Sie die Pfosten A an den Flacheisen der Fundamente mit Sechskantbolzen, Un-

Das Torband erstreckt sich komplett über den Querriegel und steht am Ende ein wenig über. Der überstehende Teil dient als Anschlag am Pfosten.

Mit dem Eisenstab wird das Tor verschlossen – mit dieser Methode, die nicht allzu oft benutzt wird, kann man ein Tor einfach verschließen.

terlegscheiben und Muttern. Nehmen Sie die Wasserwaage, um die Pfosten ins Lot zu bekommen. Achten Sie auch darauf, dass die quadratischen Löcher für die Querriegel (H) des Zaunes in waagerechter Linie zum entsprechenden Loch im Zaunpfosten stehen.

4. Schneiden Sie den oberen Querriegel (B) und das Dreikantholz (C) zu, und befestigen Sie diese mit Leim und Nägeln. Kanten Sie das Blech (D) ab, und nageln Sie es auf das Dreikantholz (C).

5. Schneiden Sie die Querriegel E für das Tor zu. Vermessen und markieren Sie die Löcher für die 10 Leisten F. Bohren Sie mit einem 16-Millimeter-Bohrer vor und stemmen Sie quadratische Löcher aus.

6. Schneiden Sie die Latten F zu, und schieben Sie diese durch die Querriegel. Es ist von Vorteil, wenn sie sich stramm einführen lassen. Helfen Sie mit einem Holzschlegel nach. Sichern Sie die Latten mit Nägeln.

7. Montieren Sie das Torband G und schneiden Sie es so ab, dass es die Querriegel um 50 mm überragt. Hängen Sie das Tor ein, schließen Sie es und bohren Sie ein Loch durch den Pfosten und in das Hirnholz des oberen Querriegels E. Führen Sie einen Stab aus rostfreiem Stahl als einfaches Schloss ein.

Nistkasten

Auf der Spitze eines Pfostens befindet sich ein Nistkasten. Das Grundmaß richtet sich nach dem Durchmesser des Pfostens. Hier ist das Grundmaß 100 x 100 mm. Die Innenseite sollte immer aus ungehobeltem Holz sein, um den Vögeln das Erreichen des Einflugloches zu erleichtern.
Der Nistkasten auf dem Bild hat eine Sitzstange. Das sieht gut aus, aber man sollte darauf verzichten, wenn es in der Nähe Raubvögel oder andere „Raubtiere" gibt, die die Stange dazu benutzen könnten, an die Vögel heranzukommen.
Um den Nistkasten zu reinigen, hebt man ihn einfach hoch und reinigt den Pfosten.

Lassen Sie den Nistkasten wie hier zum Bestandteil eines Zaunes werden, oder geben Sie ihm einen eigenen Pfosten.

So wird's gemacht

1. Graben Sie ein Loch und setzen Sie ein Fertigfundament, siehe Seite 119.
2. Schneiden Sie den Pfosten A auf das richtige Maß (wenn er nicht schon Bestandteil eines Zaunes ist und bereits an Ort und Stelle steht).
3. Richten Sie den Pfosten aus und befestigen Sie ihn an den Flacheisen des Fundamentes mit Sechskantbolzen, Unterlegscheiben und Muttern. Benutzen Sie die Wasserwaage, um ihn ins Lot zu bringen.
4. Schneiden Sie die Vorderseite B und die Rückseite C zu. Bohren Sie ca. 400 mm über Bodenhöhe ein Loch mit einem Durchmesser von 25 mm in die Frontseite.
5. Schneiden Sie die Seitenteile D zu. Schneiden Sie deren Oberseiten so zu, dass sie die Neigung von B und C erhalten.
6. Verleimen und vernageln Sie die Teile B, C und D.
7. Schneiden Sie das Dach E zu. Es besteht aus vier Teilen, die paarweise miteinander verleimt werden. Setzen Sie diese in Leimzwingen und lassen Sie den Leim trocknen.
8. Verleimen und vernageln Sie das Dach auf dem Nistkasten. Kanten Sie das Blech F ab und vernageln Sie es.
9. Stecken Sie den Nistkasten auf den Pfosten. Sitzt er zu stramm, müssen Sie den Pfosten zurechtschleifen, bis der Nistkasten leicht auf seinen Platz gleitet.
10. Schlagen Sie 8 Nägel in den Pfosten, die den Nistkasten in der richtigen Höhe halten.

Material

Pfosten, 100 x 100 mm:
1 St. à 1950 mm (A)

Ungehobeltes Holz, 25 x 150 mm, ca. 1,2 m:
2 St. à 550 mm (B + C)

Ungehobeltes Holz, 25 x 100 mm, ca. 2,1 m:
2 St. à 470 mm (D)
4 St. à 270 mm (E)

Blech für das Dach:
1 St. à 560 × 210 mm (F)

Wasserfester Leim

Nägel

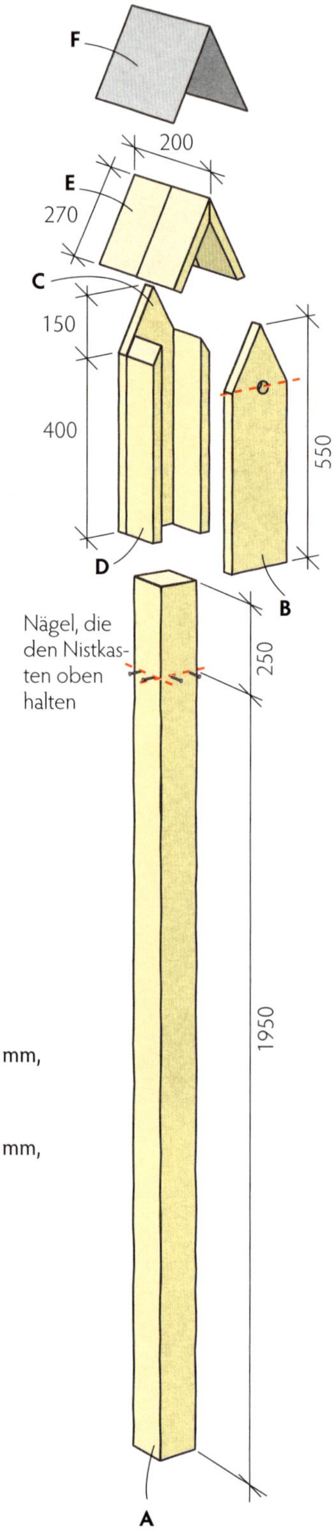

Alle Maße in Millimetern.

WWW.HIGHLIGTS.NU

Für Spiel und Spaß

Wenn Sie sich noch nicht in der Lage fühlen, mit dem Bau eines Carports oder einer Terrasse zu beginnen, können Sie auch mit einem etwas einfacheren Projekt anfangen. Warum also nicht ein Vogelhaus, einen Nistkasten oder ein Balkontischchen bauen? Oder vielleicht ein Spielgerät für die Kinder? Oder eine Gartendusche für die Familie? Das ist nicht schwierig und überhaupt nicht teuer. Legen Sie einfach los. Die Beschreibungen in diesem Buch helfen Ihnen dabei.

Spielgeräte

Wenn Sie Spielgeräte bauen, müssen Sie an die Sicherheit denken.

- Wählen Sie das Baumaterial in möglichst großen Abmessungen, um das Risiko zu minimieren, dass etwas bricht oder sich unter Belastung verbiegt.
- Runden Sie die Kanten da ab, wo Verletzungsgefahr für Kinder besteht.
- Schleifen Sie alle Oberflächen ab, mit denen man in Berührung kommt. Dadurch wird die Gefahr von Splittern verringert. Oder wickeln Sie Schnur oder Lederriemen darum.
- Achten Sie darauf, dass alle Schrauben sorgfältig angezogen sind.
- Überprüfen Sie die Spielgeräte regelmäßig.

Nistkästen

Nistkästen zu bauen ist nicht besonders schwierig, aber es gibt doch einiges, was man dabei beachten muss. Wir geben hier gerne einige Ratschläge zur Bauweise und zu den Maßen für einige der häufigsten Kleinvögel.

- Passen Sie die Größe und die Bauweise des Nistkastens an die Vögel an, die darin wohnen sollen.
- Nehmen Sie Kiefernholz. Lassen Sie die ungehobelte Innenfläche nach innen zeigen, sodass die Vögel sich mit den Krallen daran festhalten können, wenn sie heraus wollen.
- Die Innenseite des Nistkastens darf nicht mit Farbe oder Imprägnierung behandelt werden.
- Die Außenseite wird mit Farbe auf Wasserbasis angestrichen.
- Streichen Sie nicht das Innere des Einflugloches an. Stattdessen bohren Sie das Einflugloch schräg nach oben. So verhindern Sie, dass Regenwasser in den Nistkasten rinnt.
- Nehmen Sie zum Zusammenbau feuerverzinkte oder Edelstahlschrauben.
- Reinigen Sie den Nistkasten nach der Brutzeit der Vögel.
- Vermeiden Sie Sitzstangen am Nistkasten. Sie machen es den Feinden der Vögel zu leicht, sie zu fangen.
- Nistkästen werden von Vögeln während des Winters zum Übernachten genutzt. Nehmen Sie deshalb nicht zu dünnes Holz.
- Vermeiden Sie es, den Nistkasten an Nägeln aufzuhängen. Das schadet dem Baum. Hängen Sie ihn besser an eine Schnur, die Sie um den Baum winden, oder befestigen Sie ein quer laufendes Brett am Nistkasten, und klemmen Sie ihn zwischen zwei Ästen ein.

Die untere Tabelle zeigt die verschiedenen Nistkastengrößen für einige unserer häufigsten Kleinvögel an.

Vogelart	Stare (gilt auch für Haussperling, Wendehals, Kleiber)	Meisen (gilt auch für Fliegenschnäpper, Feldsperlinge)
Boden	120×150 mm	100×130 mm
Höhe innen vorne/hinten	300/350 mm	200/250 mm
Einflugloch, Durchmesser	50 mm	30 mm
Abstand zwischen Loch und Boden	250 mm	150 mm

Balkontischchen

Eine kleine Eckablage, die man einfach über den Handlauf des Geländers hängen kann, ist sowohl für den kleinen als auch für den großen Balkon eine praktische Sache. Das Tischchen wird mit roter Hochglanzfarbe sprühlackiert. So hebt es sich schön und effektvoll vom schwarzen Eisengeländer ab.

Die Bauanleitungen für Nistkästen finden Sie auf den Seiten 94 und 101.

Material

Die Maße des Tischchens müssen Sie an die Breite und Stärke des Balkongeländers anpassen. Unser Beispiel wurde für ein 34 mm starkes Balkongeländer angefertigt. Die Teile C und D sind von der Länge abhängig, die Teile E und F von Länge und Breite.

Sperrholz, 12 mm:
- 380 × 210 mm (A)
- 392 × 210 mm (B)
- 440 × 60 mm (C)
- 452 × 60 mm (D)
- 440 × 60 mm (E und F)
- 380 × 380 mm (G)

Wasserfester Leim

Holzschrauben

Außenfarbe

So wird's gemacht

1. Sägen Sie alle Teile zurecht. G hat einen Radius von 430 mm und eine Seitenlänge von 380 mm. Das Zentrum liegt also außerhalb der Platte. E und F werden an einem Ende im 45°-Winkel zugeschnitten.
2. Verleimen und verschrauben Sie die Teile in der folgenden Reihenfolge und vergessen Sie nicht, dabei vorzubohren:
   - Setzen Sie A und B zusammen
   - Befestigen Sie G an A und B
   - Befestigen Sie E und F
   - Zum Schluss setzen Sie C und D an, die auch miteinander verschraubt werden.
3. Seien Sie bei der Oberflächenbehandlung sehr sorgfältig. Grundieren Sie zweimal, und lackieren Sie am Ende mit der gewünschten Farbe.

Eine gemütliche Stunde auf dem Balkon – „Tea time" mit einem guten Buch.

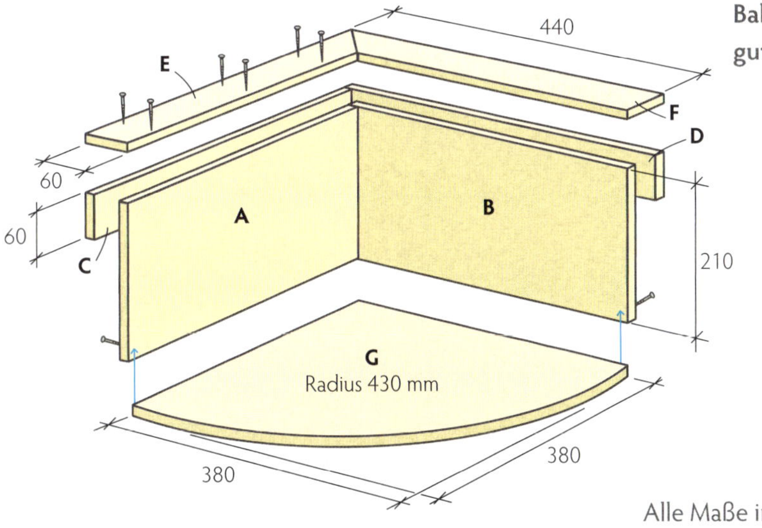

Alle Maße in Millimetern.

Futterhäuschen und Nistkasten

Ein rotes kleines Häuschen mit weißen Windfedern und Pappdach für alle Kleinvögel im Winter. Auf den Rundstäben können sie bequem sitzen und darunter hängen Meisenknödel. Ein herrlich gedeckter Festtagstisch!

Material für das Futterhäuschen

Sperrholz, 7 mm:
- 1 St. à 250 × 120 mm (A)
- 2 St. à 175 × 215 mm (E)
- 2 St. à 175 × 87,5 mm (G)
- 1 St. à 150 × 300 mm (H1)
- 1 St. à 157 × 300 mm (H2)

Gehobelte Leiste, 8 x 33 mm, ca. 1,2 m:
- 2 St. à 250 mm (B)
- 2 St. à 205 mm (C)
- 1 St. à 236 mm (F)

Rundstab, ∅ 12 mm, ca 0,9 m:
- 2 St. à 300 mm (D)
- 4 St. à 70 mm (K)

Gehobelte Leiste, 8 x 21 mm, ca. 0,7 m:
- 4 St. à 170 mm (I)

Druckimprägnierter Pfosten, 70 x 70 mm:
- ca. 1,8 m (J)

Plexiglas, 2 mm:
- 2 St. à 242 × 150 mm

Dachpappe: 1 Abschnitt von 300 x 320 mm

Kaltkleber für Dachpappe

Wasserfester Leim

Holzschrauben

Drahtstifte

So wird das Futterhäuschen gebaut

1. Verleimen und vernageln Sie die Leiste B mit dünnen Drahtstiften am Boden A.
2. Bohren Sie Löcher von 12 mm Durchmesser in die Kopfleisten C und schneiden Sie die Rundstäbe D zu. Befestigen Sie die Rundstäbe mit Leim und Drahtstiften an C. Verleimen und vernageln Sie C an A und B.
3. Schneiden Sie die Giebel E (Der Winkel an der Spitze beträgt 90°) zu. Schneiden Sie für das Plexiglas mit der Kreissäge oder Fräse 3 mm tiefe Nuten in E. Die Nuten sitzen

28 mm von der Außenkante entfernt. Verleimen und verschrauben Sie die Giebel E an C.

4. Verleimen und verschrauben Sie die Firstleiste F an den Giebeln E. Bohren Sie vor.
5. Verleimen und verschrauben Sie die Dachgiebel G mit den Dachplatten H1 und H2. Achten Sie darauf, dass die Dachgiebel G außen an den Giebelseiten E liegen.
6. Schneiden Sie die Windfedern I im 45°-Winkel zu. Bohren Sie vor und befestigen Sie diese mit Leim und Drahtstiften.
7. Schneiden Sie die Plexiglasscheiben mit einer Feinsäge zu. Sägen Sie auch die Aussparung am unteren Ende aus. Sie sollte 190 x 25 mm groß sein.
8. Schneiden Sie die Dachpappe zu und verkleben Sie diese. Wärmen Sie die Dachpappe zum Biegen vorsichtig an. So lässt sie sich leichter dicht anlegen.
9. Spitzen Sie den Pfosten J an. Bohren Sie 4 Löcher (∅ 12 mm) ca. 100 mm vom oberen Ende des Pfostens entfernt. Tragen Sie Leim auf und schieben Sie die vier Rundstäbe K hinein.
10. Verschrauben Sie das Futterhäuschen mit einer großen Schraube durch den Boden A hindurch auf dem Pfosten J.

Denken Sie daran, die Oberfläche aller Teile vor der Montage zu behandeln. Es geht so viel einfacher.

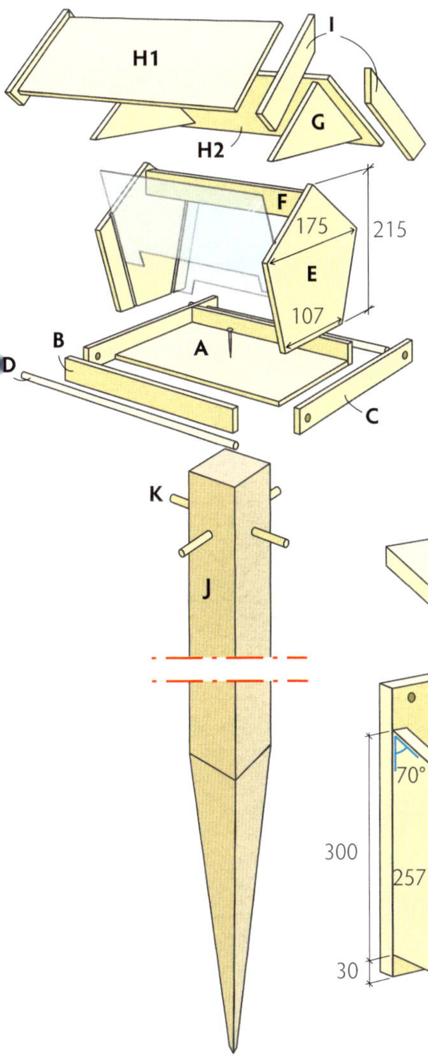

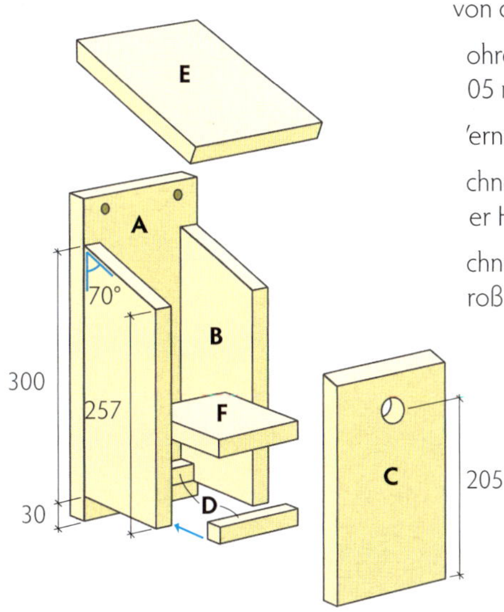

Alle Maße in Millimetern.

Material für den Nistkasten

Außenpaneele, 22 x 145 mm, ca. 1 m:
1 St. à 390 mm (A)
1 St. à 257 mm (C)
1 St. à 200 mm (E)

Außenpaneele, 22 x 120 mm, ca. 0,8 m:
2 St. à 300 mm (B)
1 St. à 98 mm (F)

Ungehobelte Leiste, 19 x 19 mm, ca. 0,3 m:
2 St. à 100 mm (D)

Nägel

Schnur

So wird der Nistkasten gebaut

Die ungehobelte Seite liegt bei allen Teilen innen.

1. Schneiden Sie die Rückwand A auf die richtige Länge. Bohren Sie zwei Löcher 20 mm von der Oberkante entfernt. Vernageln Sie die Leiste D von den Seiten aus zentriert 30 mm oberhalb der Unterkante.
2. Schneiden Sie die Seitenteile B zu und vernageln Sie diese an der Rückwand A.
3. Schneiden Sie die Frontseite C zu - beachten Sie den Winkel an der Oberkante - und vernageln Sie die Leiste D von den Seiten aus zentriert an der Unterkante.

ohren Sie das Einflugloch, ∅ 30 mm, wobei sein Zentrum 05 mm oberhalb der Unterkante von C liegt.

'ernageln Sie die Frontseite C an den Seiten B.

chneiden Sie das Dach E zu. Beachten Sie den Winkel an er Hinterkante. Danach vernageln Sie es.

chneiden Sie den Boden F so zu, dass er 98 x 115 mm roß ist. Führen Sie ihn von unten ein und lassen Sie ihn auf den Leisten D ruhen. Achten Sie darauf, dass der Boden nicht zu groß gerät, denn auf diesem Wege wird der Nistkasten belüftet. Der Boden lässt sich zum Reinigen leicht von unten herausnehmen.

8. Ziehen Sie eine Schnur durch die Löcher der Rückwand A und hängen Sie damit den Nistkasten an einem Baum auf.

Fußballtor

Ein Fußballtor ist eines der fantastischsten „Spielzeuge", das man für seine Kinder bauen kann. Hier können sie viel Spaß mit ihren Kameraden haben. Auch als Erwachsener kann man sich selbst mal als Torwart aufstellen, damit die Kinder einmal die Chance haben, einen ausgebufften Profi zu schlagen. Das Tor ist sehr stabil und bleibt auch stehen, wenn einem Pfostenschüsse und Lattentreffer um die Ohren fliegen. Hat man dagegen mehr Freude an Handball, so eignet sich das Tor dafür genauso gut.

Material

Kanthölzer, 45 x 70 mm, ca. 12 m
- 2 St. à 1500 mm (A)
- 2 St. à 1750 mm (B und F)
- 2 St. à 130 mm (C)
- 2 St. à 1650 mm (D)
- 2 St. à 800 mm (E)

Schlossschrauben mit Unterlegscheiben und Muttern: 2 St.

Sechskantbolzen mit Unterlegscheiben und Flügelmuttern: 2 St

Scharniere: 2 St.

Winkelbeschläge: 2 St.

Holzschrauben

Wasserfester Leim

Außenfarbe

Tornetz: 3,5 x 1,85 m.

Wählen Sie aus Sicherheitsgründ mit einer Maschenweite von 10 cm

Schließhaken

Haken

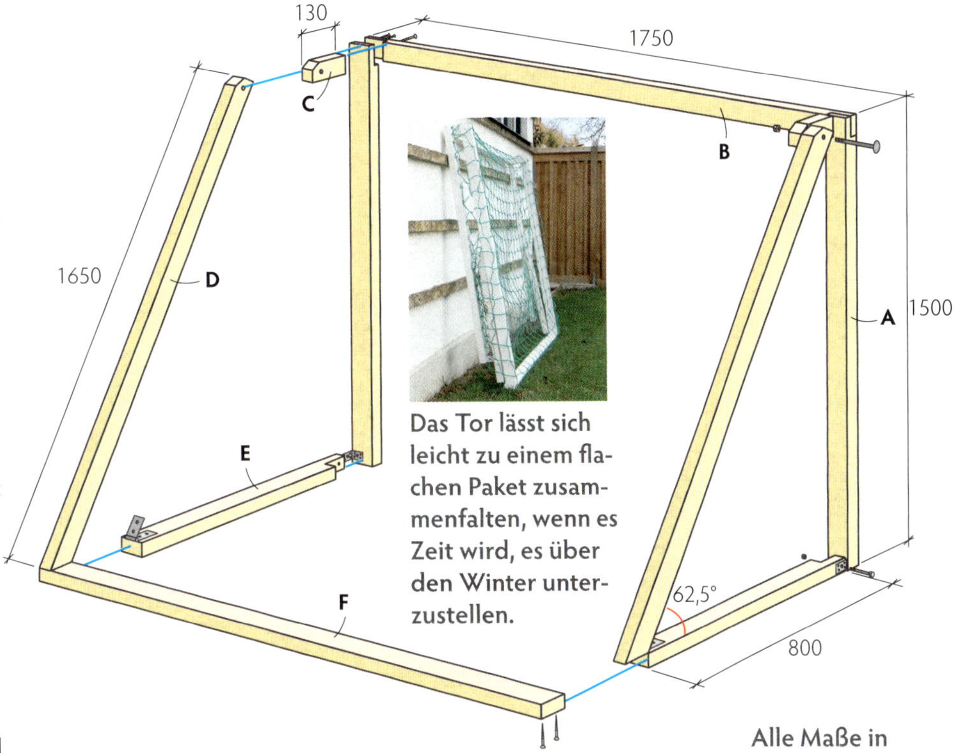

Das Tor lässt sich leicht zu einem flachen Paket zusammenfalten, wenn es Zeit wird, es über den Winter unterzustellen.

Alle Maße in Millimetern.

So wird's gemacht

1. Sägen Sie die Pfosten A und die Querlatte B zu. Verleimen und verschrauben Sie die Überblattung.
2. Schneiden Sie die beiden Verbindungen C zu. Verleimen und verschrauben Sie diese oben in den Ecken 45 mm nach innen versetzt.
3. Schneiden Sie die Diagonalstreben D zu, aber machen Sie diese etwas länger als auf der Zeichnung angegeben. Ein Ende bekommt einen 62,5°-Winkel.
4. Schneiden Sie die unteren Verstrebungen E zurecht. Machen Sie eine Aussparung an einem Ende. Das macht man, damit die Flügelmuttern darin versenkt werden können und man sich nicht an ihnen verletzen kann.
5. Verbinden Sie die unteren Streben E und die Diagonalstreben D paarweise mit Scharnieren.
6. Schneiden Sie die hintere untere Verstrebung F zu. Verleimen und verschrauben Sie diese mit den Diagonalstreben D.
7. Verschrauben Sie Winkelbeschläge ganz unten an der Rückseite der Pfosten A. Die Innenseite des Winkeleisens muss bündig mit der Außenseite des Pfostens abschließen. Setzen Sie die Teile so zusammen, dass E an den Winkelbeschlägen anliegt. Markieren Sie die Löcher und bohren Sie. Verschrauben Sie die Teile mit Sechskantbolzen, Unterlegscheiben und Flügelmuttern.
8. Fixieren Sie die Diagonalstreben D an den Verbindungsstücken C mit Schraubzwingen. Stellen Sie sicher, dass das Tor aufrecht steht. Machen Sie Bohrungen für die Schlossschrauben, und verbinden Sie C und D damit.
9. Markieren Sie genau, wo die Diagonalstreben D abgeschnitten werden müssen. Demontieren Sie, schneiden Sie zu und fasen Sie die obere Ecke an. Fasen Sie auch die Ecke von C an.
10. Streichen Sie die ganze Konstruktion an.
11. Bauen Sie das Tor zusammen und befestigen Sie das Netz mit Schließhaken. Denken Sie daran, dass es nicht fest gespannt sein soll, sonst prallt der Ball zurück. Befestigen Sie das Netz nicht unten an E, sonst kann man das Tor nicht zusammenlegen. Befestigen Sie dort stattdessen einige Haken, an denen das Netz eingehakt wird. Ein Tornetz bekommen Sie im Sport- und Fachhandel oder im Internet, wenn Sie den Begriff in eine Suchmaschine eingeben.

Gartendusche

Sommer, Sonne und Wärme! Da benötigt man Wasser. Wenn die Größe des Gartens und vielleicht auch ökonomische Gründe dem Traum von einem voll gefliesten Swimmingpool Grenzen setzen, dann ist eine Gartendusche eine ausgezeichnete Alternative. Sie wird aus druckimprägniertem Holz gebaut und ist die einfachste und preiswerteste Lösung, Wasser bereitzustellen. Nehmen Sie eine einfache Gardena-Kupplung. Ihr Wunsch nach einem Schwall Wasser ist gestillt!

ISBN 978-3-86630-94

Material

Druckimprägniertes Kantholz, 45 x 70 mm, ca. 6 m:
- 1 St. à 670 mm (A)
- 3 St. à 580 mm (B und C)
- 2 St. à 535 mm (D)
- 2 St. à 300 mm (E)
- 1 St. à 1850 mm (F)

Druckimprägnierte Terrassenbohlen, 22 x 95 mm, ca. 9 m:
- 2 St. à 1900 mm (G)
- 7 St. à 700 mm (H)

Holzschrauben

Wasserfester Leim

Sechskantbolzen, Unterlegscheiben und Muttern

Duscharmatur und Wasserhahn

So wird's gemacht

1. Schneiden Sie die Teile A-E für den Grundrahmen zu. Verleimen und verschrauben Sie die Teile. Es ist wichtig, dass die Teile E so auf den anderen Bauteilen verschraubt werden, dass ein 70 mm breites Kantholz stramm zwischen sie passt.
2. Schneiden Sie das Kantholz F (1850 mm lang) zu, und teilen Sie es 900 mm von einem Ende entfernt im 45°-Winkel.
3. Schneiden Sie die beiden Bretter G zu und machen Sie wie auf der Zeichnung an einem Ende eine 45 x 70 mm große Aussparung.
4. Verleimen und verschrauben Sie die Kanthölzer F und die Seitenbretter G zu einem Pfosten.
5. Stellen Sie diesen Pfosten an seinen Platz am Grundrahmen. Bohren Sie und verschrauben Sie ihn sehr fest mit einem Sechskantbolzen, Unterlegscheiben und Muttern.
6. Schneiden Sie die Terrassenbohlen H zu. Schneiden Sie sie ein und stemmen Sie eine 60 mm tiefe Aussparung für den Pfosten in einer von ihnen aus.
7. Verschrauben Sie die Terrassenbohlen auf dem Grundrahmen. Stellen Sie sicher, dass sie an allen Seiten des Grundrahmens 15 mm überstehen. Beginnen Sie mit den zwei äußeren und verteilen Sie die übrigen gleichmäßig dazwischen.
8. Ölen Sie das gesamte Holz, ganz besonders das Hirnholz.
9. Montieren Sie Wasserhahn und Duschset. Schließen Sie den Schlauch an und duschen Sie sich.

Eine Gartendusche ist etwas Wunderbares und für die ganze Familie geeignet. Wenn man möchte, kann man sich sogar das Shampoo mit nach draußen nehmen.

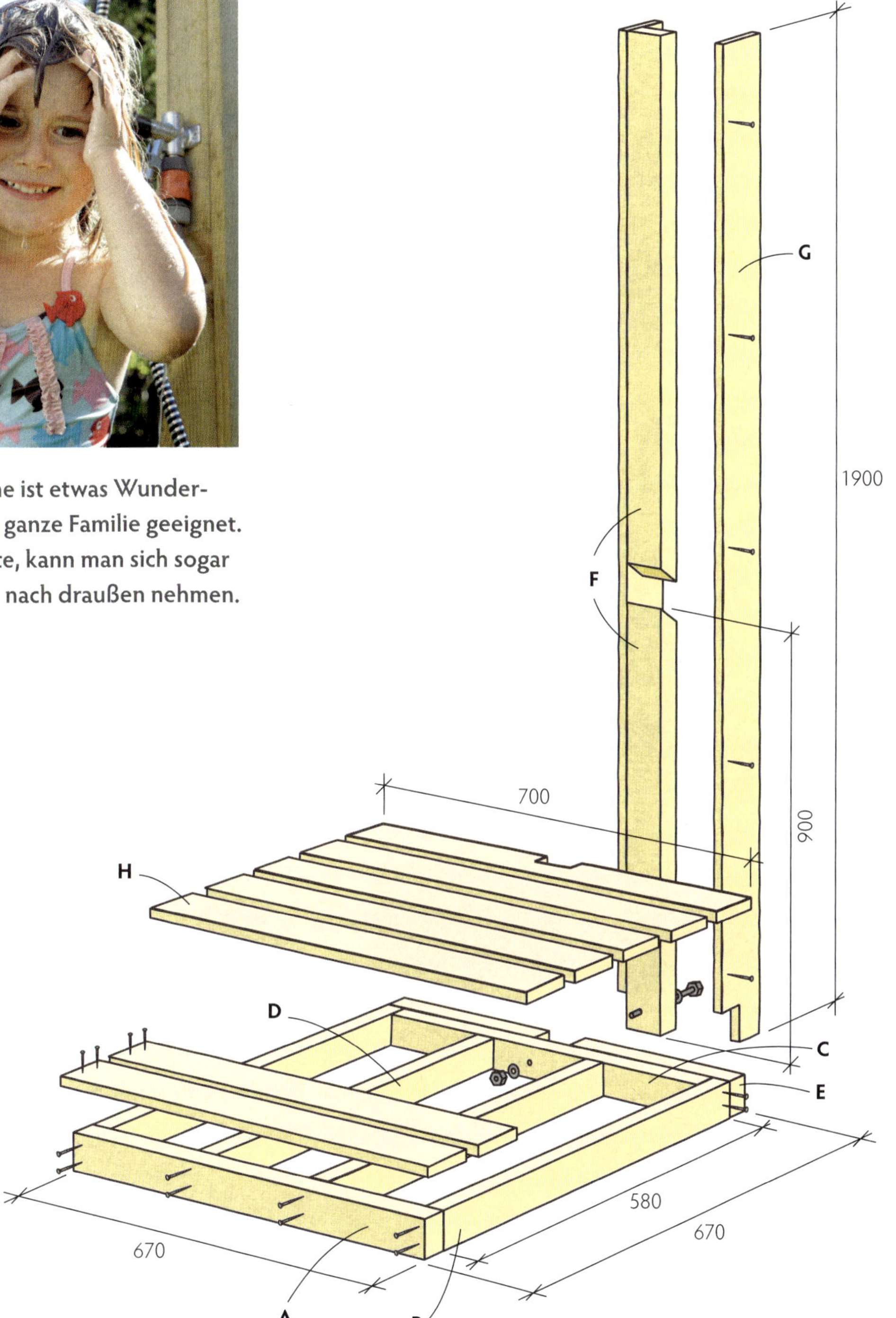

Alle Maße in Millimetern.

Skateboardrampe

Hier können sich die Kinder mit Freunden treffen, ihr Können üben und neue Tricks erfinden. Die Skateboardrampe braucht ein wenig Platz, aber was für ein „Spielzeug"! Als sie fertig war, wurde einige Dosen Sprühfarbe gekauft, und die Kinder durften die Rampe selbst dekorieren.

Jeppsson, Ohlsson: Mit Holz arbeiten im Ga

ISBN 978-3-86630-94

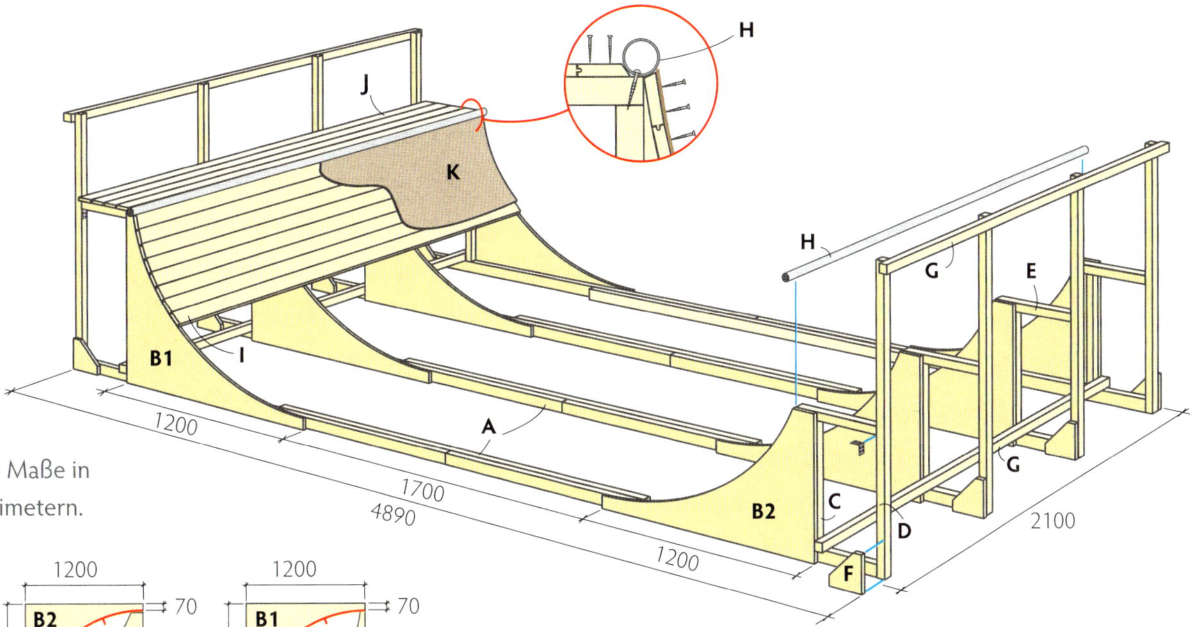

Alle Maße in Millimetern.

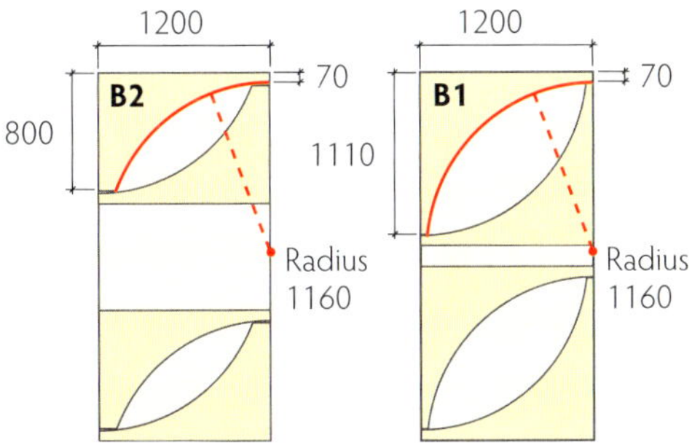

Material:

Sperrholz, 18 mm:
2 Platten à 1200 x 2400 mm (B1, B2 und F)

Gehobeltes Holz, 45 x 70 mm, ca. 29 m:
12 St. à 2400 mm (A))

Gehobeltes Holz, 45 x 45 mm, ca. 34 m:
4 St. à 685 mm och 4 St. à 995 mm (C)
8 St. à 1700 mm (D)
8 St. à 550 mm (E)
4 St. à 2100 mm (G)

Rauhspund, 20 x 95 mm, ca. 131 m:
62 St. à 2100 mm (I und J)

Galvanisiertes Rohr, ∅ 60 mm, ca 4,3 m:
2 St. à 2100 mm (H)

Ölgehärtete Hartfaserplatte, Multiplexplatte o.ä., 3,2 mm:
4 Platten à 1220 x 2135 mm (K)

Winkelbeschläge: 8 St.,Holzschrauben,Wasserfester Leim

So wird's gemacht

Bereiten Sie eine waagerechte und ebene Oberfläche vor. Am besten ruht die Rampe auf Steinen. Behandeln Sie die Oberfläche aller Teile am besten vor der Montage.

1. Verschrauben Sie jeweils drei Kanthölzer A miteinander.
2. Schneiden Sie die geschwungenen Sperrholzprofile B1 und B2 (siehe kleine Zeichnungen). Verleimen und verschrauben Sie diese an den Kanthölzern A, indem Sie die Enden von A 350 mm überlappen lassen.
3. Verleimen und verschrauben Sie die senkrechten Kanthölzer C mit B1 und B2. Beachten Sie, dass B1 und B2 unterschiedliche Höhenmaße haben.
4. Sägen Sie die Teile F (ca. 200 x 200 mm) aus, und verschrauben und verleimen Sie diese mit A und D. Achten Sie auf den richtigen Winkel.
5. Jetzt sind die Spanten fertig. Stellen Sie diese aufrecht und verschrauben und verleimen Sie sie mit den Querriegeln G (jeweils 2 St. pro Seite).
6. Befestigen Sie die Kanthölzer E mit Winkelbeschlägen an D und verleimen und verschrauben Sie gleichzeitig E an B. Schneiden Sie die Kanthölzer E so ab, dass sie nicht über B hinausragen.
7. Bohren Sie ein Loch in das Rohr H. Bohren Sie zunächst durch beide Rohrwände mit einem Bohrer, der ein wenig größer als die Schraube ist. Bohren Sie auf einer Seite der Rohrwand die Löcher so auf, dass der Kopf der Schraube hindurch passt. Dann verschrauben Sie das Rohr. Halten Sie Bauteile des Fahrbahnbelages gegen das Rohr, um es an der richtigen Stelle platzieren zu können.
8. Verschrauben Sie den Rauhspund I, das erste Brett genau unter dem Rohr H. Schneiden Sie es schräg an, sodass es eine Stütze für das Rohr bildet. Bohren Sie die Löcher für alle Schrauben vor.
9. Verschrauben Sie den Rauhspund J. Auch hier muss das Brett, das am Rohr H anliegt, schräg angeschnitten werden, damit es stabil aufliegt.
10. Verschrauben Sie die Platten K und sägen Sie danach die überstehenden Kanten sauber ab. Auf dem Foto sieht man, wie die Reststücke vom Sperrholz am Gestell als Dekoration angebracht wurden.

Stege

Es ist nicht allen vergönnt, ein eigenes Seegrundstück zu besitzen. So kann man Ihnen nur gratulieren, wenn Sie einer der Glücklichen sind, die die Möglichkeit haben, einen eigenen Steg zu bauen. Dort kann das Boot auf den Wellen vor sich hindümpeln, und von dem Steg aus kann der Mutige einen Sprung in die kühlenden, sommerlichen Wogen wagen. Ein Steg ist auch ein prima Treffpunkt für Sonnenanbeter. Und wer gerne angelt, findet hier einen neuen, schönen Platz, an dem die Fische sich im Schatten unter den Brettern des Steges tummeln. Blättern Sie weiter und lassen Sie sich inspirieren!

ISBN 978-3-86630-942-5

Für einen Steg gibt es viele Verwendungszwecke. Er ist der Anlegeplatz für Ihr Boot, oder auch der Badesteg ihrer Träume. Oder vielleicht nutzen Sie ihn auch als zusätzlichen Platz im Freien für Geselligkeit an einem schönen Sommerabend. Unabhängig davon, wie der Steg genutzt wird, ist er großen Belastungen durch Wasser, Eis, Wind und Wetter ausgesetzt. Deshalb ist es wichtig, dass Sie von Anfang an daran denken und ihn dementsprechend konstruieren.

Es gibt also eine Menge zu beachten, bevor Sie mit dem Bau Ihres Steges beginnen können.

Planung

Achten Sie darauf, welche allgemeinen und besonderen Interessen Ihr Umfeld hat und ob diese auf den Bau Einfluss nehmen können. Das kann unter anderem die Gewässerokologie, die Fische, die Vogelwelt und vieles mehr betreffen. Wenn der Bau Ihres Steges allgemeine oder besondere Interessen berührt, benötigen Sie eine Sondergenehmigung. Wenden Sie sich an die lokalen Behörden. Sie helfen Ihnen, alle Aspekte des Bauprojektes zu beachten.

Sprechen Sie mit den Nachbarn. Sie können vielleicht einen gemeinsamen Steg bauen. Besorgen Sie sich die Genehmigung vom Grundstückseigentümer und den Inhabern des Wasserrechtes.

Für einen Steg kann eine Baugenehmigung erforderlich sein. Nehmen Sie Kontakt mit dem Bauamt ihrer Gemeinde auf, um mehr Informationen zu erhalten.

Es gibt viele Arten von Stegen. Die üblichsten sind Stege auf Pfosten, freitragende Stege, Schwimmstege und Stege mit Steinlade. Welche Bauform passend ist, hängt von der Lage des Steges ab. Jede Gegend hat ihre Traditionen, die man auch beachten sollte.

Bauen Sie einen Steg in Salzwasser, müssen Sie druckimprägniertes Holz nehmen, welches vor dem Schiffsbohrwurm schützt. An Süßwasserufern und Wasserläufen wird einfaches, druckimprägniertes Holz verwendet. Bauteile aus Stahl müssen feuerverzinkt oder am besten aus Edelstahl sein. In Gebieten, in denen mit längeren Frostperioden zu rechnen ist, müssen Sie daran denken, dass das Eis sehr dick werden kann und eine lange Zeit bleibt.

Steg auf Pfählen

Diese Art Steg ist für Untergründe aus Kies, Sand oder Schlick geeignet, weil die Pfosten sich hier leicht einschlagen lassen.

Material

Pfosten: A = 100 x 100 mm

Ungehobeltes Holz
B = 38 × 125 mm
C und D = 38 × 100 mm
E = 50 × 150 mm

Planken: F = 34 x 120 mm

Holzschrauben und Nägel

So wird's gemacht

1. Bereiten Sie für die Pfosten A nach Möglichkeit mit der Brechstange Löcher im Boden vor.
2. Spitzen Sie die Pfosten A an einem Ende an, und schlagen Sie diese, zum Beispiel mit einem Vorschlaghammer, so weit es geht ein. Der Abstand zwischen den Pfosten sollte 2 Meter nicht überschreiten.
3. Verbinden Sie die Pfosten paarweise mit den Querriegeln B.
4. Verstreben Sie ganz vorn am Steg durch das Kreuz C: Montieren Sie zuerst eine der Diagonalstreben und die Distanzklötze D. Befestigen Sie danach die zweite Diagonalstrebe auf den Distanzklötzen und in der Mitte der ersten.
5. Vernageln und verschrauben Sie die Träger E. Der mittlere Träger wird schräg verschraubt. Ist der Steg schmaler als 1 Meter, benötigt man den mittleren Träger nicht.
6. Verschrauben Sie die Planken F auf dem gesamten Steg.

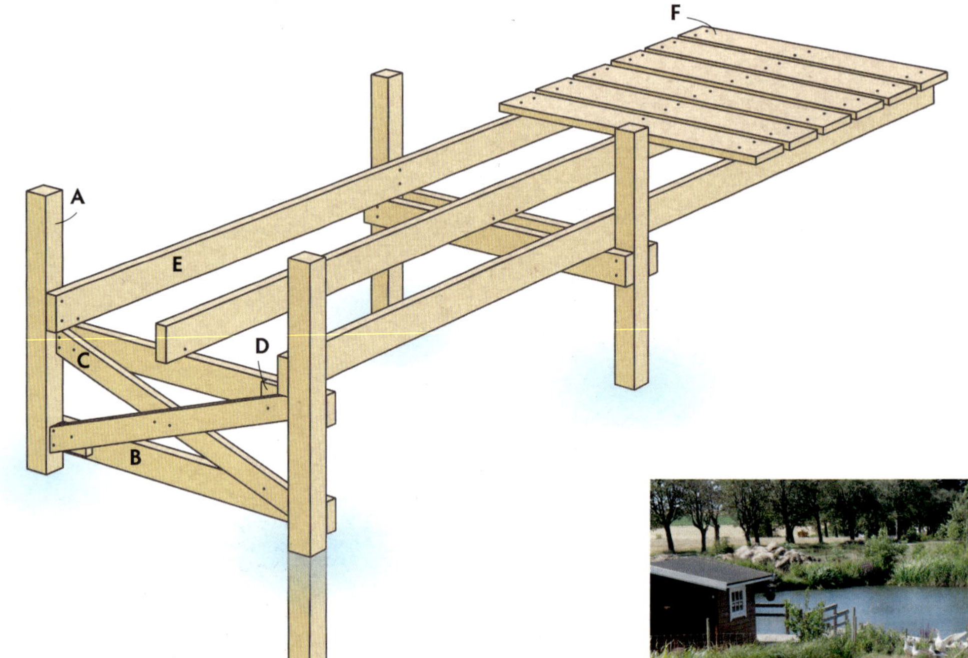

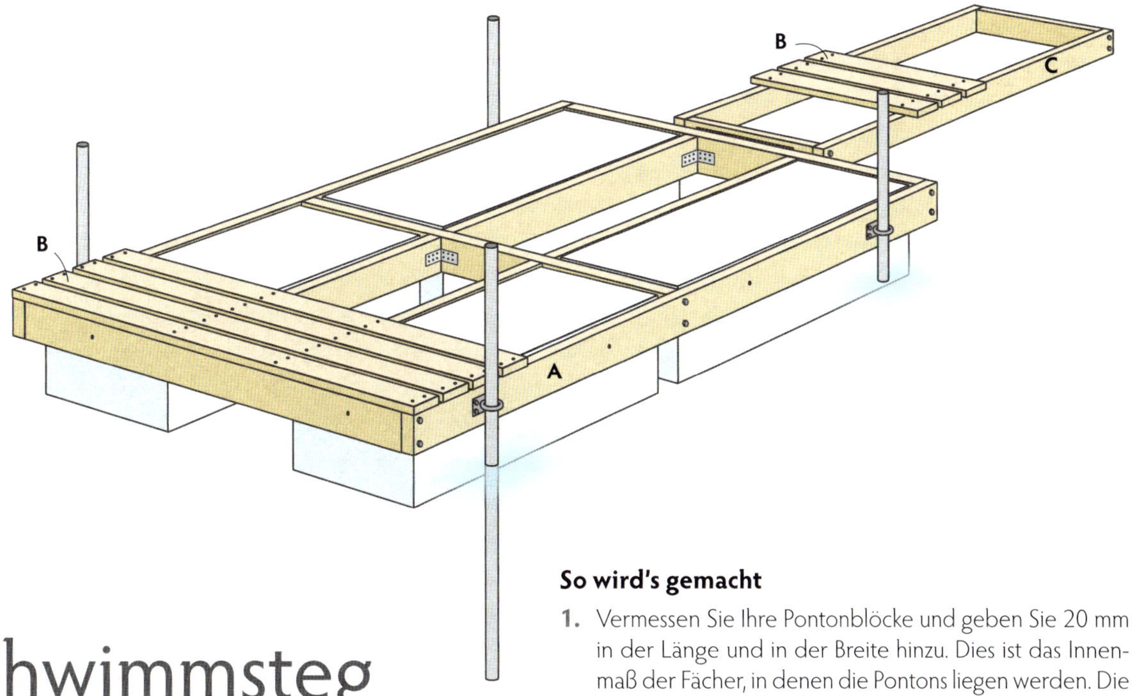

Schwimmsteg

Ein Schwimmsteg passt sich unterschiedlichen Wasserniveaus an und lässt sich über den Winter leicht einlagern.

Auf dem Markt werden verschiedene Arten Pontons in unterschiedlichen Maßen angeboten. Hier haben wir Blöcke aus Polystyrol (Styropor) benutzt, die speziell für diesen Zweck hergestellt wurden. Ein solcher Block nimmt nur minimal Wasser auf. Die Maße sind 1250 x 510 x 400 mm. Diese Polystyrolblöcke kann man auch im Baustoffhandel bestellen. Dann können Sie die Maße selbst festlegen.

Das Gesamtmaß des Steges ist 1480 x 2700 mm. Der Landgang ist 700 mm breit.

Material

Pontons: 4 St.

Ungehobeltes Holz:
A = 50 × 150 mm
C = 50 × 125 mm

Planken:
B = 34 x 120 mm

Galvanisiertes Rohr, ∅ 2 Zoll

Schwimmstegbefestigungen für 2-Zoll-Rohr

Kupplung für den Landgang

Sechskantbolzen, Unterlegscheiben und Muttern

Sechskantschrauben mit Holzgewinde

Winkelbeschläge

Holzschrauben

So wird's gemacht

1. Vermessen Sie Ihre Pontonblöcke und geben Sie 20 mm in der Länge und in der Breite hinzu. Dies ist das Innenmaß der Fächer, in denen die Pontons liegen werden. Die Fächer in der Mitte, die keinen Pontonblock enthalten, sollten etwas schmaler sein als die ausgefüllten. In diesem Fall haben sie in der Breite ein Maß von 400 mm.
2. Schneiden Sie die Teile für die Rahmenkonstruktion A zu und befestigen Sie sie mit Sechskantschrauben mit Holzgewinde, außerdem mit Winkelbeschlägen und Kammnägeln.
3. Bringen Sie die Schwimmstegbefestigungen an. Den Teil der Landgangskupplung, der am Schwimmsteg sitzt, befestigen Sie mit durchgehenden Bolzen, Unterlegscheiben und Muttern.
4. Legen Sie die Pontonblöcke ein und fixieren Sie diese mit einigen langen Schrauben, die durch den Rahmen in die Blöcke gehen.
5. Befestigen Sie die Planken B mit Schrauben.
6. Legen Sie den Schwimmsteg ins Wasser und schlagen Sie die Rohre ein.
7. Schneiden Sie die Teile für den Rahmen C des Landganges zu. Die kurzen Stücke sind 550 mm lang. Achten Sie darauf, dass die langen Rahmenteile eine geeignete Stelle des Ufers erreichen. Verschrauben Sie den Rahmen mit Sechskantschrauben mit Holzgewinde und montieren Sie den Teil der Landgangskupplung, der am Landgang sitzt, mit durchgehenden Bolzen, Unterlegscheiben und Muttern.
8. Verschrauben Sie die Planken B, 700 mm lange Abschnitte, mit Schrauben.
9. Verbinden Sie Schwimmsteg und Landgang.

Freitragender Steg

Wenn Sie ein passendes Ufer mit abfallenden Klippen haben, in die Sie eine Befestigung verankern können und der Steg nicht sehr lang sein muss, kann diese Bauform geeignet sein. Hier riskieren Sie nicht, dass der Steg durch Eis oder wechselnde Wasserpegel beschädigt wird.

Material

Der Abstand zwischen den Fundamenten des abgebildeten Steges beträgt ca. 1 Meter, und die Gesamtlänge des Steges ist ca. 3 Meter.

Ungehobeltes Holz:
- A = 50 × 125 mm
- B = 50 × 200 mm
- C = 38 × 125 mm

Planken:
- D = 34 x 120 mm

Injektionsmörtel,

Gewindestangen und Muttern

Beton

Teerpappe

Winkelbeschläge: 3 St.

Holzschrauben

So wird's gemacht

1. Bohren Sie mit dem Bohrhammer für Gesteinsbohrungen (Ausrüstung kann man leihen) Löcher in das Gestein. Fixieren Sie die Gewindestangen mit Injektionsmörtel in den Löchern des Felsens.
2. Gießen Sie die Betonfundamente in einer einfachen Form um die Gewindestangen herum. Das zum Wasser liegende Fundament sollte 50 mm niedriger sein, als das abgewandte
3. Verschrauben Sie den Querriegel A auf dem zum Wasser liegenden Fundament. Unterlegen Sie mit Teerpappe.
4. Legen Sie die Träger B aus. Befestigen Sie diese am wasserabgewandten Fundament mit der Bohle C. Letztere wird mit Gewindestangen und Muttern befestigt. Legen Sie Teerpappe zwischen die Träger und die Betonfundamente. Achten Sie darauf, dass die Bohrungen für die Gewindestangen nicht durch die Träger gehen, die einen Mittenabstand von maximal 600 mm haben sollten. Befestigen Sie zum Schluss die Träger des zum Wasser liegenden Fundamentes mit Winkelbeschlägen.
5. Verschrauben Sie die Planken D.

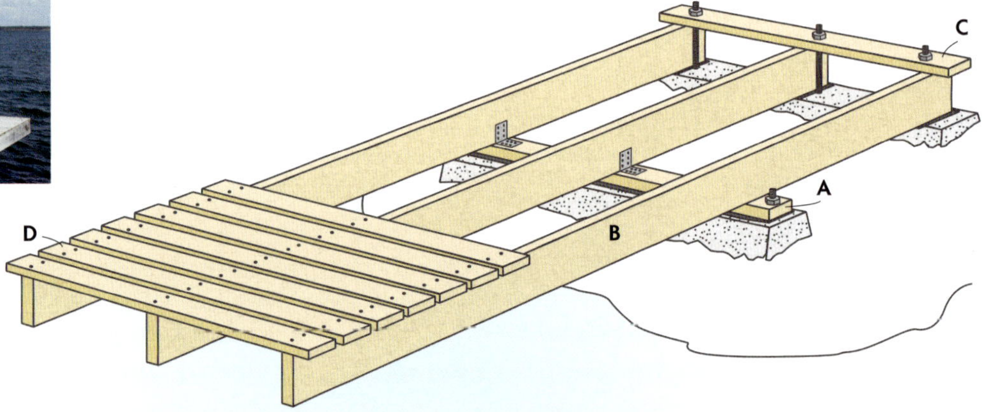

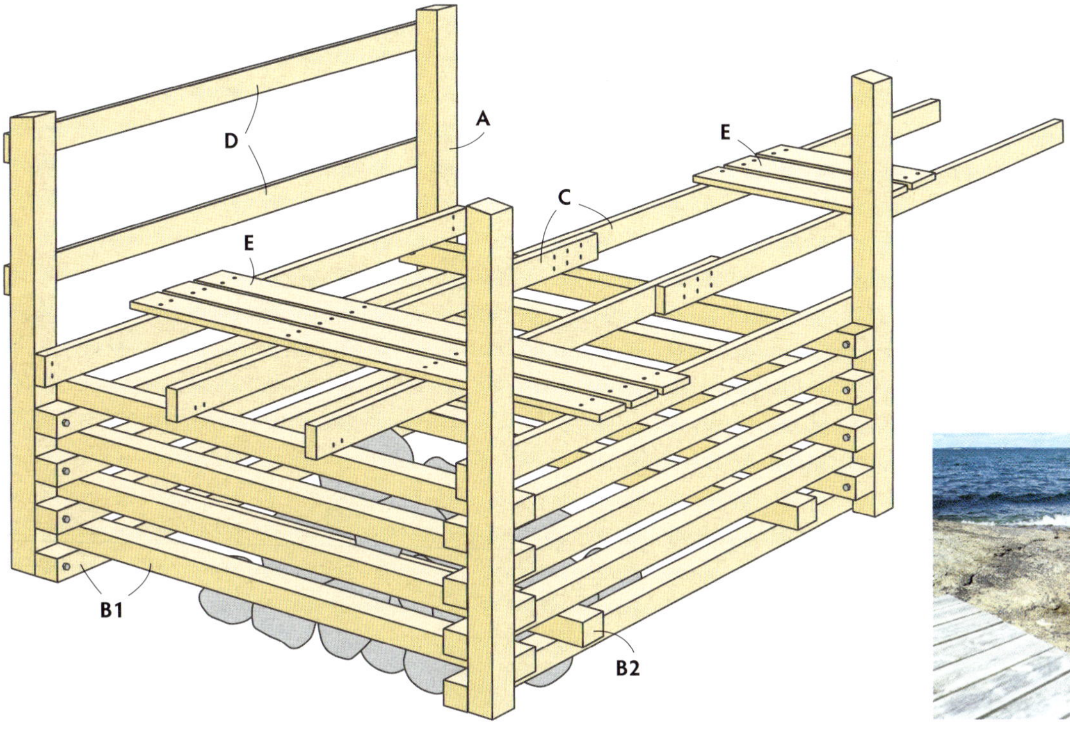

Steg mit Steinlade

Dieser Steg ist eine Alternative, wenn der Untergrund für das Einschlagen von Pfosten ungeeignet ist. Man kann ihn oft an Land bauen, zu Wasser lassen und dort mit Steinen befüllen. Ein Steg mit Steinlade ist eine dauerhafte Konstruktion, die dem Eis gut widersteht. Früher war es Brauch, den Steg auf dem Eis zu bauen und danach das Eis aufzuschlagen – und zwar so, dass die Lade an der richtigen Stelle versank. Eine riskante Methode, die nur mit größter Vorsicht angewendet werden darf!
Das Außenmaß der Steinlade beträgt 2 x 2 Meter. Das ist die größte für diese Konstruktion geeignete Abmessung.

Material

Pfosten:
A und B = 100 x 100 mm

Ungehobeltes Holz:
C = 50 x 125 mm

Planken:
D und E = 34 x 120 mm

Sechskantschrauben mit Holzgewinde

Holzschrauben

So wird's gemacht

1. Verschrauben Sie die Teile A und B mit Sechskantschrauben mit Holzgewinde.
2. Bringen Sie die Lade an ihren Platz, und füllen Sie diese mit Steinen. Wenn der Untergrund ein Gefälle hat, unterlegen Sie mit einigen Steinen so, dass die Lade in Waage steht.
3. Schrauben Sie die Träger C an der Lade fest, wobei die beiden mittleren schräg verschraubt werden.
4. Verschrauben Sie die Träger C für den Landgang an den mittleren Trägern der Lade.
5. Befestigen Sie die Planken E mit Schrauben auf Lade und Landgang.
6. Verschrauben sie die Reling D, wenn sie auf irgendeiner Seite eine Reling haben wollen. Die oberste Strebe sollte ca. 90 cm über dem Deck des Steges liegen.

Gesetze und Bestimmungen

Baurecht

Für zahlreiche Bauvorhaben benötigen Sie in Deutschland eine Baugenehmigung. Eine Übersicht darüber zu geben wird (um es vorsichtig auszudrücken) erschwert dadurch, dass jedes Bundesland seine eigene Bauordnung hat. Zusätzlich richtet sich die Bebauung nach den vorhandenen Flächennutzungsplänen und Bebauungsplänen der Gemeinden. In Einzelfällen können auch Belange des Denkmalschutzes und des Naturschutzes eine Rolle spielen. Daher ist es praktisch unmöglich, eine einheitliche Übersicht zu geben. Grundsätzlich gilt immer die Regel, sich bei der kommunalen Baubehörde zu erkundigen.

Es gibt allerdings eine Reihe von genehmigungsfreien Bauvorhaben. Dazu werden Projekte im Garten, wie sie in diesem Buch dargestellt werden, häufig zählen. Auch hier gilt aber, dass die Details in jedem Bundesland anders sind und deshalb keine verbindliche Auskunft gegeben werden kann. Mehrere Bundesländer haben in den letzten Jahren die sogenannte Genehmigungsfreistellung eingeführt oder deren Anwendung ausgeweitet. In diesem Fall ist ein Bauvorhaben nur noch anzuzeigen bzw. anzumelden. Wenn die Baubehörde dann in einer definierten Frist nicht reagiert, gilt das Bauvorhaben formlos als genehmigt.

Auf Grund der unübersichtlichen Situation folgen im Gegensatz zur schwedischen Ausgabe des Buches im Folgenden einige Stichworte zum Thema, die eine erste Orientierung geben und das Gespräch mit der Baubehörde erleichtern. Dieses Gespräch ist wie gesagt immer angeraten, wenn das Vorhaben nicht mit Sicherheit genehmigungsfrei ist. In ganz Deutschland gilt: Sollten Sie eine Bebauung widerrechtlich errichtet haben, kann die Baubehörde im Extremfall „Rückbau" verlangen, d.h. konkret, dass Sie das ganze Objekt wieder abreißen müssen.

Einige baurechtliche Begriffe

Abstandsfläche:
bezeichnet die Fläche, die von der Bebauung bis zur Grundstücksgrenze freizuhalten ist. Diese wird als Faktor aus der Höhe der Bebauung errechnet. Lt. der MBO (Musterbauordnung, eine Art bundesweite Vorlage zur Vereinheitlichung der einzelnen Länderbauordnungen) beträgt dieser Faktor in Wohngebieten 0,8 (der Wandhöhe), der Mindestabstand 3m.

Bebauungsplan:
Der Bebauungsplan wird von der Gemeinde erstellt und legt fest, wie die Baugrundstücke bebaut werden dürfen. Festgelegt werden unter anderem die Art der Nutzung, zahlreiche Maße wie Geschoßhöhe und –anzahl, Dachneigung, die Größe der überbaubaren Fläche und vieles mehr. Ein Bebauungsplan kann z.B. auch Anpflanzungen vorschreiben.

Freistellungsverfahren:
Wenn in einem Bundesland eine Freistellungsverordnung existiert, ermöglicht diese, bestimmte Bauvorhaben entweder genehmigungsfrei zu erstellen oder macht sie nur anzeigepflichtig. Dies gilt nur für Bauvorhaben, die dem gültigen Bebauungsplan der Gemeinde und der Landesbauordnung entsprechen.

Genehmigungsfrei:
In den einzelnen Landesbauordnungen ist festgelegt, welche Bauvorhaben genehmigungsfrei zu erstellen sind (typischerweise kleine Lauben, Hütten oder Schuppen bis zu einer bestimmten Größe, Zäune bis zu einer bestimmten Höhe, etc.). Erkundigen Sie sich bei Ihrem zuständigen Bauamt.

Jeppsson, Ohlsson: Mit Holz arbeiten im Gart

ISBN 978-3-86630-94

Fundamente

Wenn Sie einen Gartenzaun, eine Plankenwand oder irgendeine andere Konstruktion aus Holz in Ihrem Garten errichten wollen, ist es sehr wichtig, mit einem guten Fundament zu beginnen. Hier werden einige Beispiele gezeigt, wie man auf unterschiedliche Weise Fundamente herstellen kann. Denken Sie daran, dass ein stabiles Fundament besser ist als ein einfacheres, welches oftmals nach einigen Jahren einen schiefen Zaun oder eine schiefe Plankenwand zur Folge hat.
Damit der Frost für Ihre Gartenbauten nicht zum Problem wird, muss ein Gartenzaun wenigstens 400 mm tief und eine Plankenwand sowie andere frei stehende Konstruktionen mindestens 600 mm tief gegründet werden. Wenn Sie auf der ganz sicheren Seite sein wollen, müssen Sie bis zur frostfreien Tiefe hinabgehen. Fragen Sie bei der Baubehörde Ihrer Gemeinde nach und lassen Sie sich Empfehlungen geben.
Denken Sie daran, für die Gruben der Fundamente den gesamten Mutterboden zu entfernen. Wenn Sie Lehmboden haben, müssen Sie etwas tiefer gehen als bei den oben angegebenen Fundamenten und danach mit Kies auffüllen, der gut verdichtet werden muss.

Fertigfundamente

Diese Fundamente eignen sich für niedrige Zäune und andere einfachere Konstruktionen, die nicht starkem Wind oder anderen Kräften ausgesetzt sind. Wenn diese Fundamente für Plankenwände benutzt werden, müssen sie durch Streben gegen Windkräfte gesichert werden. Andernfalls muss man damit rechnen, dass die Plankenwand irgendwann schief steht.

So wird's gemacht

Die Fertigfundamente müssen mindestens 600 mm hoch sein. Graben Sie ein Loch, das ca. 200 mm tiefer ist, als die Höhe des Fundamentes. Füllen Sie bis zu dem Niveau, auf dem das Fundament stehen soll, mit Gesteinsgrus oder Kies auf. Verdichten Sie gut. Setzen Sie das Fundament darauf und richten Sie es sorgfältig aus. Fixieren Sie es mit Steinen oder Gesteinsgrus, gerne auch mit etwas Grobbeton rund um die Basis des Fundamentes.

Einschlaghülsen aus Stahl

Einschlaghülsen aus Stahl eignen sich nur für niedrige Zäune und einfache Konstruktionen. Das Fundament besteht aus einem Balkenschuh, der auf einer Stahlspitze verschweißt ist.

So wird's gemacht

Das Fundament wird mit einem Vorschlaghammer in den Boden eingeschlagen. Setzen Sie einen Holzklotz als Schutz in den Balkenschuh. Wenn die Bodenhülse eingeschlagen ist, befestigen Sie den Zaunpfosten im Balkenschuh.

Nicht vergessen

- Wenn man während des Einschlagens auf Stein trifft, geht es nicht mehr weiter.
- Es ist unmöglich, den Pfosten im Nachhinein auszurichten.

Gegossenes Fundament

Dies ist die beste Methode, ein Fundament zu setzen. Sie ist für Plankenwände bis zu 1,8 m Höhe geeignet und für andere Konstruktionen, an denen größere Kräfte wirken, wie zum Beispiel einen Carport, eine Pergola oder einen Gartenpavillon. Wenn die Konstruktion großen Windkräften ausgesetzt ist, muss man sie auf passende Weise verstreben, damit sie keinen Schaden nimmt.

So wird's gemacht

Graben Sie ein Loch, das ca. 1000 mm tief ist oder bis zur frostfreien Tiefe reicht. Gießen Sie mit Grobbeton eine 200 mm dicke Bodenplatte auf den Boden der Grube. Drücken Sie zwei Armiereisen in die Mitte der Bodenplatte, bevor der Beton aushärtet. Wenn die Bodenplatte hart geworden ist, setzen Sie eine Gussform aus Pappe mit einem Ø von 150-200 mm darauf. Füllen Sie

Einschlaghülse aus Stahl, rechts, bzw. Fertigfundament unten.

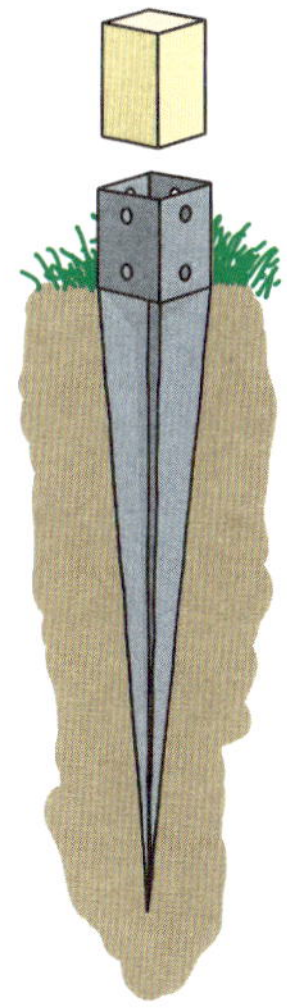

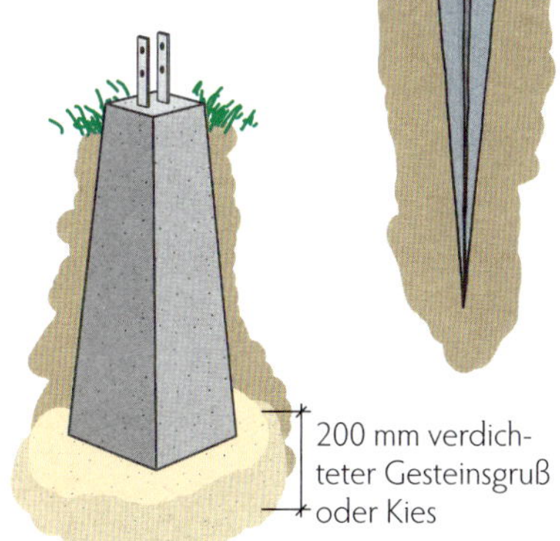

die Erde rund um das Papprohr wieder auf. Füllen Sie das Papprohr mit Grobbeton und stecken Sie zwei Flacheisen, 6 x 40 mm, als Befestigung für die Pfosten hinein. Diese sollten in verschiedenen Höhen aus dem Beton ragen, abhängig davon, für welche Konstruktion sie verwendet werden sollen, siehe unten. Richten Sie aus, und halten Sie die Befestigungen mit einem Holzklotz an ihrem Platz, bis der Beton ausgehärtet ist. Die Flacheisen können auch durch einen Balkenschuh ersetzt werden, wenn das Fundament zum Beispiel für eine Holzterrasse benötigt wird. An Stelle eines Papprohres kann man auch ein Betonrohr als Form benutzen.

Pfosten direkt im Boden

Diese Art Verankerung ist für niedrige Zäune und andere einfache Konstruktionen, die nicht zu großen Wind- oder anderen Kräften ausgesetzt sind, geeignet. Hier müssen Sie Pfosten aus druckimprägniertem Holz verwenden.

Gegossenes Fundament

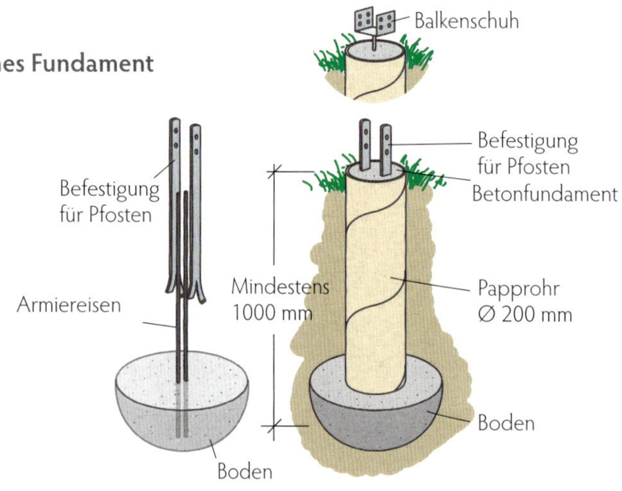

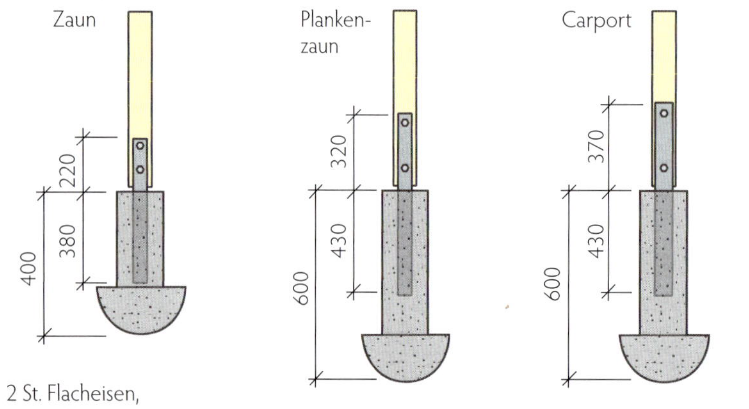

2 St. Flacheisen, 60 x 600 mm, Bolzenschrauben Ø 10 mm mit Muttern und Unterlegscheiben

2 St. Flacheisen, 60 x 750 mm, Bolzenschrauben Ø 10 mm mit Muttern und Unterlegscheiben

2 St. Flacheisen, 80 x 80 mm Bolzenschrauben Ø 12 mm mit Muttern und Unterlegscheiben

So wird's gemacht

Graben Sie ein Loch von ca. 400 mm Tiefe. Stellen Sie den Pfosten in das Loch und füllen Sie den unteren Teil der Grube mit Steinen oder Gesteinsgrus auf. Verfüllen Sie mit Grobbeton. Richten Sie den Pfosten aus und stabilisieren Sie ihn, bevor der Beton ausgehärtet ist.

Nicht vergessen

- Es ist anstrengend, Pfosten auszuwechseln.
- Es ist noch schwieriger, Pfosten nachzujustieren.
- Machen Sie wegen der Frostgefahr das Loch tiefer, wenn der Untergrund aus Lehm oder anderem wasserundurchlässigem Material besteht.
- Auch druckimprägniertes Holz kann mit der Zeit verrotten, besonders am Übergang zum Boden.

Verankerung im Fels

Für die Verankerung im Fels kann ein Balkenschuh mit Rundeisen eine Alternative sein. Eine bessere Alternative ist es, doppelte Flacheisen mit Rundeisen zu benutzen.

So wird's gemacht

Bohren Sie zwei Löcher für jeden Pfosten. Befestigen Sie die Flacheisen mit dem Rundeisen für den Felsen dadurch, dass Sie diese beispielsweise mit Injektionsmörtel vergießen. Die Flacheisen für den Felsen bestehen zu einem Teil aus Rundeisen und zum anderen aus Flacheisen. Wie lang das Flacheisen sein sollte, hängt davon ab, was sie damit befestigen wollen. Für einen Zaun kann ein Flacheisen von 200 mm Länge reichen, für einen Plankenzaun 370 mm.

Die Länge der Pfostenbefestigung und ihre Höhe über dem Fundament richtet sich danach, wofür das Fundament bestimmt ist.

So bekommen Sie Ihre Fundamente auf die richtige Höhe

Wenn Sie mehrere Pfosten setzen, die zum Beispiel für einen Plankenzaun oder einen Carport vorgesehen sind, ist es wichtig, dass alle Fundamente auf der richtigen Höhe stehen. Setzen Sie das erste Fundament im richtigen Abstand zum Bodenniveau. Wenn Sie keinen Zugang zu einem Vermessungsgerät haben, nehmen Sie ein Richtscheit oder ein gerades Brett und eine Wasserwaage, um das nächste Fundament auf die richtige Höhe zu bringen. Wenn das Grundstück ein Gefälle hat, und Sie Ihren Zaun in Stufenform bauen möchten, gehen Sie genauso vor, aber vergessen Sie die Abstufungen nicht.

Verankerung mit Pfosten direkt im Boden.

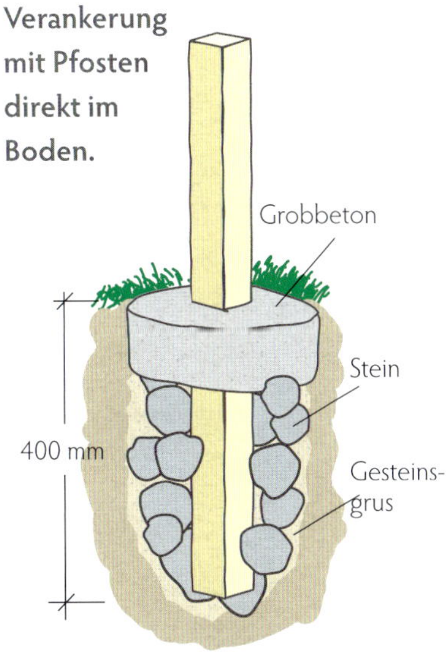

Verankerung im Fels.

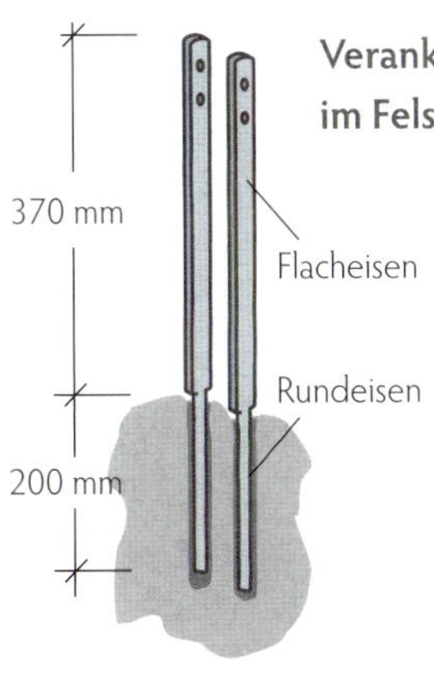

Gebräuchliche Holzarten und ihre Eigenschaften

Holz ist eines der bewährtesten Baumaterialien und in unbehandelter Form recycelbar und damit umweltfreundlich. Druckimprägniertes Holz macht hier eine Ausnahme und sollte deshalb so wenig wie möglich eingesetzt werden. Einige neue Holzarten werden heutzutage importiert und können in manchen Fällen eine bessere Alternative zu druckimprägniertem Holz sein.

Die gebräuchlichsten Holzarten

Außer unseren einheimischen Holzarten Kiefer und Fichte werden teilweise importierte Sorten für den Gebrauch im Freien genutzt.

Fichte ist eines unserer gebräuchlichsten Nadelhölzer und es gibt über 50 Arten. Der Baum hat einen geraden Stamm und wird zwischen 50 und 70 Meter hoch. Die Krone ist konisch geformt. Eine Fichte hat mehr Zweige als eine Kiefer. Deshalb findet man im Fichtenholz mehr Astansätze. Die Äste fallen auch leichter heraus, wenn das Holz getrocknet ist. Das Holz ist gelbweiß, etwas heller als Kiefer, und das Außenholz hat die gleiche Farbe wie der Kern. Fichte ist eine weiche Holzart, etwas weicher als Kiefer. Die Wasseraufnahme ist niedriger als bei Kiefernholz. Fichte kann sich deshalb für Außenpaneele besser eignen. Fichtenholz ist weniger fäulnisbeständig als Kiefer und lässt sich außerdem schwieriger gegen Fäulnis tiefimprägnieren.
Fichte ist das gebräuchlichste Bauholz, das heißt also, dass die meisten Kanthölzer und Balken daraus hergestellt werden. Fichte wird auch für viele andere Holzprodukte, zum Beispiel für Paneele, verwendet.

Die **Kiefer** ist ein Nadelbaum. Ihr Holz ist unsere wichtigste Holzart sowohl für die Bau- als auch für die Tischlerbranche und auch ein Exportartikel. Kiefern wachsen auf der gesamten nördlichen Halbkugel, und es gibt sie in über 90 verschiedenen Arten von der Krüppelkiefer bis hin zu hohen, geraden Bäumen von 75 bis 80 Metern Höhe. In Schweden wird die Kiefer 20 bis 30 Meter hoch und gehört nicht zu den sehr schnell wachsenden Hölzern. Deshalb hat man in den letzten Jahrzehnten manchmal der Fichte bei der Aufforstung den Vorzug gegeben. Das Holz hat eine gelbweiße Farbe, die sich mit der Zeit verändert. Das Splintholz (Außenholz) vergilbt, während das Kernholz (das innerste Holz) unter dem Einfluss von Licht ein dunkleres rotbraun annimmt. Kiefer ist harzhaltiger als Fichte und daher fäulnisbeständiger. Das Kernholz enthält Stoffe, die gegen Fäulnispilze wirken. Kiefernholz ist weich und hat oft eine deutlich kleinere Anzahl von Ästen als Fichtenholz.

Kiefernholz wird in erster Linie für alle Arten von Holzarbeiten, Einrichtungsgegenständen, Fußböden, Innenpaneelen, aber auch als Bauholz und druckimprägniertes Holz verwendet.

Sibirische Lärche ist ein Nadelbaum, der in zentralen Gebieten Sibiriens wächst. Sie wächst in dem harten Klima extrem langsam, was dichte Jahresringe mit viel Harz und Fett im Holz ergibt. Dies ergibt eine natürliche Imprägnierung gegen Fäulnis. Das Holz enthält also keine Umweltgifte und ist deshalb eine umweltfreundliche Alternative zu druckimprägniertem Holz. Im Vergleich

zu anderen Nadelbäumen ist die Lärche sehr hart.
Lärche enthält auch einen größeren Anteil Kernholz als Fichte. Der Preis ist jedoch um einiges höher. Das Holz wird unbehandelt mit der Zeit silbergrau. Wenn es seine goldbraune Farbe behalten soll, muss man die Oberfläche mit Öl behandeln. Sibirische Lärche wird unter anderem im Freien für Fassadenverkleidungen, Terrassen, Gartenmöbel, Zäune und Spielgeräte verwendet, drinnen für Fußböden und Deckenverkleidungen.

Bang Kirai wird manchmal auch Bankirai oder Bara Kirai genannt, es handelt sich aber um dasselbe Produkt. Bang Kirai kommt aus Indonesien. Es ist eine harte und wetterbeständige Holzart, die an Teak erinnert. Das Holz kann unbehandelt benutzt werden. Dann erhält es mit den Jahren eine silbergraue Nuance. Wenn es seine braune Farbe behalten soll, muss man die Oberfläche mit Öl behandeln.
Bang Kirai wird vor allem im Freien für Terrassenbohlen verwendet und hat deshalb eine glatte und eine geriffelte Seite. Die geriffelte Seite ist die so genannte A-Seite, aber man kann die Bohlen auch wenden. Bang Kirai wächst in nach den ITTO-Regeln bewirtschafteten Wäldern (siehe Info-Kasten).

Massaranduba kommt aus Südamerika und ist FSC-zertifiziert erhältlich (siehe Info-Kasten). Die Holzart wird manchmal auch Balata rouge genannt. Es ist ein so genanntes Hartholz mit extrem großer Widerstandskraft. Massaranduba wird hauptsächlich als Belag für Terrassen, Stege und Pooldecks verwendet, da es sowohl süß- als auch salzwasserbeständig ist und ohne Verwendung von Imprägnierungsmitteln Fäulnis extrem gut widersteht.
Das Holz wird mit einer glatten und einer geriffelten Seite geliefert. Es benötigt keine Oberflächenbehandlung. Will man aber den warmen, rotbraunen Farbton erhalten, muss es geölt werden.

Cumaru Cumaru oder Cumaro wird manchmal auch brasilianisches Teak genannt. Dieses FSC-zertifizierte (siehe Infokasten) Holz ist sehr hart und witterungsbeständig. Cumaru benötigt keine Pflege, aber wenn es keine Oberflächenbehandlung erhält, altert es und bekommt mit der Zeit einen silbergrauen Farbton.
Terrassenbohlen werden mit einer glatten Unterseite und einer geriffelten Oberseite geliefert.

Güteklassen und Sortierungen

Meist werden für Schnittholz wie Latten, Leisten, Kanthölzer vier Güteklassen angegeben. Dabei gilt immer, dass die „kleinere" Klasse die bessere Qualität ist. Rauhspund ist nach DIN 68365 eine eigene Güteklasse. Es gibt aber mehrere DIN-Normen für die Holzgüte, die sich teilweise überschneiden. Die Güteklassen werden z.T. auch für Nadelhölzer und Laubhölzer unterschiedlich vorgenommen. Im Anwendungsbereich dieses Buches, wie überhaupt im Bereich kleiner Konstruktionen im Außenbereich spielen jedoch fast ausschließlich Nadelhölzer eine Rolle.
Die Güteeinteilung in die Klassen wird danach vorgenommen, in welchem Ausmaß folgende Holzfehler vorkommen:

- Äste (wie viele und wie große Äste im Holz sind zulässig)
- Harzgallen (kleine Hohlräume im Nadelholz, die mit Harz gefüllt sind)
- Risse (kleinere Risse sind fast immer zulässig; man unterscheidet die Lage, die Länge und die Tiefes von Rissen im Holz)
- Baumkante (nach dem Schnitt übrig gebliebener Teil der Stammoberfläche. Baumkante ist nicht mit Rinde identisch, sie gibt vielmehr bei besäumten Schnittholz an, wie viel Holz zum rechteckigen Querschnittsmaß fehlt.
- Insektenbefall (Fraßgänge von Larven)
- Pilzbefall (Pilze können harmlose Verfärbungen, die für die Holzfestigkeit keine Rolle spielen, verursachen, andere Pilze aber können das Holz auch zerstören.)

Bang Kirai

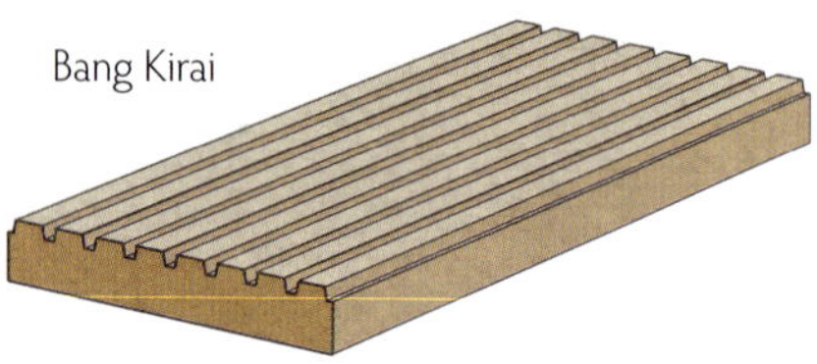

Massaranduba

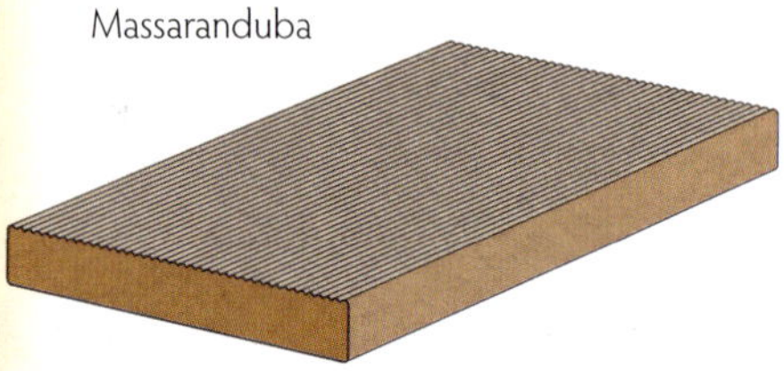

Cumaru

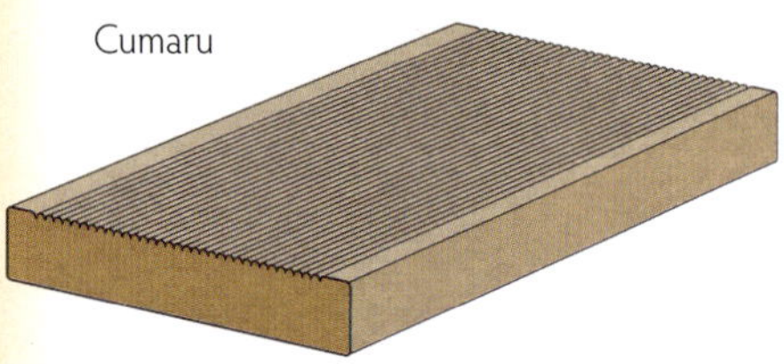

FSC-Waldzertifizierung

Das FSC (Forest Stewardship Council) ist das erste und einzige internationale Zertifizierungssystem für Waldwirtschaft und Holzindustrie. Das geschützte FSC-Warenzeichen ist eine internationale Garantie für eine in Bezug auf Umwelt, Soziales und Ökonomie kontrollierte Waldwirtschaft.

ITTO-Regeln

Die ITTO (International Tropical Timber Organisation) ist eine unabhängige Organisation, die für den Erhalt und Unterhalt der Ressourcen des tropischen Regenwaldes arbeitet. Die 59 Mitglieder repräsentieren ca. 80 Prozent des Regenwaldes der Welt und ca. 90 Prozent des globalen Handels mit tropischem Holz.

Sortierklassen für Bauholz (nach DIN 4075):

Konstruktionshölzer unterscheidet man nach visueller Sortierung in die Klassen S7, S10 und S13, bei maschineller Sortierung stellt man noch ein M davor: MS7, MS10, MS13. Bei Laubhölzern wird zusätzlich noch ein L davor gestellt. Für Kanthölzer setzt man hinter die Klasse ein K, für Latten ein L.
Standard-Bauholz hat meistens die Klasse 10.
Höherwertiger ist das sogenannte Konstruktionsvollholz (KVH). Die Anforderungen dafür, die von einigen Verbänden erarbeitet wurden, gehen über das Bauholz hinaus.

- KVH ist gehobelt und gefast, während Bauholz sägerauh sein kann
- KVH hat eine Feuchte von ≤ 15%, Bauholz dagegen ≤ 20%.
- KVH ist herzgetrennt (d.h. die Markröhre des Stammes ist sichtbar), was der Bildung von Schwindrissen vorbeugt.

Worterklärungen und Bezeichnungen

Gesägtes oder ungehobeltes Holz hat vier gesägte, ungehobelte Seiten.
Auf Maß gehobeltes Holz (wird auch gehobeltes Holz genannt) ist auf eine bestimmte Abmessung gehobelt und ersetzt mehr und mehr das gesägte, ungehobelte Holz.
Angehobeltes Holz ist auf mindestens zwei Seiten gehobelt, oft auf dreien, aber die vierte hat eine gesägte Oberfläche.

	Maße in Millimetern (gehobelt/ungehobelt))
Leiste	von 9/12 x 22/25
	bis zu 40/50 x 40/50
Bretter	von 9/12 x 70/75
	bis zu 34/38 x 200/225
Bohlen	von 34/38 x 145/150
	bis zu 95/100 x 200/225
Kanthölzer	von 34/38 x 70/75 bis zu 45/50 x 120/125
Balken, Sparren	von 70/75 x 70/75
	bis zu 200/225 x 200/225

Gehobeltes Holz ist von allen vier Seiten gehobelt.
Nut- und Federbretter haben in einer Kante eine Nut und zum Zusammenfügen auf der anderen eine Feder. Die Bezeichnungen und Abmessungen unterscheiden sich bei den verschiedenen Sägewerken und Baustoffhändlern.

Richtig mit Holz umgehen

Holz kann man draußen lagern, wenn man es vor Regen und Sonne schützt. Soll es innen verwendet werden, so muss es jedoch im Haus trocken bei niedriger, gleichmäßiger Temperatur gelagert werden. Das Holz wird mit Abstandsleisten gestapelt und zum Beispiel mit Spannbändern fixiert, damit es sich beim Trocknen nicht verziehen kann. Die besten Resultate erzielt man, wenn man mit trockenem Holz baut.

Leimholzträger

Für Balken und Dachsparren mit größerer Spannweite empfehlen sich Leimholzträger. Leimholz ist die Bezeichnung für Balken und Ständer, die aus mehreren Brettern bestehen, die in Faserrichtung der Längsrichtung des Balkens oder Ständers folgend verleimt wurden. Die Sortimente im Bau- und Holzhandel unterscheiden sich teilweise. Holz wird normalerweise in Längen von bis zu 5,4 m auf Lager gehalten. Ständerwerke und andere Holzbauteile, die auf spezielle Längen zugeschnitten wurden, können manchmal durch Keilzinkung verlängert worden sein. Die hier angegebenen Maße sind die laut der Organisation Svenskt Trä („Schwedisches Holz") gebräuchlichsten, aber die Maße können sich von Sägewerk zu Sägewerk unterschieden. Der Bau- und Holzhandel kann auch andere Abmessungen anbieten. Informieren Sie sich deshalb immer bei Ihrem Holzhändler über das aktuelle Sortiment.

Standardabmessungen

Für die meisten Bauvorhaben im Freien ist das Holz Feuchtigkeit oder dem Risiko eines Insektenbefalles ausgesetzt. Deshalb ist dafür druckimprägniertes Holz geeignet. Es gibt einen guten Schutz gegen „Holz zerstörende Organismen" (Fäulnis) und Insekten. Druckimprägniertes Holz hat gegenüber unbehandelten Hölzern eine bis zu 5-fach längere Lebensdauer. Aber benutzen Sie druckimprägniertes Holz nicht unnötig, weil es eine größere Umweltbelastung darstellt.

Gesägtes oder ungehobeltes Holz

Vier ungehobelte Seiten

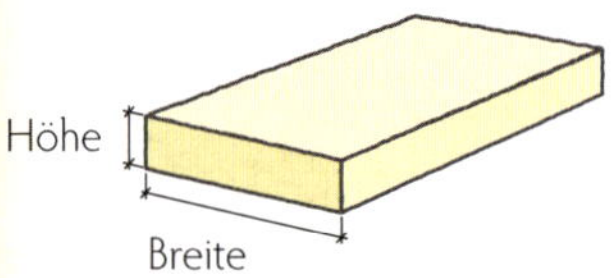

h \ b	25	38	50	75	100	125	150	175	200
12									
19									
25									
38									
50									
75									
100									
125									
150									

Auf Maß gehobeltes Holz

Vier gehobelte Seiten

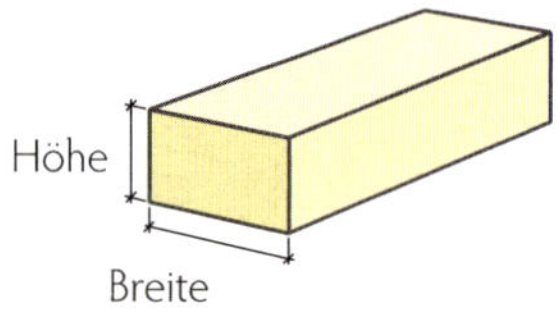

h \ b	45	70	95	120	145	170	195	220
22								
28								
34								
45								
70								
95								

Außenwandpaneele / Fassadenbretter

Bei den Projekten dieses Buches wird ein Produkt verwendet, welches im Holzhandel als Außenwandpaneel oder Fassadenbrett bezeichnet wird. Diese gibt es in Abmessungen, die aus der unten stehenden Tabelle hervorgehen. Die Maße deuten darauf hin, dass es ein gehobeltes Brett sein könnte, aber in diesem Fall sind drei Seiten gehobelt und die vierte, die Vorderseite, feingesägt (Das heißt, diese Oberfläche wurde nach der Trocknung gesägt).

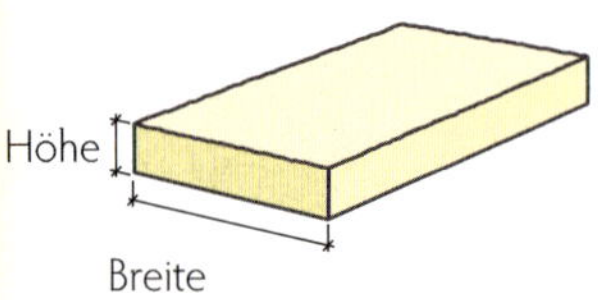

h \ b	45	70	95	120	145	170	195
22							

Gehobeltes Holz

Vier gehobelte Seiten. Gehobeltes Holz hat eine höhere optische Qualität als angehobeltes.

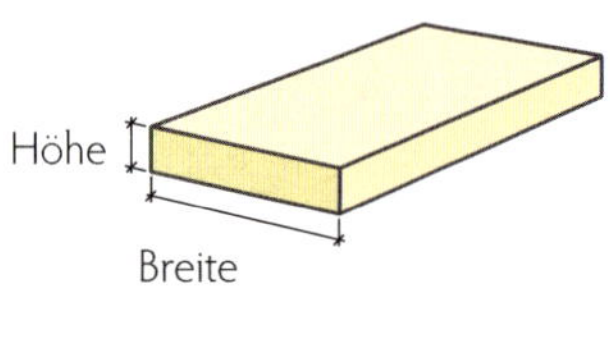

h \ b	22	28	34	45	70	95	120	145	170	195
9										
16										
22										
28										

Angehobeltes Holz

Angehobeltes Holz hat Abmessungen, die zwischen dem ungehobelten und dem gehobelten Holz liegen. Die Maße hängen davon ab, ob zwei oder drei Seiten gehobelt wurden. Informieren Sie sich bei Ihrem Holzhändler. Rauhspund, der oft für Dächer benutzt wird, ist ein Beispiel für angehobeltes Holz und wird in Abmessungen angeboten, die aus der unten stehenden Tabelle hervorgehen.

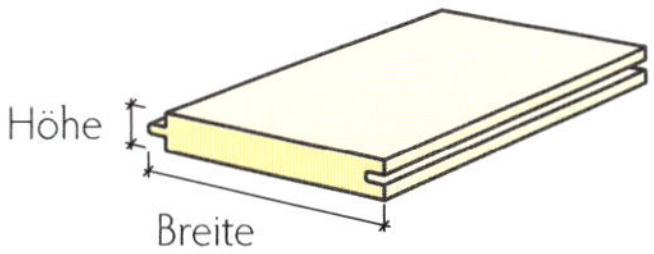

h \ b	95	120	145
17			
20			
23			

Leimholzträger

Leimholzträger werden in Abmessungen von 42 x 90 mm bis hin zu 215 x 1620 mm hergestellt. Die Tabelle unten zeigt die Abmessungen von Leimholzträgern, die es als Lagerware gibt und bevorzugt gewählt werden sollten. Ein so genanntes L-Holz besteht aus mehr als vier Lagen und wird für Balken und Dachkonstruktionen benutzt.
Darüber hinaus werden Leimholzträger mit weniger als vier Lagen hergestellt. Dies wird verleimtes Konstruktionsholz genannt und zum Beispiel für Ständerwerk verwendet. Als Lagerware gibt es zwei Abmessungen: 90 x 90 mm und 115 x 115 mm.

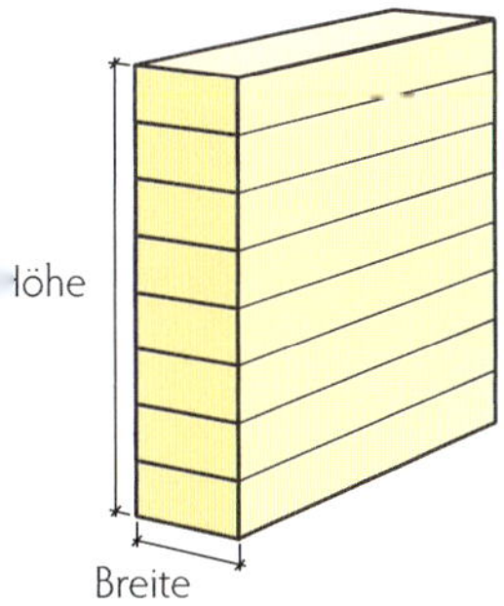

h \ b	42	56	66	90	115
180					
225					
270					
315					
405					
495					
630					

Gehobelte Spundbretter

Vier gehobelte Seiten. Gehobelte Spundbretter gibt es sowohl mit mittig liegender als auch mit versetzter Nut und Feder.

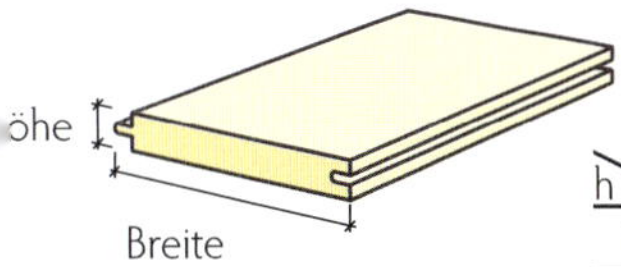

h \ b	70	95	120	145	170
15					
21					
27					
33					

Profilbrett mit Nut und Feder und zwei Fasen

Zwei gehobelte Seiten

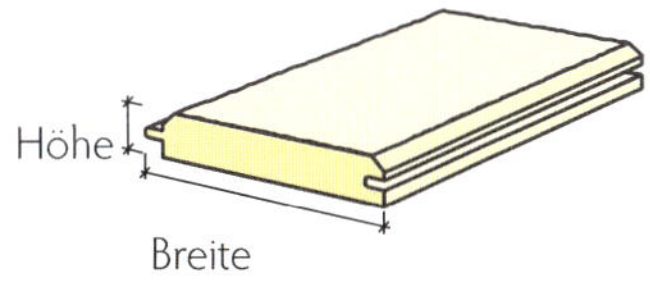

h \ b	95	120	145
22			

Profilbrett mit Nut und Feder, einseitig gefast

Eine gesägte Seite, drei gehobelte.

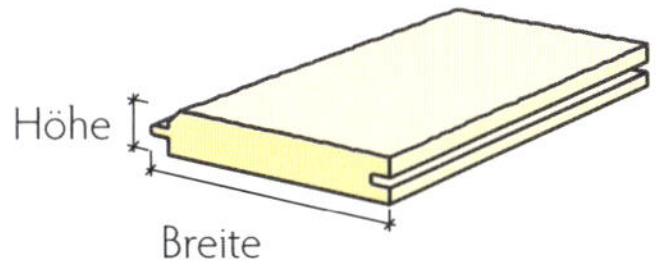

h \ b	95	120	145
22			

Profilbrett, überfälzt mit Schattennut

Eine ungehobelte und drei gehobelte Seiten.

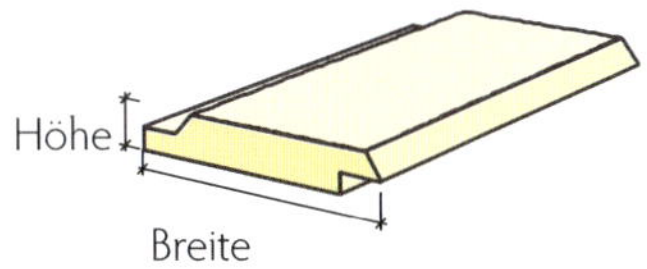

h \ b	120	145
22		

Profilbrett mit Nut und Feder, beidseitig gefast

Eine Seite gesägt und drei Seiten gehobelt

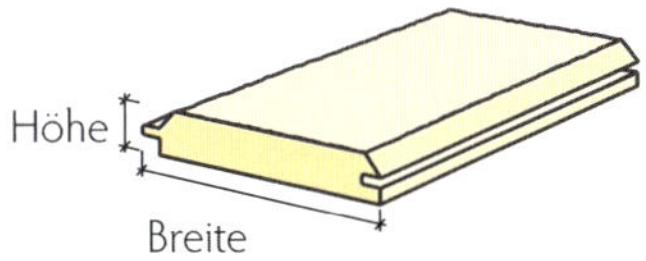

h \ b	95	120	145
22			

Außenwandpaneel mit Nut und Feder

Eine Seite gesägt und drei Seiten gehobelt.

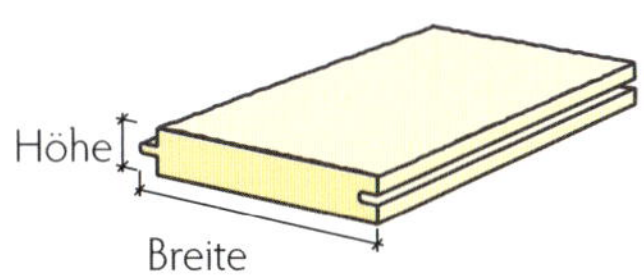

h \ b	120	145
22		

Profilbrett

Vier gehobelte Seiten, zwei oder vier abgerundete Kanten.

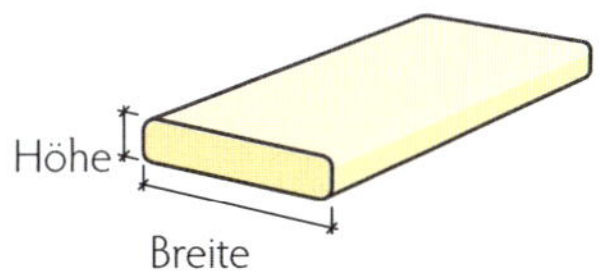

h \ b	70	95	120
22			
28			
34			

Alle Maße in Millimetern.

Druckimprägniertes Holz

Verschiedene Arten der Druckimprägnierung

Wasserlösliche Mittel (Imprägnierungsmittel auf der Basis von Salzen) sind die gebräuchlichsten, und man kann sie an der grünen Farbe erkennen. Das Holz wird mit einem wasserlöslichen Mittel behandelt, welches unter anderem Kupferverbindungen enthält. Die Eigenschaften des Holzes werden durch diese Behandlung nicht verändert, sondern das Holz verhält sich wie unbehandeltes.

In Öl lösliche Mittel nur für Tischlerarbeiten benutzt, die in diesem Buch nicht behandelt werden.

Kreosotöl (in Deutschland unter dem Handelsnamen Carbolineum bekannt; seit 2003 sind diese und ähnliche Produkte bei uns verboten, bzw. nur noch eingeschränkt zugelassen.) wird aus Steinkohle hergestellt und wird nur für Pfosten, Bahnschwellen und Holz, welches viel Nässe ausgesetzt ist, benutzt. So behandeltes Holz darf nicht in Gärten verwendet werden.

Oberflächenbehandlung

Holz welches mit wasserlöslichen Mitteln druckimprägniert wurde, kann genauso oberflächenbehandelt werden wie nicht imprägniertes Holz. Die Oberfläche braucht allerdings nur aus eher ästhetischen Gründen behandelt zu werden. Um zum Beispiel Risse in einem Terrassenboden oder in unlackierten Gartenmöbeln sowie anderen Konstruktionen im Freien zu vermeiden, muss man das Holz von Zeit zu Zeit mit Holzöl behandeln.
Ohne Zugabe einer Farbpaste wird das Holz durch die Oxidation und Fixierung der Holzschutzmittel leicht grünlich. Imprägniertes Holz kann jederzeit mit wässerigen Lasuren nachbehandelt werden; dem gewünschten Farbton entsprechend.
Lesen Sie mehr unter „Oberflächenbehandlung von Holz“ auf Seite 134.

Ein gut geöltes, druckimprägniertes Holzdeck weist Wasser effektiv ab und bleibt viele Jahre lang schön.

ISBN 978-3-86630-9

Holzplatten

Holzplatten waren über viele Jahre ein wichtiger Bestandteil aller Bauvorhaben. Sie haben sich im Lauf der Jahre weiterentwickelt. Heute werden meistens Gipskartonplatten, MDF-Platten und Sperrholz verwendet. Die gebräuchlichsten Platten für den Gebrauch im Freien sind folgende:

Sperrholz

Sperrholz besteht aus kreuzweise verleimten Furnierplatten, wobei eine neue Lage jeweils quer zur vorhergehenden verleimt wird. Meistens wird für diese Platten Fichte oder Kiefer verwendet. Sperrholz ist ein geschmeidiges aber trotzdem starkes Material, das man biegen kann. Sperrholzplatten für den Außengebrauch enthalten einen besonderen Leim. Die zwei Sorten, die zurzeit für den Außenbereich im Handel sind, sind Konstruktionssperrholz und Formsperrholz.

Konstruktionssperrholz wird für tragende Konstruktionen benutzt und hat die Festigkeitsklasse P30. Die Platten können in jeder Umgebung unabhängig von der Feuchtigkeit eingesetzt werden. Sie werden aus Fichte oder Kiefer hergestellt.

Stärken: 9-27 mm
Größe: 1200 x 2400 mm

Formsperrholz wird zur Herstellung von Gussformen verwendet und ist so behandelt, dass es Wasser verträgt. Deshalb kann es auch für einige Tischlerarbeiten im Außenbereich geeignet sein. Es hat eine braunere Farbe als anderes Sperrholz, und die Platte hat eine wasserabweisende Beschichtung. Die Kanten sind versiegelt. Schneidet man die Platte, muss also die Schnittkante neu versiegelt werden. Das Außenfurnier besteht normalerweise aus Birke, während man für die dazwischen liegenden Furnierschichten oftmals Nadelholz nimmt.

Stärken: 12, 15, 18 und 21 mm
Größe: 600 x 2500 mm (für 12 oder 15 mm), 1200 x 1200 mm (12 mm) und 1200 x 2500 mm (alle Stärken)

OSB-Platten

OSB-Platten (Oriented Strand Board, Grobspanplatten) sind eine neue Sperrholzvariante, die eigentlich ein Zwischending zwischen Sperrholz und Spanplatte ist. Diese Platten sind sehr robust und bestehen aus Spänen, die miteinander verleimt wurden. Wenn sie mit einer schützenden Oberfläche versehen sind, kann man sie auch für Konstruktionen im Außenbereich benutzen. Diese Platten sind jedoch eine recht teure Wahl.

Stärken: abhängig vom Hersteller, üblich sind 12 mm
Größe: abhängig vom Hersteller, üblich sind 1200 x 2500 mm

MDF-Platten

MDF-Platten (Medium Density Fiberboard, dt. auch: mitteldichte Holzfaserplatten) sind Platten aus feinen Holzspänen, die miteinander mit Leim zu einem Kuchen verbacken wurden, hergestellt werden. Die kleinen Späne ergeben eine härtere Platte mit feinerer Oberfläche als zum Beispiel bei einer Spanplatte, aber sie sind auch schwerer. Die Platte ist sehr formbeständig und leicht zu bearbeiten. Die gebräuchlichste MDF-Platte wird vor allem im Innenbereich verwendet. Aber inzwischen gibt es auch MDF-Platten mit hoher Feuchtigkeitsresistenz, sodass sie auch für Konstruktionen im Außenbereich eingesetzt werden können.

Von unten nach oben:
Konstruktionssperrholz
Formsperrholz
OSB-Platte
MDF-Platte

Stärken: 4-18 mm
Größen: von 9 mm Stärke aufwärts werden die Platten in einer Größe von 1220 x 2440 mm hergestellt.

Die richtigen Holzabmessungen

Für eine Holzkonstruktion die richtigen Abmessungen zu wählen ist nichts, woran man sich als Anfänger wagen sollte. Deshalb zeigen wir für die Projekte in diesem Buch fertige Lösungen mit passenden Abmessungen. Diese Projekte richten sich in ihren Abmessungen nach den Bauvorschriften des schwedischen Zentralamtes für Wohnungswesen, Bauwesen und Raumplanung. Wenn Sie andere Lösungen als die gezeigten wählen, sollten Sie einen Bauingenieur oder Zimmermann fragen, der Ihnen helfen kann, zukünftige Probleme zu vermeiden. In manchen Fällen fordert auch die kommunale Baubehörde, dass eine Konstruktion nach den gültigen Vorschriften berechnet wurde.
Um den Zusammenhang zu verstehen, kann es von Vorteil sein, einige Grundregeln zu kennen:

1. Ein hochkant stehendes Kantholz ist einem quadratischen vorzuziehen. Warum?
Die Biegespannung, das heißt wie sehr sich das Holz bei Belastung durchbiegt, steigt um das Achtfache, wenn sich die Höhe verdoppelt. Wenn die Breite verdoppelt wird, steigt auch die Biegespannung nur um das Doppelte. Die Biegefestigkeit, das heißt wie viel das Kantholz aushält, steigt um das Vierfache, wenn die Höhe sich verdoppelt, aber nur um das Doppelte, wenn die Breite verdoppelt wird.

2. Ein hochkant stehendes Kantholz ist einem liegenden vorzuziehen. Warum?
Wenn wir voraussetzen, dass die Kanthölzer der gleichen Belastung ausgesetzt sind, hat ein hochkant stehendes Kantholz eine über 200 Prozent bessere Biegespannung als ein flach liegendes. Wenn es um die Biegefestigkeit geht, hat das aufrecht stehende Kantholz einen um 50 Prozent besseren Biegewiderstand als das liegende.

3. Es ist besser, Kanthölzer hochkant mit etwas geringerem Mittenabstand zu wählen, als quadratische mit größerem Mittenabstand. Warum?
Das Eigengewicht des Holzes steigt bei quadratischem Querschnitt, ohne dass der Biegewiderstand nennenswert ansteigt. Deshalb ist es besser, einen kleineren Abstand zwischen den Kanthölzern zu wählen, wenn man darauf zum Beispiel Terrassenbohlen verlegen möchte. Sonst biegen sich die Terrassenbohlen stärker durch.

4. Machen Sie beim Verlegen der Terrassenbohlen keine Stöße auf jeden Träger. Warum?
Die Bohlen biegen sich viel stärker nach unten durch, als wenn man die Bohlen über mehrere Träger verlegt. Deshalb ist es ebenfalls besser, einen kleineren Mittenabstand zwischen den Balken, wie in Punkt 3 oben erwähnt, zu wählen.

5. Lassen Sie nicht zwei nebeneinander liegende Terrassenbohlen auf dem gleichen Träger aneinanderstoßen. Warum?
Die Durchbiegung nach unten wird größer, wenn Stöße aneinander liegen. Das bedeutet, dass zwischen zwei Stößen auf dem gleichen Träger mindestens zwei Bohlen liegen sollten.
Wenn Sie für Ihre Terrasse oder Ihren Carport andere Abmessungen wählen, als wir in unseren Projekten angeben, können Sie vielleicht in dem Ratgeber „Lathunden", der von der schwedischen Holzindustrie herausgegeben wird, Hilfe bei der Wahl der richtigen Abmessungen finden. Darin gibt es Tabellen unter anderem für Terrassen und Überdächer und viele andere Informationen über Holzprodukte. „Lathunden" können Sie auf der Internetseite der Holzindustrie bestellen: www.skogsindustrierna.org

1.

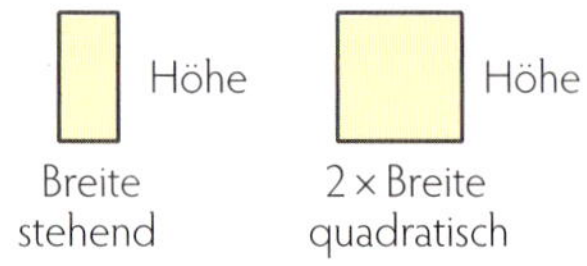

2.

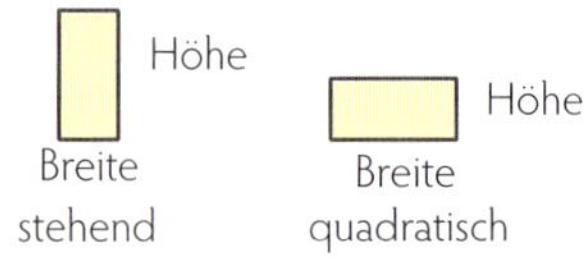

3.

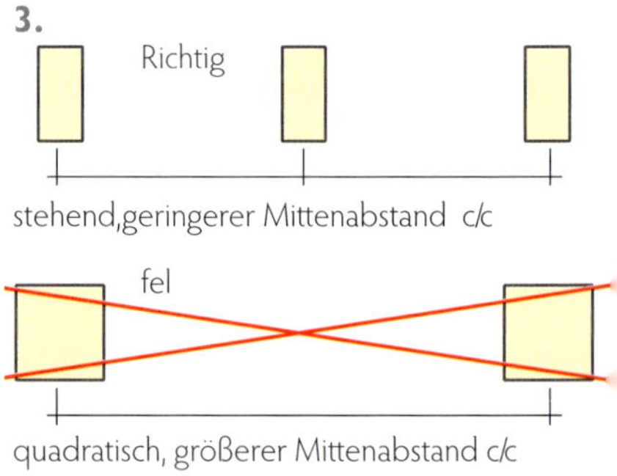

4.

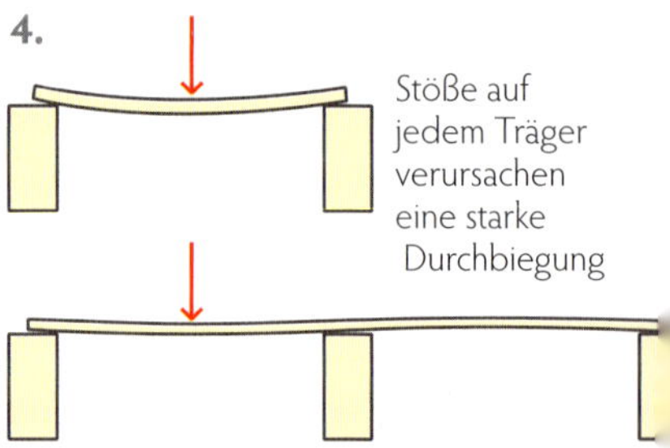

Stöße auf jedem zweiten oder jedem dritten Träger verursachen geringere Durchbiegung

5.

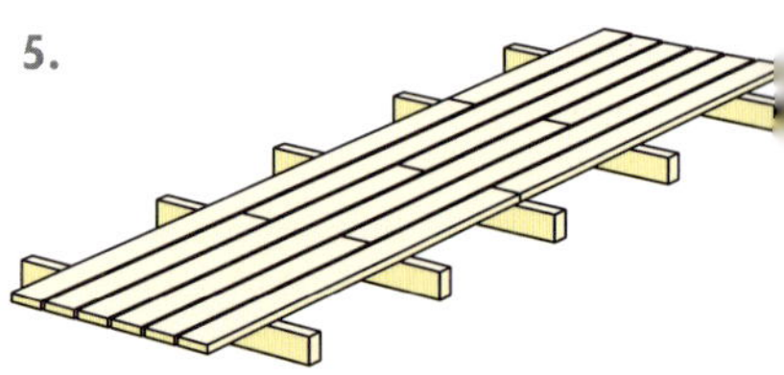

Zusammenfügen von Holzbauteilen

Wann immer Sie tischlern, müssen Sie verschiedene Holzteile zusammenfügen. Es gibt unterschiedliche Möglichkeiten, das zu tun. Nageln, schrauben, mit Bolzenschrauben verbinden, oder mit Beschlägen verbinden, die vernagelt oder verschraubt werden können. Manchmal muss man die Verbindung mit Leim vervollkommnen. Für Konstruktionen im Außenbereich ist es wichtig, die richtige Sorte Leim zu benutzen.

Vernageln

Das ist die einfachste Verbindungsmethode, und sie wird schon seit langer Zeit angewandt. Um eine haltbarere Verbindung zu erzielen, kombiniert man oft Nägel und Leim.

- Wählen Sie einen Nagel, der ungefähr zweieinhalbmal länger ist als das Teil, das man vernageln will, wenn Sie Holz mit Holz verbinden.
- Vernageln Sie nicht zu nah am Ende des Holzes oder an der Kante, sonst kann sich das Holz spalten.
- Wenn Sie spachteln oder die Oberfläche streichen wollen, zum Beispiel bei einer Leiste, wählen Sie einen Senkkopfnagel mit gestauchtem Kopf und quadratischem Querschnitt. Auch bei einer verdeckten Vernagelung, zum Beispiel wenn Sie ein Paneel befestigen, indem Sie durch die Feder nageln, wählen Sie Senkkopfnägel mit gestauchtem Kopf und quadratischem Querschnitt.
- Im Außenbereich sollten Sie verzinkte oder rostfreie Nägel verwenden.

Es gibt viele verschiedene Nagelsorten, hier zeigen wir Beispiele der gebräuchlichsten.

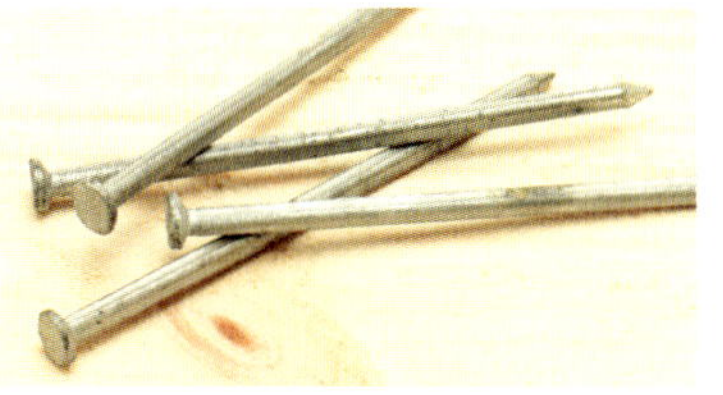

Drahtnagel. Geriffelter Schaft und flacher Kopf. Sie werden beim Bau und in der Tischlerei dazu benutzt, Kanthölzer, Dachsparren und vieles mehr miteinander zu verbinden..

Senkkopfnagel mit gestauchtem Kopf und quadratischem Querschnitt. Geriffelter Schaft und gestauchter Kopf. Wird für verdecktes Vernageln benutzt. Der Kopf lässt sich versenken, wenn man die Oberfläche später spachteln und streichen möchte.

Pappnagel. Runder, geriffelter Schaft und flacher, Hohlkopf. Wird zum Vernageln von Gipskartonplatten auf Holzständern benutzt.

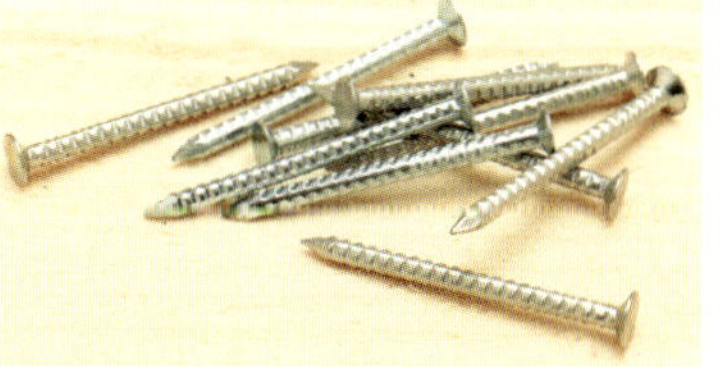

Rigipsnagel. Runt, hugget skaft och flat, försänkt huvud. Används vid spikning av gipsskivor mot träreglar.

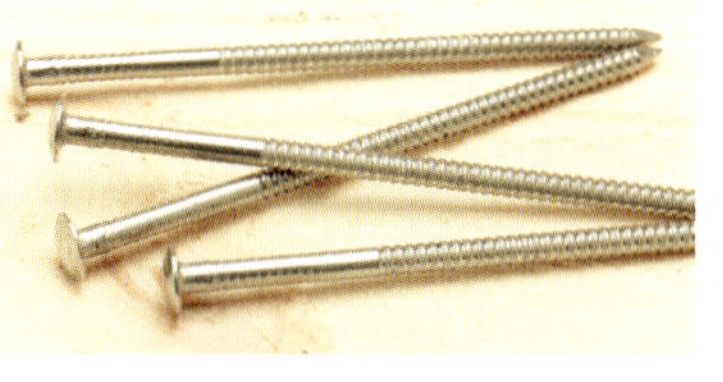

Kammnagel. Runder, gekämmter Schaft und flacher oder leicht gerundeter Kopf. Wird da benutzt, wo ein höherer Anspruch an die Zugfestigkeit gestellt wird.

Haubenstift. Runder, gekämmter Schaft und leicht gerundeter Kopf. Wird verwendet, wenn Blech auf Holz genagelt wird. Ist manchmal mit einem Dichtungsring versehen.

Ankernagel. Runder, gekämmter Schaft und flacher Hohlkopf. Wird zur Befestigung von Baubeschlägen verwendet.

sson, Ohlsson: Mit Holz arbeiten im Garten

978-3-86630-942-5

Schrauben

Die Verbindung mit Schrauben wird immer üblicher. Die Entwicklung von Schrauben für verschiedene Anwendungsbereiche schreitet schnell voran. Mehr und mehr Spezialschrauben bewirken, dass sie immer häufiger eingesetzt werden. Die Preise für Elektrogeräte sind gesunken, und heute besitzt jeder einen Akkuschrauber.
Wählen Sie eine Schraubenlänge, die das zweifache von dem beträgt, was Sie verschrauben wollen.

Das Aussehen der Schrauben variiert je nach Anwendungszweck und Hersteller. Hier folgen einige allgemeine Ratschläge und eine Auswahl. Sprechen Sie mit Ihrem Baustoff- oder Holzhändler. So erhalten Sie Hilfe bei der richtigen Wahl der Schrauben und ihrer Anwendungsmöglichkeiten.

Oberflächenbehandlung

Die gebräuchlichsten Schrauben für den Außenbereich sind galvanisch verzinkt, oberflächenbehandelt oder rostfrei.

Schraubenköpfe

Auf dem obersten Bild unten wird eine Anzahl gebräuchlicher Holzschraubenköpfe gezeigt (1-5). Die häufigsten Kopfformen sind:

- Flacher, versenkbarer Kopf, der die versenkte Montage in Holz, Spanplatten, Sperrholz und Holzfaserplatten erlaubt. Dafür braucht man einen Krauskopf.
- Ein Rundkopf ergibt eine sichtbare Verschraubung.
- Eine Linsenkopfschraube ergibt eine sichtbare und teilweise versenkte Verschraubung.
- Schnellbauschrauben mit Trompetenkopf werden für Gipskartonplatten verwendet.
- Flacher, versenkbarer Kopf mit Fräsrippen an der Unterseite. Die Rippen fräsen in eine ebene Oberfläche eine Vertiefung, ohne dass man zum Versenken einen Krauskopf benutzen muss.

Die Entwicklung von Akkuschraubern mit Bits hat auch zu einer Weiterentwicklung der Schraubenköpfe geführt, sodass es heute für spezielle Arbeitszwecke besondere Köpfe gibt. Es gibt darüber hinaus eine Anzahl Schraubköpfe für verschiedene Spezialschrauben.

Ansätze für Drehwerkzeuge

Es gibt bei Schrauben viele unterschiedliche Ansätze für Drehwerkzeuge, beachten Sie die Bilder rechts unten (11-15). Benutzen Sie immer die richtigen Bits für die verwendeten Schrauben. Dies gilt sowohl für den Schraubentyp als auch für die Größe. Ansonsten wird der Schraubenkopf schnell beschädigt. Die Schlitzschraube eignet sich kaum für Bits und Akkuschrauber.
Robertson- oder Inbusköpfe kommen auch bei einigen Produkten vor.

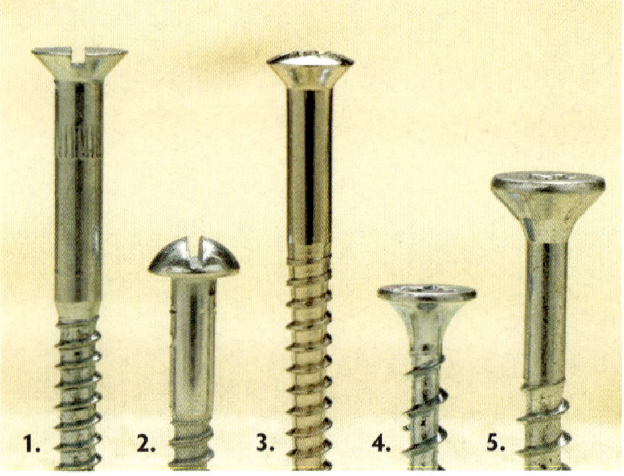

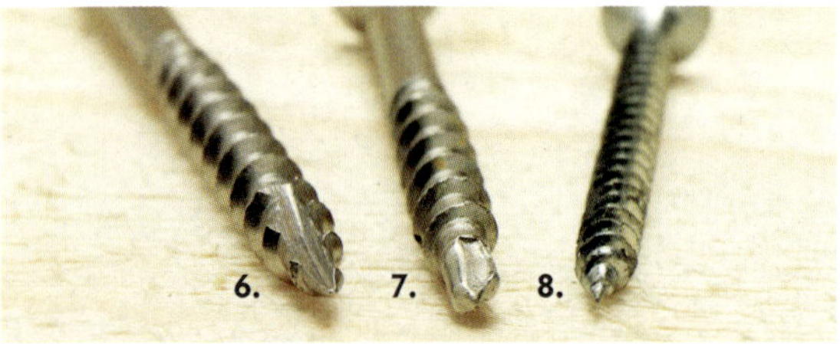

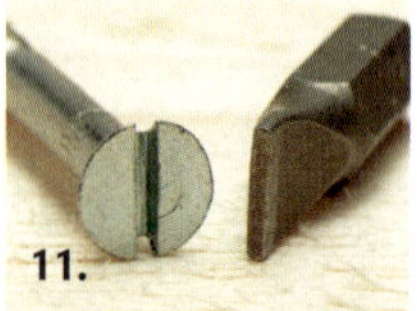

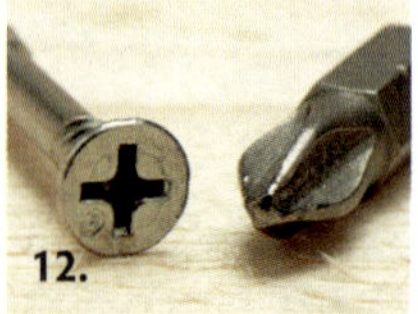

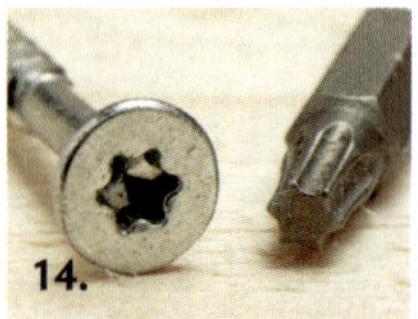

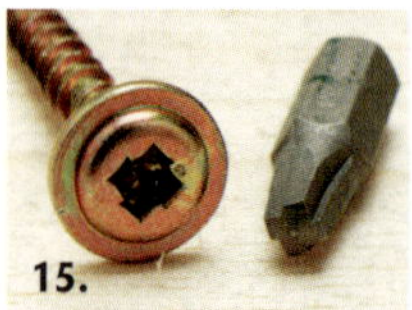

1. Flacher, versenkbarer Kopf
2. Rundkopf
3. Linsenkopf
4. Trompetenkopf
5. Flacher, versenkbarer Kopf mit Fräsrippen
6. Schraube mit Frässpitze
7. Schraube mit Bohrspitze
8. Schraube mit Gewindespitze
9. Schraube mit oben gegenläufigem Gewinde
10. Schraube mit Fräsgewinde
11. Schlitzkopfschraube
12. Phillips Kreuzkopf (Ph)
13. Pozidrive Kreuzkopf (Pz)
14. Torxkopf (T)
15. Loxkopf

Verschiedene Spitzen

Auf dem mittleren Bild links auf der vorhergehenden Seite werden drei Schraubspitzenvarianten gezeigt (6-8):

- Spitzen mit Schraubgewinde sind am gebräuchlichsten.
- Bohrspitzen bewirken, dass die Schraube sich selbst ohne Vorbohrung in das Material eindreht.
- Frässpitzen verringern das Risiko, dass das Holz sich spaltet, ohne dass man vorbohren muss.

Sprechen Sie mit Ihrem Baustoff- oder Holzhändler, um zu erfahren, was er in Ihrem Fall empfiehlt.

Gewinde

Für Holz werden grobe Gewinde mit starker Steigung benutzt. Die Schraube lässt sich schnell in das Holz eindrehen. Flache Gewinde mit kleiner Steigung werden für harte tropische Holzarten benutzt.
High-Low-Gewinde sind für Gipskartonplatten geeignet.
Es gibt auch andere Gewindeformen, die für Verschraubungen in Beton, Ziegel, Gasbeton und vielem mehr geeignet sind.
Schrauben mit gegenläufigem Gewinde (9) sind mit einem Linksgewinde am oberen Ende versehen. So wird das Arbeitsstück leichter angezogen.
Schrauben mit Fräsgewinde (10), fräsen die Spuren weg, die sich im Holz bilden, wenn die Schraube ein Stück weit eingedreht wird. Das verringert den Widerstand, und der glatte, obere Teil der Schraube gleitet leichter in das Loch, wenn man die Bauteile zusammenzieht.

Bolzenschrauben

Eine andere Methode Holz zusammenzufügen, ist die Verschraubung mit so genannten Bolzen. Es gibt einige verschiedene Arten von Bolzen, die im Bau und in der Tischlerei verwendet werden. Im Außenbereich benutzt man immer feuerverzinkte Bolzen. Es folgen einige Beispiele:

Sechskantbolzen

Dies sind gewöhnliche Bolzen, die es mit Teil- oder Vollgewinde gibt. Die üblichsten Größen sind M6, M8, M10 und M12. Es gibt verschiedene Längen ab 35 mm aufwärts. Sechskantbolzen werden benutzt, wenn durchgehende Bolzen gemeinsam mit runden oder quadratischen Unterlegscheiben und Muttern die beste Alternative bilden.

Nicht vergessen

- Benutzen Sie Unterlegscheiben, damit Bolzen und Mutter nicht direkt am Holz anliegen.
- Wenn Sie einen Bolzen mit Teilgewinde benutzen, achten Sie darauf, dass der Teil ohne Gewinde die Konstruktion nicht überragt.

Schlossschraube

Schlossschrauben werden wie ein durchgängiger Bolzen benutzt. Sie haben einen Rundkopf, der die Holzoberfläche nicht sehr weit überragt. Der Vierkant am Schraubenkopf bewirkt, dass der Bolzen sich nicht dreht, wenn die Mutter angezogen wird. Die gebräuchlichsten Größen sind M6, M8, M10 und M12. Schlossschrauben gibt es in unterschiedlichen Längen von 30 mm an aufwärts. Vergessen Sie nicht, auch am Kopf eine Unterlegscheibe zu benutzen, damit der Bolzen sich nicht in das Holz hineinzieht.

Sechskantschraube mit Holzgewinde

Diese Schraube ist eine Mischung aus Schraube und Bolzen. Sie wird da benutzt, wo man durchgehende Bolzen nicht gebrauchen kann, aber eine kräftige Schraubverbindung benötigt. Die gebräuchlichsten Größen sind 6, 8, 10 und 12 mm in verschiedenen Längen von 25 mm an aufwärts. Vergessen Sie das Vorbohren nicht, sonst laufen Sie Gefahr, dass das Holz sich spaltet. Benutzen Sie Unterlegscheiben, sodass Sie die Schraube kräftig anziehen können, ohne dass der Kopf in das Holz eindringt.

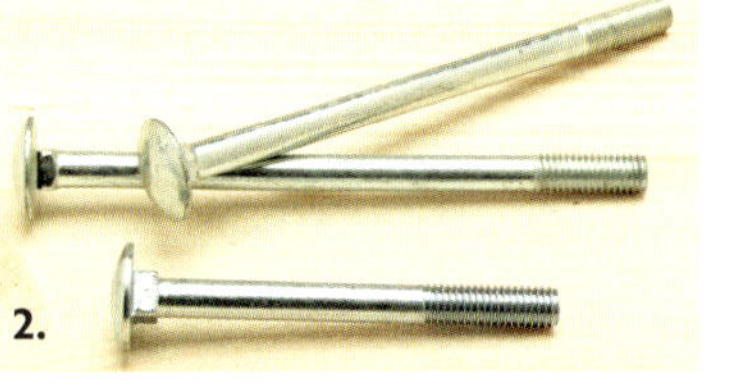

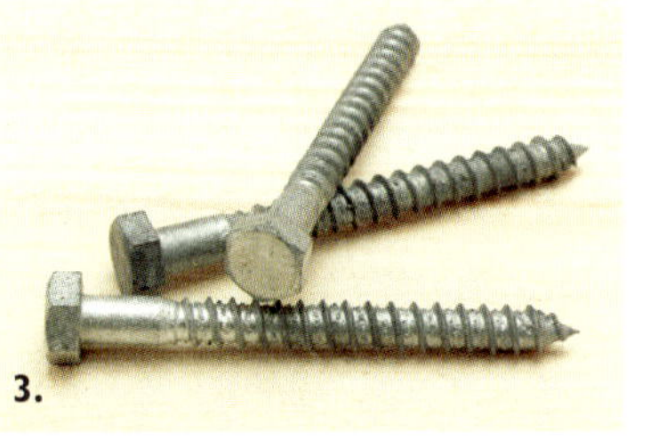

1. Sechskantbolzen
2. Schlossschrauben
3. Sechskantschrauben mit Holzgewinde
4. Muttern und Unterlegscheiben

Muttern und Unterlegscheiben

Muttern gibt es in verschiedenen Varianten und in allen Größen. Unterlegscheiben werden sowohl in runder als auch in quadratischer Form in vielen verschiedenen Größen hergestellt.

Baubeschläge

Baubeschläge können für fast alle Holzverbindungen verwendet werden. Sie werden aus feuerverzinktem Stahlblech hergestellt und sind in vielen Varianten und Größen erhältlich. Die Beschläge haben ein oder mehrere Löcher, damit sie mit Schrauben oder Nägeln befestigt werden können. Normalerweise verwendet man Kammnägel oder Schrauben.

Baubeschläge führen oft zum besten und ökonomischsten Ergebnis, da nur wenige Schrauben oder Nägel verwendet werden müssen. Wie viele Nägel oder Schrauben man für jeden Beschlag braucht, ist von Fall zu Fall unterschiedlich, aber drei Nägel oder Schrauben pro Verbund kann man sich als Faustregel merken. Es sollte also nicht in jedem Loch ein Nagel oder eine Schraube sitzen, weil sonst das Risiko steigt, dass das Holz gespalten wird. Denken Sie auch daran, dass die Schrauben oder Nägel nicht zu nah am Ende des Holzes sitzen sollten.

Dies sind die gebräuchlichsten Baubeschläge:

Lochplatten-Verbinder (1)

Wird als Laschenverbindung zum Zusammenfügen von Holz, zum Beispiel bei Dachstühlen, benutzt.

Balkenschuh (2)

Wird zum Verbinden von Balken auf gleicher Ebene benutzt.

Winkelbeschlag (3)

Wird für einen Verbund von sich kreuzenden bzw. quer verlaufenden Balken, bei Dachfirsten oder zur Verbindung von Querbalken und Ständerwerk benutzt. Es gibt sie mit oder ohne Verstärkung.

1.

2.

3.

4.

1. Lochplatten-Verbinder
2. Balkenschuh
3. Winkelbeschlag
4. Sparrenhalter
5. Universalbeschlag
6. Gabelanker

5.

6.

Sparrenhalter (4)

Wird beispielsweise zur Verbindung von Dachstühlen auf den Fußpfetten benutzt.

Universalbeschlag (5)

Wird für Kreuzverbindungen benutzt, zum Beispiel zur Verankerung von Dachgiebeln auf der Fußpfette bei geringer Neigung.

Gabelanker (6)

Wird zur Befestigung von Dachstühlen oder Sparren auf der darunter liegenden Holzkonstruktion benutzt.

Leim

Der gebräuchlichste Holzleim ist ein **Ein-Komponenten-Leim, der auf PVAc** (Polyvinylacetat) basiert. Der Leim ist wasserlöslich und darf bei der Anwendung nicht verdünnt werden. Es gibt Leime für unterschiedliche Anwendungsgebiete:

Holzleim für den Innengebrauch: Nur zur Verwendung in geschlossenen Räumen. Kann bei Temperaturen zwischen +18 und +20 °C benutzt werden.

Holzleim für den Winter: Nur für den Gebrauch in geschlossenen Räumen. Kann bei Temperaturen bis zu -10 °C verwendet werden.

Holzleim für den Außengebrauch: Wird dann benutzt, wenn ein wasserfester Leim erforderlich ist, zum Beispiel für Draußen. Ist geeignet für Temperaturen von +18 bis +20 °C.

Es gibt außerdem **Zwei-Komponenten-Leim, der auf PVAc basiert.** Dieser Leim kann dort angewendet werden, wo an Feuchtigkeits- und Wasserbeständigkeit hohe Anforderungen gestellt werden. Der Leim besteht aus einem Grundstoff und einem Härter. Er kann bei einer Temperatur von +18 °C oder höher verwendet werden.

Es gibt auch einige andere Spezialklebstoffe, die unter anderem als Bindemittel Polyurethan enthalten. Wenn Sie ein besonderes Material verleimen müssen, fragen Sie bei Ihrem Baustoff- oder Farbenhandel nach.

Arbeitsschritte (gelten für Holzleim für den Innen- und Außengebrauch)

1. Ihre Werkstücke sollten sauber sein und gut aneinander passen. Die Stücke sollten eine Temperatur von ungefähr +18 °C und einen maximalen Feuchtigkeitsgehalt zwischen 8 und 12 Prozent haben..
2. Bringen Sie eine gleichmäßige Schicht Leim auf eine oder beide Oberflächen auf. Wenn Sie den Leim auf beide Oberflächen aufbringen, erhalten Sie eine stärkere Verbindung.åda delarna inom 5 minuter medan limmet fortfarande är vått.
3. Fügen Sie beide Stücke innerhalb von 5 Minuten zusammen, solange der Leim noch feucht ist.
4. Drücken Sie die Werkstücke aneinander und drücken Sie die Leimverbindung für 5 bis 15 Minuten zusammen, bis Sie eine starke Leimverbindung erhalten. Die Andruckzeit hängt von einer Reihe verschiedener Faktoren ab und variiert deshalb. Wenn Sie aber die Leimverbindung mit Schrauben oder Nägeln kombinieren, müssen Sie sich darüber nicht so viele Gedanken machen.

Oberflächenbehandlung von Holz

Im Außenbereich muss Holz immer eine Oberflächenbehandlung erhalten, einerseits weil das Holz gegen Austrocknung und Feuchtigkeitsaufnahme geschützt werden muss, andererseits weil man möchte, dass das Holz schön aussieht. Wenn man die Oberfläche nicht behandelt, wird es hässlich und außerdem riskiert man, dass das Holz reißt und von Fäulnis angegriffen wird. Unbehandeltes Holz bekommt mit der Zeit einen gräulichen Farbton und es ist nicht ratsam, eine solche Oberfläche mit deckender Farbe zu streichen. Stellen Sie daher sicher, dass Sie das Holz so schnell wie möglich behandeln, wenn Sie einen deckenden Anstrich aufbringen wollen. Wenn Sie mit Schlämmfarbe streichen wollen, ist es allerdings von Vorteil, wenn das Holz eine Zeit lang Wind und Wetter ausgesetzt war.

Feuchtigkeitsgehalt

Kontrollieren Sie, wie viel Prozent an Feuchtigkeit das Holz enthält, wenn Sie es streichen wollen. Der Feuchtigkeitsgehalt darf 16 Prozent nicht übersteigen, weil sonst das Risiko besteht, dass sich Blasen in der Farboberfläche bilden. Er kann mit einem Feuchtemesser kontrolliert werden. Wenn der Feuchtigkeitsgehalt zu hoch ist, warten Sie eine Zeit ab und kontrollieren Sie erneut, wenn das Holz etwas trockener ist.

Jahreszeit und Wetter

Anstriche im Außenbereich müssen bei warmem und trockenem Wetter ausgeführt werden, streichen Sie aber nicht bei starkem Sonnenschein an. Die passende Temperatur hängt von der Farbsorte ab. Leinölfarbe trocknet langsam, wenn die Temperatur 18 °C unterschreitet. Farben auf Wasserbasis sollten nicht benutzt werden, wenn die Temperatur unter 7° C liegt.

Druckimprägniertes Holz

Druckimprägniertes Holz mit wasserlöslicher Imprägnierung wird auf die gleiche Weise wie nicht imprägniertes Holz behandelt. Es benötigt jedoch die Oberflächenbehandlung nur aus ästhetischen Gründen. Um Risse, zum Beispiel in einem Terrassenboden, Gartenmöbeln und anderen Konstruktionen, mit denen man in direkten Kontakt kommt, zu vermeiden, muss man diese mit Holzöl behandeln. Vergessen Sie nicht, die Behandlung in gleichmäßigen Abständen zu wiederholen. Druckimprägniertes Holz, welches geölt wurde, wird bei jeder Behandlung dunkler.
Holz mit anderen Imprägnierungen ist für eine Oberflächenbehandlung ungeeignet oder erfordert ein spezielles Vorgehen. Fragen Sie in diesem Fall Ihren Händler.

Farbsysteme

Es gibt eine Vielzahl verschiedener so genannter Farbsysteme, die zur Oberflächenbehandlung von Holz benutzt werden können. Besonders die deckenden Farben erfordern, dass die Arbeit mit den vom Hersteller empfohlenen Produkten und Arbeitstechniken ausgeführt wird.

Pflege

Im Allgemeinen brauchen deckende Anstriche ungefähr alle zehn Jahre einen Wiederholungsanstrich. Lasuren benötigen kürzere Intervalle. Schlämmfarben halten viele Jahre ohne Wiederholungsanstrich.

Wiederholungsanstrich

Für einen Wiederholungsanstrich beginnt man mit dem Abwaschen des Holzes mit einem Ablauger. Wenn sich Algen auf der Farboberfläche gebildet haben, benutzt man Algen- oder Schimmelspray. Spülen sie hinterher gründlich ab und lassen Sie die Oberfläche gut trocknen. Wenn Sie einen deckenden Anstrich hat, kratzen Sie, bevor Sie streichen, lose Farbe ab. Wenn Sie die reine Holzoberfläche hervorholen, müssen Sie diese wie bei einem Neuanstrich behandeln. Andernfalls reicht meistens ein Anstrich mit dem gleichen Farbtyp, der vorher für das Holz benutzt wurde. Mischen Sie nicht verschiedene Farbtypen, sondern halten Sie sich an das Farbsystem, das Sie vorher benutzt haben. Wenn Sie ein anderes benutzen wollen, müssen Sie Ihren Farbhändler um Rat bitten.

Schlämmfarbe

Schlämmfarbe, zum Beispiel das Faluner Rot, besteht aus Weizen- oder Roggenmehl mit gekochtem Leinöl als Bindemittel. Schlämmfarbe darf nicht auf gehobeltem Holz oder auf Holz, das zuvor mit einer anderen Farbsorte behandelt wurde, verwendet werden. Die Farbe lässt Feuchtigkeit hindurch, hat aber in den ersten Jahren einen gewissen wasserabweisenden Effekt. Das Holz kann durch die Schlämmfarbe „atmen".

Geeignete Anwendungsbereiche: Fassaden, Zäune oder Plankenwände
Neuanstrich: Streichen Sie zwei Mal mit Schlämmfarbe.

Leinölfarbe

Leinölfarbe ist eine Farbe, die Leinöl als Bindemittel enthält. Sie enthält auch Pigmente und ein paar andere Chemikalien. Nach dem Anstrich glänzt die Oberfläche in den ersten Jahren, aber sie wird mit der Zeit matter. Das erleichtert Wiederholungsanstriche.

Geeignete Anwendungsbereiche: Fassaden, Zäune, Plankenwände, Pforten und Geländer.

Neuanstrich: Streichen Sie mit Leinölfarbe, die, damit sie besser eindringt, mit 0,2 Liter Terpentinersatz pro Liter Farbe verdünnt wurde, vor. Lassen Sie die Farbe mindestens 24 Stunden trocknen und machen Sie danach einen Endanstrich mit unverdünnter Leinölfarbe. Bei stark der Witterung ausgesetzten Oberflächen kann ein zweiter Voranstrich mit etwas geringer verdünnter Farbe aufgebracht werden. Denken Sie daran, dass diese Farbe eine lange Zeit zum Trocknen benötigt.

Alkydharzlack

Alkydharzlack ist eine Weiterentwicklung der Leinölfarbe und hat grundsätzlich bessere Eigenschaften als diese. Die Farbe war früher in Terpentinersatz gelöst, aber heute gibt es sie auch in wasserverdünnbarer Form. Die Farbe eignet sich besonders für Stellen, die verstärkt der Feuchtigkeit ausgesetzt sind und dort, wo man besonders hohe Ansprüche an die mechanische Belastbarkeit stellt. Die Trockenzeit ist länger als bei Acrylatlacken. Alkydharzlack ergibt eine etwas glänzendere Oberfläche als Acrylatlack, siehe unten.

Geeignete Anwendungsbereiche: Fassaden, Zäune, Plankenwände, Pforten und Geländer.

Neuanstrich: Kopfholz, Stöße und andere exponierte Stellen oder Gesamtoberflächen. Wenn Sie besonders sorgfältig sein wollen und einen sehr tief wirkenden Feuchtigkeitsschutz erhalten möchten, streichen Sie mit Grundierung vor. Streichen Sie danach mit pigmentierter Vorstrichfarbe, die eine gute Haftung für den Alkydharzlack ergibt. Die Vorstrichfarbe versiegelt auch den Untergrund besser gegen Feuchtigkeit. Streichen Sie danach zwei Mal mit Alkydharzlack.

Acrylatlack

Acrylatlack ist dann eine Alternative zum Alkydharzlack, wenn die Feuchtigkeitsbelastung im normalen Bereich liegt. Die Farbe ist wasserverdünnbar und muss in Kombination mit Grundierung und Vorstrichfarbe verwendet werden.

Geeignete Anwendungsbereiche: Fassaden, Zäune, Plankenwände, Pforten und Geländer.

Neuanstrich: Streichen Sie einmal mit Grundierung die gesamte Oberfläche, um einen tief eindringenden Feuchtigkeitsschutz zu erzielen. Streichen Sie danach mit pigmentierter Vorstrichfarbe, die dem Acrylatlack eine gute Haftung gibt. Die Vorstrichfarbe versiegelt den Untergrund außerdem gegen Feuchtigkeit. Streichen Sie danach zwei Mal mit Acrylatlack.

Deckende Lasur

Deckende Lasur ist ein Zwischending zwischen Lasur und Deckfarbe. Die Oberfläche wird abgedeckt, aber die Holzstruktur wird besser als beim Anstrich mit Deckfarbe hervorgehoben.

Geeignete Anwendungsbereiche: Fassaden, Zäune, Plankenwände, Pforten und Geländer.

Neuanstrich: Streichen Sie ein Mal mit Grundierung und zwei Mal mit deckender Lasur. Lassen Sie das Öl und die Lasur zwischen den einzelnen Anstrichen trocknen. Wenn die Fassade beim Anstrich mit Grundierung stark saugt, kann man vor dem Endanstrich auch noch einen Voranstrich aufbringen.

Lasur

Lasur enthält geringere Mengen an Pigmenten als gewöhnliche Farben. Dadurch bleibt die Holzstruktur sichtbar. Lasuranstriche erfordern mehr Pflege als andere Farben, aber Wiederholungsanstriche sind leicht auszuführen. Nach dem Ablaugen muss man normalerweise nur einmal mit farbloser oder schwach pigmentierter Lasur streichen.

Geeignete Anwendungsbereiche: Fassaden, Zäune, Plankenwände, Außentreppen und Fußböden im Freien.

Neuanstrich: Streichen Sie ein Mal mit farbloser Lasur und ein bis zwei Mal mit farbiger Lasur. Wenn Sie zwei Mal streichen, wird die Farbe intensiver und weniger transparent. Lassen Sie die Lasur zwischen den Anstrichen trocknen.

Holzschutzöl

Es gibt sowohl lösungsmittelhaltige als auch Alkydanstriche auf Wasserbasis. Das Holzöl wirkt Rissen, Verfärbungen und Feuchtigkeitsaufnahme entgegen. Druckimprägniertes Holz sollte man erst nach einem Jahr behandeln.

Geeignete Anwendungsbereiche: Außentreppen, Fußböden im Freien, Stege und Gartenmöbel.

Neuanstrich: Streichen Sie mit reichlich Öl, das Sie mit einem Pinsel oder Lappen aufbringen, bis die Oberfläche gesättigt ist. Warten Sie eine halbe Stunde. Danach entfernen Sie das überflüssige Öl mit einem fusselfreien Lappen oder mit Putzwolle.

Kleingebäude

Als die damalige Wohnungsbauministerin, Birgit Friggebo, 1979 die Bestimmungen für Baugenehmigungen von kleineren Gebäuden vereinfachte, ahnte sie noch nicht, dass der Begriff „friggebod" (der vom Namen der Ministerin abgeleitete Begriff wird heute in Schweden allgemein für kleine Häuser verwendet) so populär werden und sich so weit verbreiten würde, wie es geschehen ist. „Friggebod" hat als Begriff überlebt, auch wenn die Bestimmungen am 1. Januar 2008 nochmals verändert und vereinfacht wurden. Jetzt darf ein kleines Gebäude 15 Quadratmeter groß sein. (Diese Angaben gelten für Schweden, nicht für Deutschland; vgl. S. 118)

Ein solches Kleingebäude kann im Prinzip für alles benutzt werden, zum Beispiel als Abstellraum, Sauna, Gästehaus oder Holzschuppen.

Planung

Schauen Sie sich Ihr Grundstück genau an. Welchen Bedarf haben Sie? Wo haben Sie die Möglichkeit zu bauen? Wollen Sie das Häuschen verstecken oder soll es sich in das Gesamtbild einfügen?

Jeppsson, Ohlsson: Mit Holz arbeiten im Gar

ISBN 978-3-86630-94

Nicht vergessen

- Sprechen Sie mit Ihren Nachbarn. Auch wenn Sie weiter r Grundstücksgrenze entfernt bauen und somit deren Einverständnis nicht benötigen, kann es für das Nachbarschaftsverhältnis von Vorteil sein, Ihre Pläne zu diskutieren, bevor Sie mit dem Bau beginnen.
- Auf Seite 118 können Sie einiges über Gesetze und Bestimmungen für Kleingebäude und vieles mehr nachlesen. Wenn Sie unsicher sein sollten, ist es immer das Beste, bei der kommunalen Baubehörde Rat über die geltenden Bestimmungen einzuholen.
- Passen Sie das Häuschen der Umgebung an. Auch wenn es klein ist, ist es wichtig, dass man es in Form und Farbe an die übrigen Gebäude anpasst. Es gibt sicherlich keine speziellen Regeln für Farbe und Design, aber wenn man nicht darauf achtet, kann sogar ein kleines Häuschen bewirken, dass sich der Gesamteindruck Ihres Hauses und Ihres Gartens verschlechtert.
- Entscheiden Sie, welche Fundamentierung das Häuschen haben soll. In diesem Buch haben wir uns für Pfahlfundamente entschieden, die für einfachere Häuschen am gebräuchlichsten sind, siehe Kapitel „Fundamente" auf Seite 119. Ansonsten folgen Sie den Bauanleitungen des jeweiligen Projektes.

Wir hoffen, dass Sie von den Projekten auf den folgenden Seiten inspiriert werden. Weitere Beispiele und Bauanleitungen für Kleingebäude finden sich auf den Seiten 56 und 166.

Fahrrad-schuppen

Etwas im Grünen versteckt, in einer Ecke des Gartens, steht der Fahrradschuppen, der mit seinen sieben Quadratmetern die fünf Fahrräder der Familie leicht aufnehmen kann. Fahrräder, über die man früher direkt vor der Haustür stolperte. Nicht nur, dass man den Rost vom Fahrrad fernhält und morgens, wenn man sich auf den Weg macht, einen trockenen Sattel hat, es ist jetzt auch aufgeräumter vor dem Haus.

Material

Der Fahrradschuppen wird aus Lärchenholz gebaut, welches geölt wurde. Lärche ist eine sehr wetterbeständige Holzart, aber natürlich kann man den Fahrradschuppen auch aus druckimprägniertem Holz oder unbehandeltem Holz, welches angestrichen wird, bauen.

Ständer, 70 x 70 mm, ca. 11 m:
5 St. à 2080 mm (A)

Rähm, 45 x 70 mm, ca. 6 m:
2 St. à 2930 mm (B)

Dachsparren, 45 x 120 mm, ca. 14,5 m:
5 St. à 2900 mm (C)

Konterlattung, 22 x 45 mm, ca. 19,5 m:
6 St. à 3150 mm (D)

Windfedern, 28 x 120 mm, ca. 9,5 m:
2 St. à 2900 mm (E)
1 St. à 3206 mm (F)

Abdeckbretter für die Unterseite des Dachüberstandes, 22 x 70 mm, ca. 9 m:
3 St. à 2930 mm (G)

Türgestell, 22 x 45 mm (H), ca. 8,5 m:

Wand- und Türverkleidung, 22 x 45 mm, ca. 132 m:
24 St. à 2952 mm (I und M)
1 St. à 2000 mm (J)
21 St. à 1040 mm (K)
21 St. à 1380 mm (L)
3 St. à 2430 mm (N)

Fertigfundamente: 5 St.

Sechskantbolzen, Muttern und Unterlegscheiben für die Fundamente

Holzschrauben, Scharniere: 2 St., Gewellter Kunststoff für das Dach, Blechabdeckungen für alle Seiten des Daches, Türdrücker /Schloss für die Tür

So wird's gemacht

Hier steht der Schuppen in einer Ecke des Grundstücks und ist von einer hohen Hecke umgeben. Diese dient an zwei Seiten als Wand, während die anderen zwei mit Holz verkleidet sind. Sie können natürlich, wenn Sie es wünschen, auch alle Wände mit Holz verkleiden. Der Schuppen hat keine Dachrinne, sondern das Regenwasser darf auf die Hecke fließen.

1. Graben Sie die fünf Fundamente ein, siehe Seite 119.
2. Sägen Sie die Ständer A grob zu und setzen Sie sie in die Fundamente. Richten Sie aus und markieren Sie, wo sie abgeschnitten werden müssen. Nehmen Sie die Ständer wieder weg, schneiden Sie diese auf die richtige Länge und machen Sie die Aussparungen (45 x 70 mm) für das Rähm B. Danach befestigen Sie die Ständer endgültig mit Sechskantbolzen, Unterlegscheiben und Muttern. Arbeiten Sie die ganze Zeit sorgfältig mit Wasserwaage und Maß.
3. Legen Sie das Rähm B auf und verschrauben Sie es an den zwei Ständern der Längsseite.
4. Legen Sie die Dachsparren C auf und markieren Sie, wo sie an den Enden beschnitten werden sollen. Sie sollten auf jeder Seite 235 mm überstehen. Nehmen Sie sie wieder herunter und schneiden Sie diese zu. Legen Sie die Dachsparren nebeneinander und markieren Sie die Aussparungen (22 x 45 mm) für die Konterlattung D. Stellen Sie die Kreissäge auf 22 mm Schnitttiefe ein und schneiden Sie alle in einem Arbeitsgangein ein. Stemmen Sie mit dem Stemmeisen aus.
5. Legen Sie die Dachsparren C auf und verschrauben Sie diese.
6. Legen Sie die Konterlattung D in die Aussparungen und verschrauben Sie sie.
7. Verschrauben Sie die Windfeder F an den Dachsparren C an der Längsseite, die mit Holzpaneelen verkleidet wird. Verschrauben Sie die Windfeder E an der Konterlattung D und an der Windfeder F.
8. Verschrauben Sie die Abdeckbretter G an der Unterseite des Dachüberstandes der Längsseite, die mit Holzpaneelen verkleidet wird.
9. Bauen Sie das Türgestell H und befestigen Sie es an einer Seite der Tür provisorisch mit Scharnieren an der Türöffnung. An der gegenüber liegenden Seite befestigen Sie es mit ein paar Schrauben.
10. Verschrauben Sie die Wand- und Türverkleidungen I, K, L, M und N. Achten Sie darauf, dass die Türverkleidung den Eckpfosten abdeckt und dass die Verkleidung M 22 mm übersteht und so das Kopfholz der Türverkleidungsbretter verdeckt. Beachten Sie auch, dass an der Schmalseite das obere Brett der Wandverkleidung N oben an die Dachneigung angepasst werden muss.
11. Montieren Sie das senkrechte Kantholz J mittig auf der Innenseite der Längswand, um die Wandverkleidung zu verstärken.
12. Entfernen Sie die provisorische Befestigung der Tür. Wählen Sie eine passende Türdrückergarnitur oder ein Schloss aus und montieren Sie diese.
13. Streichen Sie bei Lärchenholz und bei druckimprägniertem Holz mit Öl. Streichen oder lasieren Sie, wenn Sie ihren Fahrradschuppen aus unbehandeltem Holz gebaut haben.
14. Montieren Sie das Kunststoffdach und danach die umlaufenden Blechabdeckungen.

Alle Maße in Millimetern.

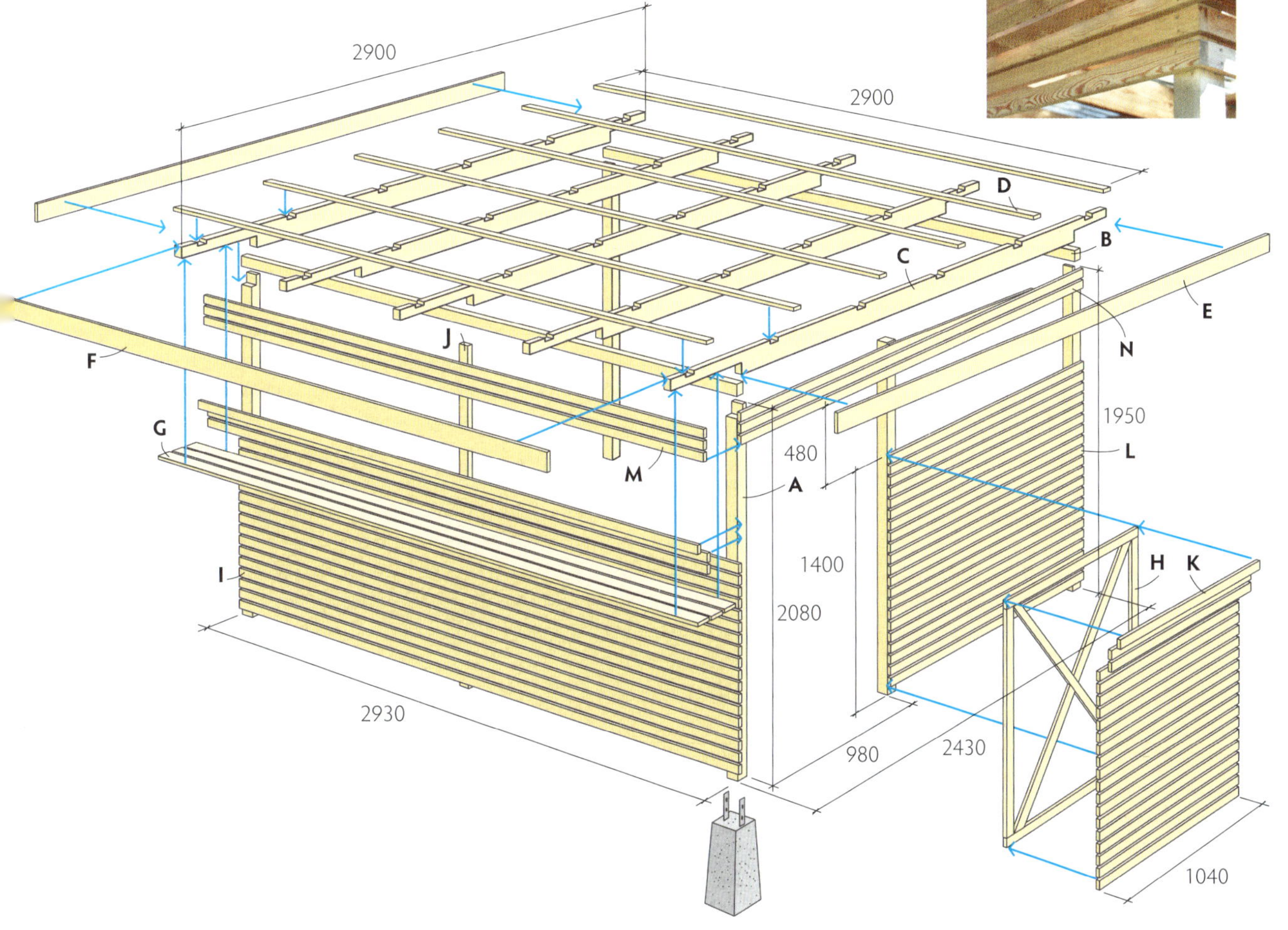

Gewächshaus

Ein Traum von einem Gewächshaus! Kann man ihm näher kommen? Dieses fantastische Gewächshaus geht weit über das Übliche hinaus. Betrachten Sie das Bauwerk und die Zeichnung als einzige große Inspirationsquelle: Wagen Sie es, ein Gewächshaus zu bauen, das einem Märchen entsprungen zu sein scheint. Wenn man möchte, kann man sich die Arbeit erleichtern, indem man die Gabelreiter und die Firstdekorationen weglässt.

Material für Fundamente, Mauern und Boden

Armiereisen, , Durchmesser 12 mm: ca. 31 m

Fasertuch: ca. 10,4 m^2

Tragschicht 0-20: ca. 3 m^3

Fertigbeton: ca. 0,8 m^3

Betonsteine, 150 x 190 x 600 mm (ca. 23 St. pro Lage)

Ziegelsteine: ca. 9 m^2 (ca. 250 St.)

Mörtel

Verlegesplitt: 0,6 m^3

Ziegelpflaster: 10,4 m^2

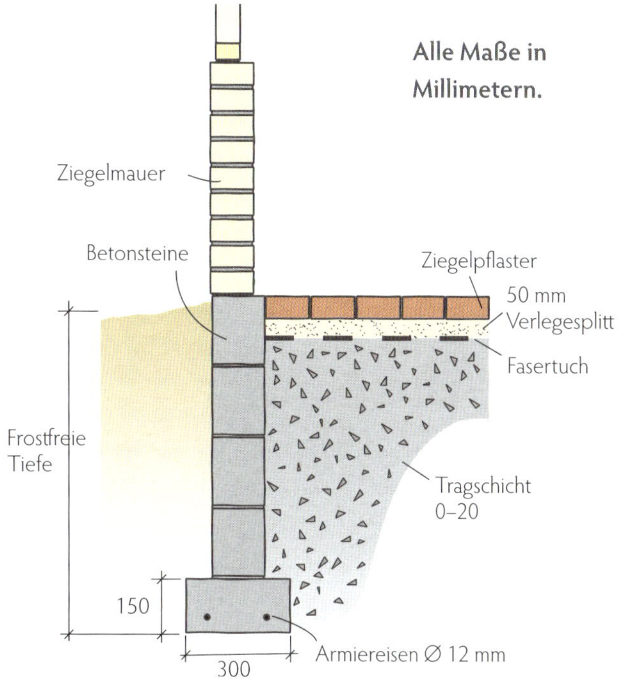

So wird das Fundament gemacht

1. Beginnen Sie damit, dort wo Sie Ihr Gewächshaus bauen möchten, sämtlichen Mutterboden zu entfernen. Wenn Sie den Mutterboden entfernt haben und dabei zu tief gekommen sind, füllen Sie mit Gesteinsgrus, der gut verdichtet wird, wieder auf. Schachten Sie für die Betonsohle des Fundamentes bis zur frostfreien Tiefe von etwa 80 cm aus.
2. Setzen Sie eine stabile Form für die Betonsohle. Legen Sie zwei Armiereisen ein und gießen Sie den Beton. Achten Sie darauf, dass die Betonsohle in der Waage liegt.
3. Wenn die Betonsohle ausgehärtet ist, mauern Sie mit Betonsteinen bis auf 5 cm über Bodenniveau auf. Achten Sie darauf, dass alles in Waage steht.
4. Füllen Sie die Tragschicht, die gut verdichtet werden muss, auf. Gleichzeitig füllen Sie an der Außenseite auf. Legen Sie das Fasertuch darauf und danach folgt der Verlegesplitt.
5. Verlegen Sie das Ziegelpflaster so, dass es auf einem Niveau mit der Oberkante der Grundmauer zu liegen kommt.
6. Bauen Sie die Ziegelmauer auf. Achten Sie darauf, dass sie in der Waage steht.

Wenn Sie im Gewächshaus direkt in die Erde pflanzen möchten, müssen Sie eine Mutterbodenschicht von 40-50 cm haben. Unter dem Mutterboden legen Sie ein Fasertuch aus und darunter sollten Sie eine gut drainierte Gesteinsgruslage von mindestens 15 cm haben. Wenn Sie direkt im Boden anbauen möchten, muss dieser jedes Jahr ausgewechselt werden. Bedenken Sie auch, dass es schwierig ist, die Pflanzen im Gewächshaus zu versetzen, wenn Sie direkt im Boden wachsen. Es kann deshalb vorteilhafter sein, in irgendeiner Art von Behältern zu pflanzen, die bei Bedarf leicht versetzt werden können.

Material für das Gewächshaus

Gehobeltes Holz, 45 x 70 mm, ca. 129 m:
2 St. à 2660 mm (A1)
1 St. à 3810 mm (A2)
2 St. à 1230 mm (A3)
2 St. à 780 mm (A4)
2 St. à 180 mm (A5)
1 St. à 3810 mm (B1)
2 St. à 1230 mm (B2)
2 St. à 780 mm (B3)
4 St. à ca. 1415 mm (C1)
4 St. à ca. 1840 mm (C2)
4 St. à ca. 2175 mm (C3)
19 St. à 910 mm (C4)
19 St. à 2010 mm (E1)
6 St. à 1250 mm (E2)
7 St. in unterschiedlichen Längen bis zu ca. 1500 mm (E3 und E4)
8 St. à 675 mm (H1)
1 St. à 730 mm (H2)
1 St. à 500 mm (H3)
15 St. à 310 mm (J)

Gehobeltes Holz, 70 x 70 mm, ca. 11 m:
8 St. à 1000 mm (D1)
2 St. à 1365 mm (D2)

Außenpaneele, 22 x 70 mm, ca. 19 m:
12 St. à 910 mm (F1)
2 St. à 1205 mm (F2)
4 St. à 1400 mm (L)

Gehobeltes Holz, 45 x 120 mm:
1 St. à 4000 mm (G)

Gehobeltes Holz, 45 x 95 mm, ca. 32 m:
1 St. à 2620 mm (I1)
15 St. à 1720 mm (I2)
2 St. à ca. 1700 mm (M)

Ungehobeltes Holz, 19 x 25 mm: ca. 250 laufende Meter (K)

Ungehobeltes Holz, 25 x 50 mm, ca. 11 m:
4 St. à 2010 mm (N1)
2 St. à 1250 mm (N2)

Ungehobeltes Holz, 25 x 150 mm, ca. 11 m:
4 St. à 2010 mm (O1)
2 St. à 1250 mm (O2)

Ungehobeltes Holz, 25 x 75 mm, ca. 2 m:
3 St. à 550 mm (P)

Bleche:
1 St. à 4050 mm (Q1)
2 St. à ca 1700 mm (Q2)
1 St. à ca 1900 mm (Q3)

Außenpaneele, 22 x 45 mm, ca. 13,5 m:
3 St. R1 à ca. 850 mm (Passen Sie die Länge an den Abstand zwischen E1 an)
3 St. R2 (In der gleichen Länge wie R1)
9 St. R3 à 650 mm
3 St. R4 (In der gleichen Länge wie R1)

Außenpaneele, 22 x 34 mm, ca. 4,2 m:
6 St. à 675 mm (S)

Gehobeltes Holz, 45 x 45 mm, ca. 3 m:
6 St. in unterschiedlichen Längen bis zu ca. 400 mm (T)

Sperrholz, 7 mm:
U1 = 20 St.
U2 = 36 St.
U3 = 3 St.

Sperrholz, 15 mm:
U4 = 27 St.
U5 = 27 St.

Ungehobeltes Holz, 125 x 125 mm, ca. 2 m:
3 St. à 500 mm (V)

Schwellenisolierung (Teerpappe)

Nageldübel

Winkelbeschläge

Kammnägel

Schrauben

Glas, 4 mm: ca. 43 m^2

Drahtstifte

Fensterkitt

Fensterbleche: ca. 15 m

Scharniere: 9 St.

Tür mit Rahmen und Futter

(Dachrinnen und Fallrohre)

So wird das Gewächshaus gebaut

1. Beginnen Sie damit, die Giebelseiten komplett fertigzustellen. Verschrauben Sie die Ständer C1, C2, C3 und F1 von unten durch die Schwelle A1. Lassen Sie C1-C3 ruhig etwas länger. Schneiden Sie die Sparrenhölzer E1 mit einer Aussparung für die Giebelpfette G zu. Der Winkel zwischen den zwei Dachsparren E1 beträgt 90°. Legen Sie E1 über C1-C3, überprüfen Sie die Winkel und markieren Sie auf C1-C3 die Sägeschnitte. Schneiden Sie C1-C3 zu und verschrauben Sie die Giebelseiten.
2. Stellen Sie die Giebelseiten auf die Oberkante der Mauer, 25 mm von der Außenkante nach innen versetzt. Legen Sie die Schwellenisolierung dazwischen. Befestigen Sie die Giebelseiten senkrecht mit Hilfe von provisorischen Stützen. Befestigen Sie die Giebelseiten mit Nageldübeln auf der Mauer.
3. Bauen Sie alle Wände außer der Eingangswand. Verschrauben Sie die Ständer C4 und F1 auf der Schwelle A2, ebenso das Rähm B1 an der Längsseite. Verschrauben Sie C4 und F1 an A3 und B2 für die beiden kürzeren Seiten, die seitlich des Eingangsbereiches liegen, und verschrauben Sie C4 und F1 an A4 und B3 für die Seitenteile des Eingangsbereiches. Heben Sie die Wände auf die Oberkante der Mauer, legen Sie Schwellenisolierung dazwischen. Fixieren Sie die Wände senkrecht mit Hilfe von provisorischen Stützen. Befestigen Sie die Teile mit Nageldübeln auf der Mauer.
4. Befestigen Sie die Ständer D1 an allen Ecken (legen Sie Schwellenisolierung darunter) und verschrauben Sie diese durch F1. In der Ecke zwischen dem Eingangsbereich und dem eigentlichen Gewächshaus wird D1 durch C4 verschraubt.
5. Legen Sie die Giebelpfette G auf die Spitzen der Giebel und verschrauben Sie diese. G steht an beiden Seiten 25 mm über.
6. Schneiden Sie alle Dachsparren E1 exakt so zu wie die, die sich schon an den Giebelwänden befinden und verschrauben Sie diese an B1, B2 und G.
7. Schneiden Sie die Kehlbalken H1 an beiden Enden im 45°-Winkel ab und verschrauben Sie diese von unten zwi-

Alle Maße in Millimetern.

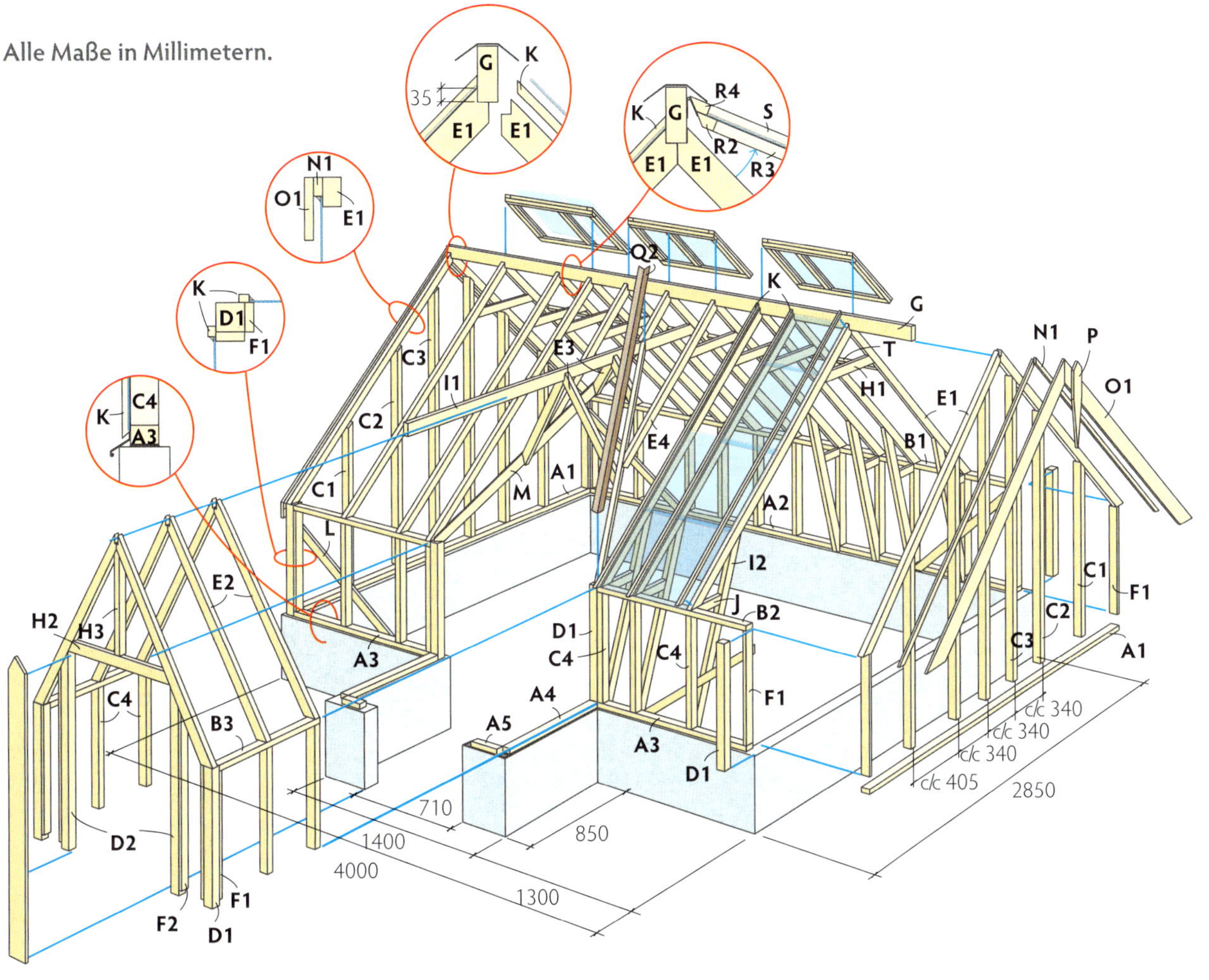

schen jedem Sparrenpaar E1 (ausgenommen an den Giebelwänden).

8. Schneiden Sie die Firstpfette I1 für den Eingangsbereich zu und befestigen Sie diese an dem direkt gegenüber liegenden Dachsparren E1 oberhalb der Längsseite. Die obere Kante von I1 muss mit der Oberkante von H1 bündig sein. Befestigen Sie die Firstpfette provisorisch an der Vorderseite. Stellen Sie sicher, dass sie in der Waage liegt.

9. Vermessen Sie an Ort und Stelle die Winkel der Dachsparren E2. Schneiden Sie die Sparren zu und montieren Sie sie.

10. Vermessen Sie an Ort und Stelle die Winkel und das exakte Maß der Verstrebungen M. Befestigen Sie diese an D1 und I1.

11. Verfahren Sie genauso mit den vier Sparren E3 für den Dachstuhl des Eingangsbereiches und verschrauben Sie diese an M und I1.

12. Ergänzen Sie die noch fehlenden Sparren E4 am Dachstuhl an der Eingangsseite und verschrauben Sie die zwei längsten an M und G und den letzten an G und I1. Verschrauben Sie die Kehlbalken H1 zwischen den Dachstuhlpaaren.

13. Schneiden Sie die Teile U1 und U2 (siehe Schablonen) in Form und verschrauben Sie diese. Sie haben nicht nur eine dekorative Funktion, sie halten auch den Dachstuhl zusammen.

14. Schneiden Sie die Schwelle A5 zu und befestigen Sie diese mit Nageldübeln auf der Ziegelmauer. Legen Sie Schwellenisolierung dazwischen. Schneiden sie D2 zu (mit Schwellenisolierung unterlegen) und verschrauben Sie D2, F2, H2 und H3. Kontrollieren Sie die Türhöhe, bevor Sie H2 montieren. Setzen Sie den Türrahmen bündig mit der Außenkante der Mauer ein.

15. Vermessen Sie an Ort und Stelle die Schnittwinkel von I2 und schneiden Sie diese ebenso wie die Querstreben J zu. Montieren Sie J mit Winkelbeschlägen an B1 beziehungsweise B2. Verschrauben Sie I2 an C4 und E1. Schneiden Sie die Teile U3 (siehe Schablone) in Form und verschrauben Sie I2 und J damit.

16. Verschrauben Sie die Diagonalstreben L.

17. Verschrauben Sie ein abgekantetes Kehlblech Q2 als Wasserrinne auf gesamter Länge oberhalb von M.

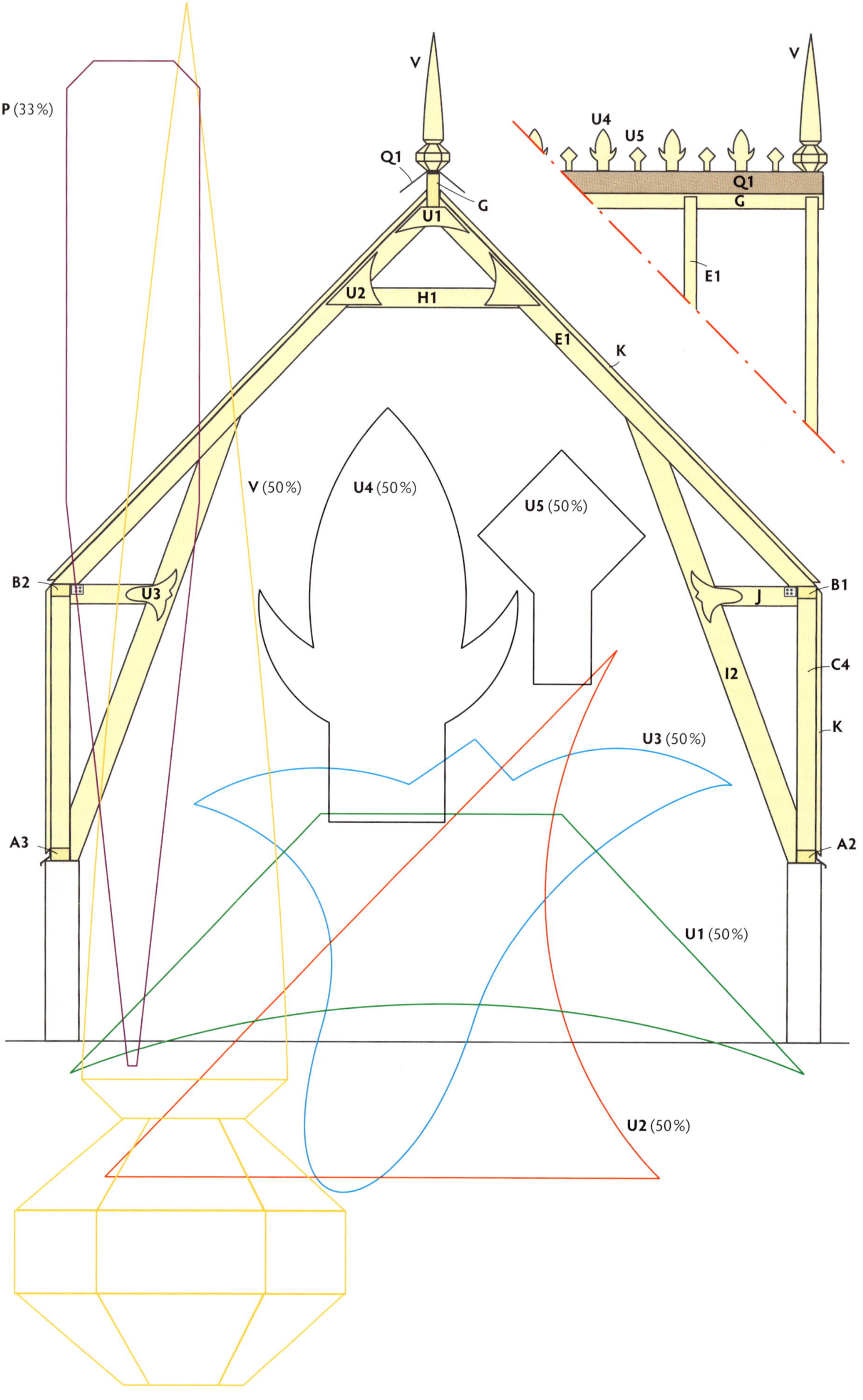
V
P (33%)
Q1
G
U1
U2
H1
E1
K
U4
U5
V
Q1
G
E1
V (50%)
U4 (50%)
U5 (50%)
B2
U3
J
B1
C4
I2
K
U3 (50%)
A3
A2
U1 (50%)
U2 (50%)

18. Verschrauben Sie die Leisten N1 auf den Gewächshausgiebeln und die entsprechenden Leisten N2 (nicht in der Zeichnung eingetragen) an dem kleinen Giebel oberhalb der Tür. Verschrauben Sie die das Glas haltenden Leisten K überall da, wo Glas hinkommt.

19. Stellen Sie die drei Lüftungsfenster für das Dach her. Messen Sie das Außenmaß über drei Dachsparren E1, dort wo die Lüftungsfenster sitzen sollen, und schneiden Sie die Leisten R1, R2 und R4 zu. Schneiden Sie die Längsseiten von R2 und R4 im 45°-Winkel an. Schneiden Sie auch die Leisten R3, S und K zu. Verschrauben Sie alle Teile entsprechend der Zeichnung.

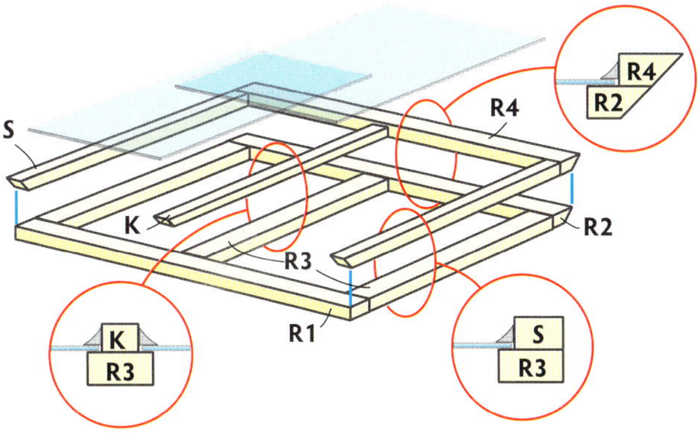

20. Überprüfen Sie den Sitz der Fenster am Gewächshaus und legen Sie fest, wo der Querriegel T sitzen muss. Danach befestigen Sie diesen. Befestigen Sie jedes Fenster mit drei Scharnieren an der Firstpfette G.

21. Schneiden Sie die Zierelemente U4 und U5 in Form (siehe Schablonen). Bohren Sie Löcher in das abgekantete Firstblech Q1 für die Firstpfette G und in der gleichen Weise in das Blech Q3 (nicht in der Zeichnung eingetragen) für die Firstpfette I1. Verschrauben Sie U4 und U5 von unten durch das Blech und befestigen Sie diese danach auf G beziehungsweise I1.

22. Die Dachreiter V können aus einem Kantholz (125 x 125 mm) in Form gesägt oder gedrechselt werden (siehe Schablone). Bohren Sie ein Loch an der Unterseite des Dachreiters und verleimen Sie darin einen Rundstab (Durchmesser 21 mm). Bohren Sie Löcher für den Rundstab durch die Firstbleche Q1 und Q3 bis in die Firstpfette G beziehungsweise I1. Befestigen Sie die Giebelreiter mit wasserfestem Leim.

23. Befestigen Sie die Fensterbleche oberhalb der Ziegelmauer rund um das Gewächshaus.

24. Ermitteln Sie die Maße für die Glasscheiben und bestellen Sie diese beim Glaser. Befestigen Sie das Glas mit kleinen Drahtstiften von unten nach oben. Das Glas soll ca. 25 mm schräg versetzt liegen. Bei jeder Glasscheibe beginnt man damit, dass man einige Drahtstifte in K einschlägt, worauf das Glas zu liegen kommt. Legen Sie das Glas darauf und befestigen Sie es mit drei Drahtstiften an jeder Seite. Danach verkitten Sie die entstandene Fuge zwischen Scheibe und K.

25. Setzen Sie die Tür ein und verschrauben Sie ein hübsch profiliertes Türfutter darum.

26. Verschrauben Sie die Windfedern O1 an den Gewächshausgiebeln und dementsprechend die Windfedern O2 (nicht in der Zeichnung eingetragen) an dem kleinen Giebel über der Tür.

27. Schneiden Sie die drei Zierelemente P aus und verschrauben Sie diese an den drei Giebelseiten.

28. Befestigen Sie, falls gewünscht, die Dachrinnen und Fallrohre.

Spielhäuschen

Stellen Sie sich vor, ein ganz eigenes kleines Haus! Auch Kinder brauchen einen Platz, an dem sie alleine oder zusammen mit Spielkameraden sein können – und zwar ohne störende Erwachsene. Genau dieses rote kleine Spielhaus mit seinen weißen Verzierungen hat schon vielen Kindern Freude bereitet. Es wurde schon über drei Generationen vererbt, und mit etwas Pflege wird es noch viele Jahre da sein.

Material für das Fundament

Sand oder Gesteinsgrus

Hohlblocksteine: 6 St.

Material für das Spielhäuschen

Druckimprägniertes Holz, 45 x 95 mm, ca. 17 m:
- 2 St. à 2700 mm (A1)
- 6 St. à 1510 mm (A2)
- 3 St. à 552 mm (A3)
- 2 St. à 350 mm (A4)

Rauhspund, 20 x 95 mm, ca. 12 m^2:
- 3,2 m^2 (B)
- 8,6 m^2 (H)

Gehobeltes Holz, 70 x 70 mm, ca. 5 m:
- 2 St. à 1570 mm (C1)
- 2 St. à 765 mm (C2)

Terrassenbohlen, 22 x 95 mm, ca. 1,2 m^2 (D)

Gehobeltes Holz, 45 x 70 mm, ca. 59 m:
- 2 St. à 2000 mm (E1)
- 1 St. à 1460 mm (E1)
- 2 St. à 400 mm (E1)
- 16 St. à 1350 mm (E2)
- 2 St. à 2000 mm (E3)
- 2 St. à 1460 mm (E3)
- 4 St. à ca 1500 mm (E4)
- 4 St. à ca 600 mm (E5)
- 2 St. à ca 520 mm (E6)
- 10 St. à 1300 mm (F)
- 2 St. à 585 mm (N)
- 2 St. à 295 mm (N)

Gehobeltes Holz, 22 x 70 mm, ca. 17 m:
- 5 st. à 200 mm (G1)
- 5 st. à 700 mm (G2)
- 4 St. à 1420 mm (T)
- 2 St. à 585 mm (P)
- 2 St. à 295 mm (P)
- 2 St. à 370 mm (Q)
- 6 St. à 585 mm (R)

Rundstab: Durchmesser 27 mm, ca. 9 m:
- 16 St. à 540 mm (O)

Dreikantleiste, 50 x 50 mm, ca. 5,5 m:
- 4 St. à 1350 mm (I)

Gehobeltes Holz, 45 x 45 mm, ca. 4 m:
- 6 St. à 606 mm (J)

Profilbretter, überfälzt mit Schattennut, 22 x 95mm, ca. 10,5 kvm (K)

Außenpaneele, 22 x 95 mm, ca. 6 m (L)

Außenpaneele, 22 x 120 mm, ca. 16 m (M)

Außenpaneele, 22 x 145 mm, ca. 6,5 m (S)

Fenster: 2 St. (fertig gekauft)

Schwellenisolierung (Teerpappe)

Winkelbeschläge: 8 St.

Sechskantschrauben mit Holzgewinde: 4 St.

Holzschrauben

Nägel

Dachpappe und Bitumen-Kaltkleber für 8,6 m^2

Pappnägel

Material für die Tür

Sperrholz, 15 mm:
- 2 St. à 600 x 600 mm (U)

Plangehobelte Leiste, 9 x 22 mm, ca. 32 m:
- ca. 25 m (V)
- 8 St. à 618 mm (X1)
- 4 St. à 170 mm (X2)
- 4 St. à 196 mm (X3)

Gehobeltes Holz, 22 x 70 mm, ca. 7 m:
- 2 St. à 1245 mm (Y1)
- 1 St. à 669 mm (Y2)
- 2 St. à 1245 mm (Z1)
- 1 St. à 581 mm (Z2)

Glas 3 mm, 165 x 165 mm

Türbänder: 4 St.

Türknauf

Riegel: 2 St.

Leim

Holzschrauben

Nägel

Dies ist ein altes Spielhäuschen, aber die Bauanleitung wurde an die heutigen Standardabmessungen angepasst. Die profilierten Dekorbretter und die gedrechselten Geländerstreben wurden durch gerade Bretter und Rundstäbe ersetzt. Wenn Sie richtig ehrgeizig sind, dann schneiden Sie die Profile aus, siehe Zeichnung, und drechseln Sie die Geländerstreben.

So wird das Spielhäuschen gebaut

1. Beginnen Sie damit, den Mutterboden dort zu entfernen, wo Sie das Spielhäuschen bauen wollen. Breiten Sie mindestens 10 cm hoch Gesteinsgrus oder Sand aus, den Sie verdichten. Setzen Sie die Hohlblocksteine und achten Sie darauf, dass alle zueinander in der Waage sind.
2. Vernageln oder verschrauben Sie den Schwellenrahmen A. Achten Sie darauf, dass zwei Stück A2 ganz vorn liegen und dass das äußere von ihnen 35 mm zu den Enden von A1 nach innen versetzt liegt. Setzen Sie den Schwellenrahmen auf die Hohlblocksteine und legen Sie Schwellenisolierung dazwischen. Vermessen Sie die Diagonalen und achten Sie dabei darauf, dass die Eckwinkel des Rahmens genau 90° betragen. Überprüfen Sie auch, ob der Rahmen in der Waage liegt
3. Vernageln Sie den Rauhspund B mit der gehobelten Seite nach oben innen im Häuschen. Benutzen Sie Senkkopfnägel mit gestauchtem Kopf und quadratischem Querschnitt und vernageln Sie in der Feder, damit die Nagelköpfe verdeckt sind.
4. Schneiden Sie die Pfosten C2 zu und befestigen Sie diese. Schneiden Sie die Ständer C1 nur an der unteren Kante zu und befestigen Sie diese provisorisch.
5. Verschrauben Sie die Terrassenbohlen D. Schneiden Sie eine Aussparung für die Ständer C aus.
6. Verschrauben Sie die Schwelle E1 auf dem Rauhspund und dem Schwellenrahmen. Achten Sie auf die Breite der Tür.

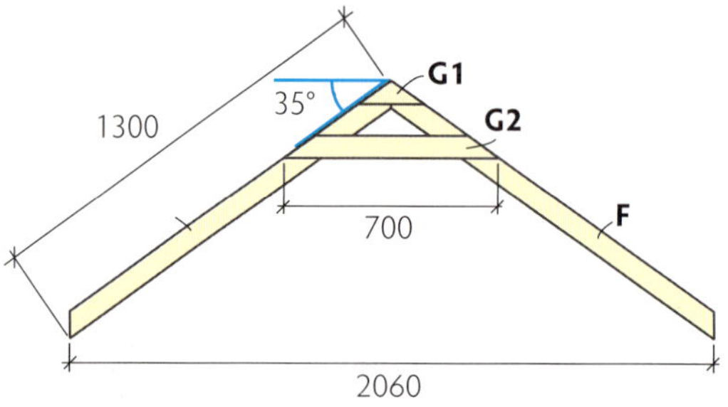

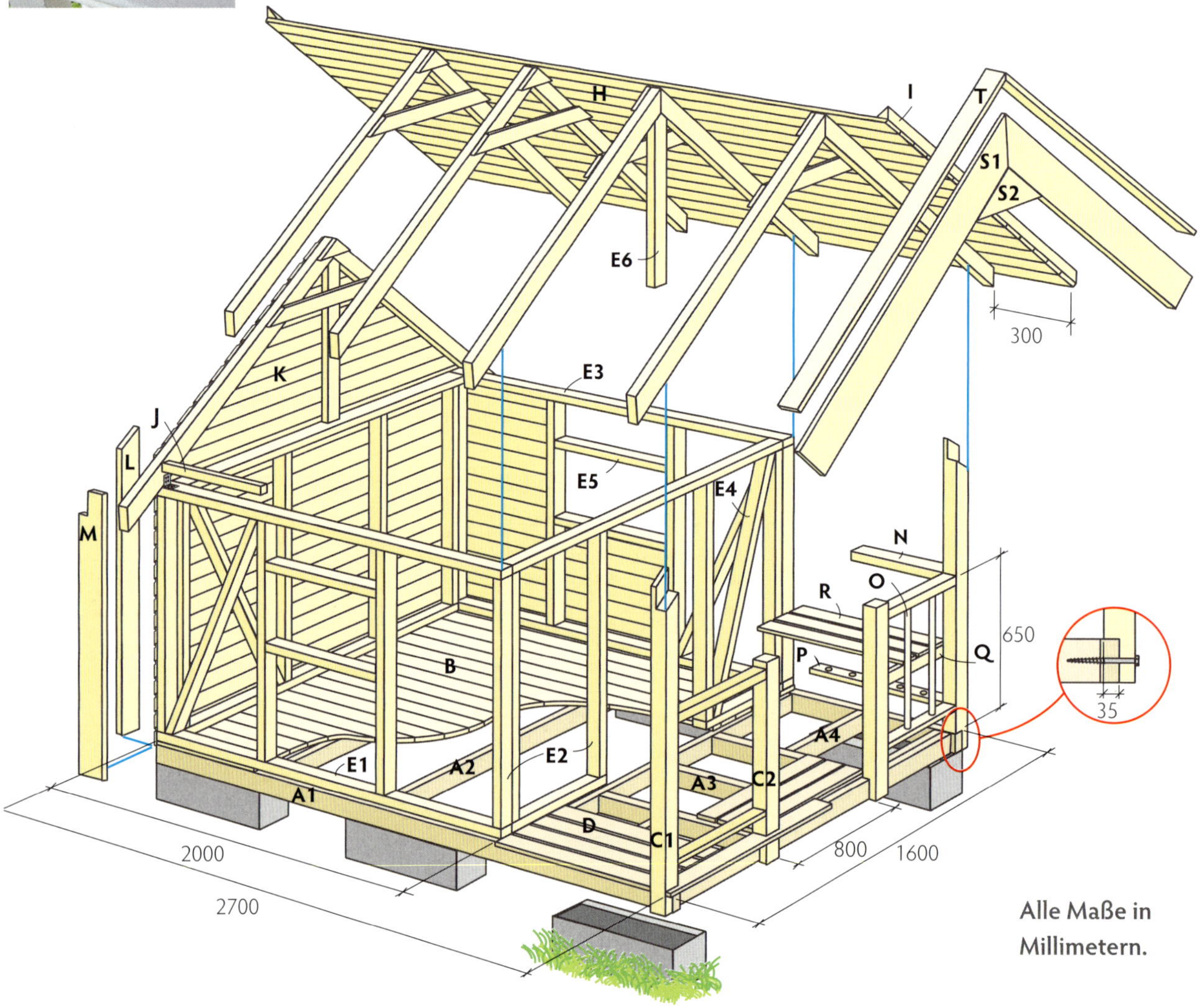

Alle Maße in Millimetern.

7. Befestigen Sie die Ständer E2, indem Sie schräg verschrauben oder Winkelbeschläge benutzen. Beachten Sie dabei die Breite der Fenster.
8. Verschrauben Sie das Rähm E3 von oben. Überprüfen Sie mit der Wasserwaage, ob sich das Ständerwerk im Lot befindet und befestigen Sie die Diagonalstreben E4.
9. Befestigen Sie die Querriegel E5. Achten Sie dabei auf die Höhe der Fenster.
10. Verschrauben Sie die Sparrengebinde F. Beginnen Sie mit dem ersten und benutzen Sie dieses dann als Vorlage. Setzen Sie die Sparrengebinde auf und verschrauben Sie diese mit Winkelbeschlägen. Versteifen Sie diese mit Diagonalstreben. Warten Sie noch mit dem vordersten Sparrengebinde. Vermessen Sie zunächst, wo die Ständer C1 abgesägt werden müssen, legen Sie sie hin und sägen Sie die Aussparung zu. Befestigen Sie die Ständer C1 mit

Sechskantschrauben mit Holzgewinde und verschrauben Sie dann das letzte Sparrengebinde.

11. Verschrauben Sie die Querriegel J zwischen den Sparrengebinden und zwar so, dass die Außenkanten mit der Außenkante des Rähms E bündig liegen. Hier werden später die Außenpaneele befestigt.

12. Vernageln Sie den Rauhspund H. Lassen Sie ihn etwas mehr als 300 mm über die äußeren Sparrengebinde hinausragen. Schneiden Sie mit 300 mm Überstand von den äußeren Sparrengebinden ab, wenn Sie den Rauhspund komplett verlegt haben. Vernageln Sie die Dreikantleisten I.

13. Verlegen Sie die Dachpappe mit Pappnägeln und Bitumen-Kaltkleber (Beachten Sie die Anleitung auf der Verpackung).

14. Befestigen Sie die Windfedern S1 und S2 zusammen mit den Abdeckungen T.

15. Vernageln Sie die Paneele K.

16. Setzen Sie die Fenster und die Türen ein (siehe unten). Der Rahmen sollte bündig mit der Wandverkleidung liegen.

17. Verschrauben Sie die Abdeckungen L an den Ecken der Giebelseiten und danach die Bretter M an den Längsseiten. Verfahren Sie bei Fenster und Türen auch so.

18. Bohren Sie Löcher für die Rundstäbe O in die Querstreben N und P. Bauen Sie N, P und O zusammen und verschrauben Sie alles an seinem Platz.

19. Montieren Sie die Querriegel Q und zum Schluss die Sitzbretter R.

So wird die Tür gebaut

1. Schneiden Sie das Loch in das obere Türblatt U. Zeichnen Sie eine Linie auf der Mitte des Türblattes. Schneiden Sie die Leisten V (45°-Winkel) zu. Verleimen und vernageln Sie diese mit dünnen Nägeln.
2. Verschrauben und verleimen Sie die Leisten X1 rund um das Türblatt und X2 in der Fensteröffnung. Legen Sie das Glas ein und verschrauben Sie ohne Leim die Leiste X3 auf der Innenseite.
3. Verleimen und verschrauben Sie die Teile Z an Y für den Türrahmen und verschrauben Sie diesen an der Türöffnung.
4. Befestigen Sie die Türblätter mit Türbändern und bringen Sie den Türknauf und die Verschlussriegel an.

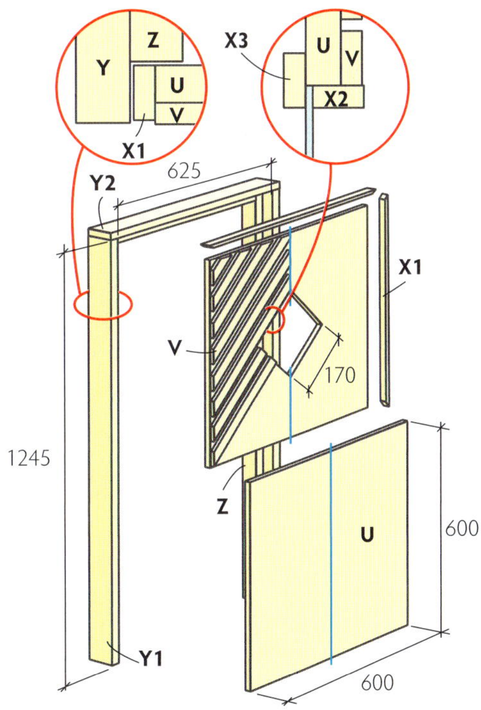

Holzlager

Ein kleines Holzlager in der Nähe des Hauses ist eine praktische Sache. Es schützt das Holz vor direktem Regen und gleichzeitig wird es ordentlich belüftet, sodass es besser trocknet.

Material

Ständer, 45 x 70 mm, ca. 26,5 m:
- 2 St. à 1950 mm (A)
- 6 St. à 1300 mm (C)
- 4 St. à ca 1500 mm (D)
- 2 St. à 1200 mm (E)
- 4 St. à 1500 mm (F)

Holzschrauben

Ziegelsteine: 9 St.

Dachpfannen: 18 St.

Material für das Fundament, siehe Seite 120

So wird's gemacht

1. Schneiden Sie die beiden hinteren Ständer A zu. Machen Sie sie etwas länger als das angegebene Maß. Ölen Sie den Teil, der unter die Erde kommt, gut ein. (s. S. 135)
2. Graben Sie Löcher für die zwei Ständer A, siehe „Verankerung mit Pfosten direkt im Boden" auf Seite 121. Befestigen Sie die Ständer senkrecht und mit dem richtigen Abstand zueinander mit provisorisch schräg angenagelten Leisten. Sie können aber auch Schraubzwingen benutzen.
3. Legen Sie die Ziegelsteine B aus.
4. Schneiden Sie die sechs Kanthölzer C, die den Boden bilden, zu und legen Sie diese an ihren Platz.
5. Schneiden Sie die übrigen vier Ständer D zu.
6. Bohren Sie vor und befestigen Sie Ständer und Bodenkanthölzer durch lange Schrauben miteinander.
7. Schneiden Sie das Rähm E, das die Ständer miteinander verbindet, zu. Befestigen Sie diese mit Zwingen daran. Vermessen Sie sorgfältig, benutzen Sie die Wasserwaage und achten Sie darauf, dass alle Teile an die richtige Stelle kommen. Auch die Ziegelsteine müssen möglicherweise noch ausgerichtet werden.
8. Bohren Sie vor und befestigen Sie das Rähm mit langen Schrauben an den Ständern.

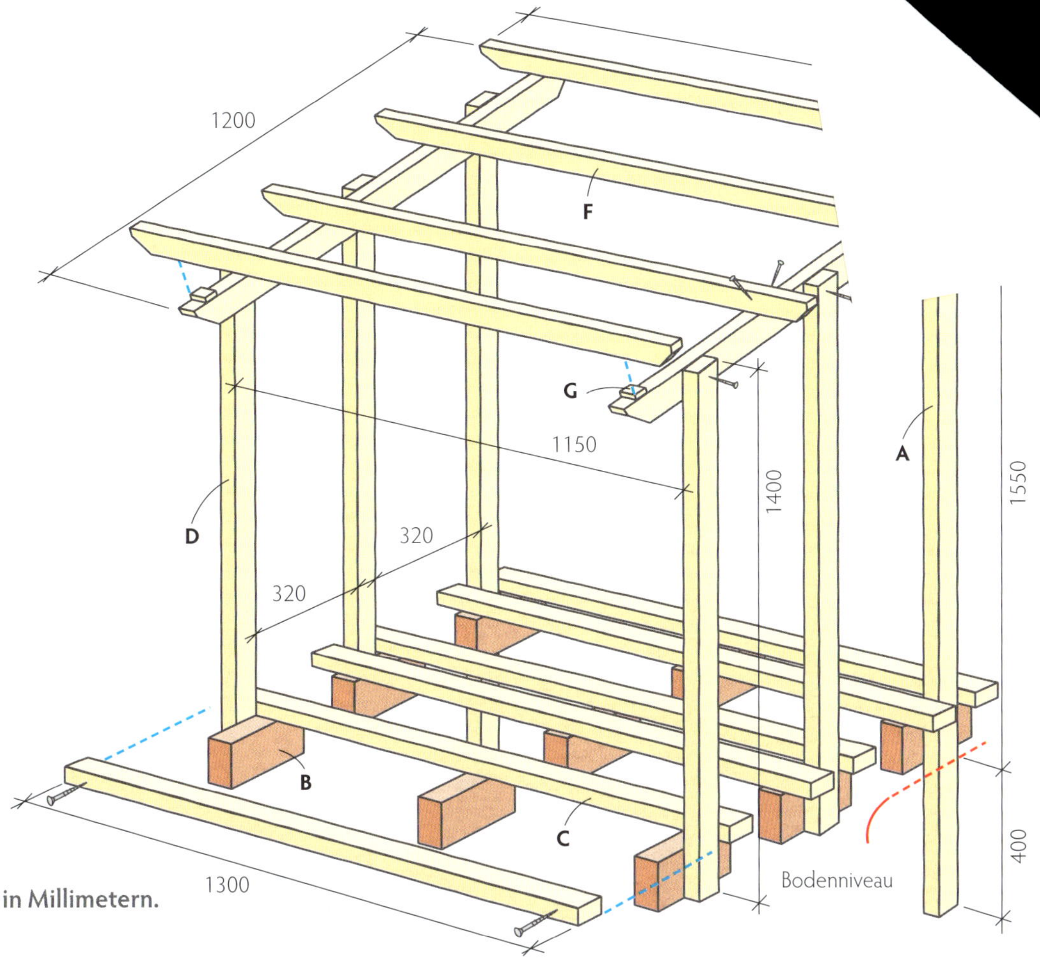

Alle Maße in Millimetern.

9. Schneiden Sie die Ständer bündig mit dem Rähm ab.
10. Schneiden Sie die vier Dachsparren F zu und legen Sie sie an ihren Platz. Überprüfen Sie mit Hilfe der Dachpfannen, dass die Sparren richtig liegen. Unter dem vordersten Balken werden die Klötze G befestigt, die ungefähr die gleiche Stärke wie die Dachpfannen haben.
11. Legen Sie die Dachpfannen auf und stapeln Sie Ihr Holz.

Ein Stoß aus sorgfältig gespaltenem Holz sieht gut aus und gibt einem ein heimeliges Gefühl.

Duschhäuschen

Etwas im Hintergrund und ganz intim, mitten unter Kiefern und Laubbäumen nur einen Steinwurf vom Haus entfernt, steht das Duschhäuschen. Hier kann man an einem warmen Sommertag eine Weile ganz für sich sein, nur mit den Baumkronen und dem blauen Himmel als Dach über sich. Oder – was der Besitzer dieser Dusche als etwas ganz Besonderes beschreibt – gehen Sie hinaus und nehmen Sie eine warme Dusche, wenn es in Strömen regnet.

Material

Eine gegossene Fundamentplatte oder 6 Fertigfundamente, siehe Seite 119.

Kanthölzer, 45 x 70 mm, ca. 27 m:
- 15 St. à ca. 1000 mm (A)
- 2 St. à ca. 1800 mm (B)
- 4 St. à ca. 1200 mm (D)
- 2 St. à ca. 1000 mm (F)
- 1 St. à ca. 1200 mm (G)

Ungehobeltes Holz, 25 x 75 mm, ca. 202 m:
- 112 St. à ca. 1800 mm (C)

Ungehobeltes Holz, 25 x 100 mm, ca. 6,5 m:
- 6 St. à gut 1000 mm (E)

Bodenanker: 6 St.

Lochplatten-Verbinder

Kammnägel

Holzschrauben

Holzöl

Duscharmatur mit Mischer

In der gegossenen Platte liegen Kiesel. Das ist hübsch anzusehen und außerdem lässt es sich angenehm darauf gehen.

So wird's gemacht

Für dieses Duschhäuschen hat man eine sechseckige Betonplatte gegossen, aber man kann genauso gut sechs Fertigfundamente benutzen und den Boden pflastern.
Der Rahmen hat nur an der Tür Eckpfosten. Deshalb müssen die Verkleidungsbretter schon in den Ecken verschraubt werden, wenn der Rahmen hergestellt wird, um die Konstruktion zusammen zu halten.

1. Gießen Sie eine sechseckige Betonplatte mit einer Seitenlänge von jeweils 1000 mm. Gießen Sie die Bodenanker für die Kanthölzer mit ein. Vergessen Sie den Abfluss nicht. Einfacher ist es, sechs Fertigfundamente einzugraben, siehe Seite 119, und den Boden zu pflastern
2. Schneiden Sie 15 Kanthölzer A mit einem 30°-Winkel an den Enden zu. Passen Sie die Länge daran an, wie weit die Bodenanker nach innen versetzt sind. Verschrauben Sie immer jeweils fünf Kanthölzer für einen horizontalen Rahmen miteinander, wozu Sie kleine Lochplatten-Verbinder und Kammnägel benutzen.
3. Befestigen Sie den untersten Rahmen an den eingegossenen Bodenankern oder an den Fertigfundamenten. Ist der Abstand bei den Fertigfundamenten zwischen den Flacheisen zu groß für diese Kanthölzer, entfernen Sie ein Eisen mit dem Trennschleifer und befestigen Sie das Kantholz mit Sechskantschrauben mit Holzgewinde an dem verbliebenen Flacheisen.
4. Befestigen Sie die Ständer B an der Tür und zwei Verkleidungsbretter C an den gegenüber liegenden Ecken. Beachten Sie, dass zwischen Bodenplatte, Ständern und Wandverkleidung wenigstens einige Zentimeter Luft sein müssen.
5. Befestigen Sie die zwei übrigen Rahmen. Achten Sie darauf, dass sie in Waage liegen und dass der Abstand zwischen den drei Rahmen gleich ist.
6. Verschrauben Sie Verkleidungsbretter an den zwei verbliebenen Ecken.
7. Schneiden Sie die Diagonalstreben D zu und befestigen Sie diese mit Schrauben am Rahmen, wie in der Zeichnung gezeigt.
8. Schneiden Sie alle Verkleidungsbretter zu und befestigen Sie diese mit Schrauben an den Rahmen. Sie benötigen 10 für jede Außenseite und 9 auf jeder Innenseite. Verteilen Sie diese so, dass der Abstand zwischen ihnen auf jeder Seite gleich bleibt.
   Denken Sie daran, die Bretter oben schräg anzuschneiden, sodass die Abdeckung E eine Neigung erhält. Auch unten werden die Bretter schräg angeschnitten, damit das Wasser besser abtropfen kann. Beachten Sie auch, dass die innen liegenden Bretter etwas länger sein und die Außenbretter überragen sollten, sodass die Abdeckung E nach außen geneigt ist.
9. Schneiden Sie die Abdeckungen E zu und verschrauben Sie diese.

Ein fantastisches Gefühl – dusche Himme

10. Jetzt ist die Tür an der Reihe. Montieren Sie die Querriegel F mit Scharnieren an einem Ende. Auf der anderen Seite machen Sie eine provisorische Befestigung mit Winkeleisen.

Schneiden Sie die Diagonalstrebe G zu und bringen Sie diese an. Verschrauben Sie die Bretter auf der Außen- und Innenseite. Diese sollten unten auf der gleichen Höhe liegen wie die Wände, aber nicht genauso hoch hinaufragen. Achten Sie darauf, dass die Tür sich unterhalb der Abdeckung E frei bewegen kann. Entfernen Sie die Winkelbeschläge und öffnen Sie die Tür.

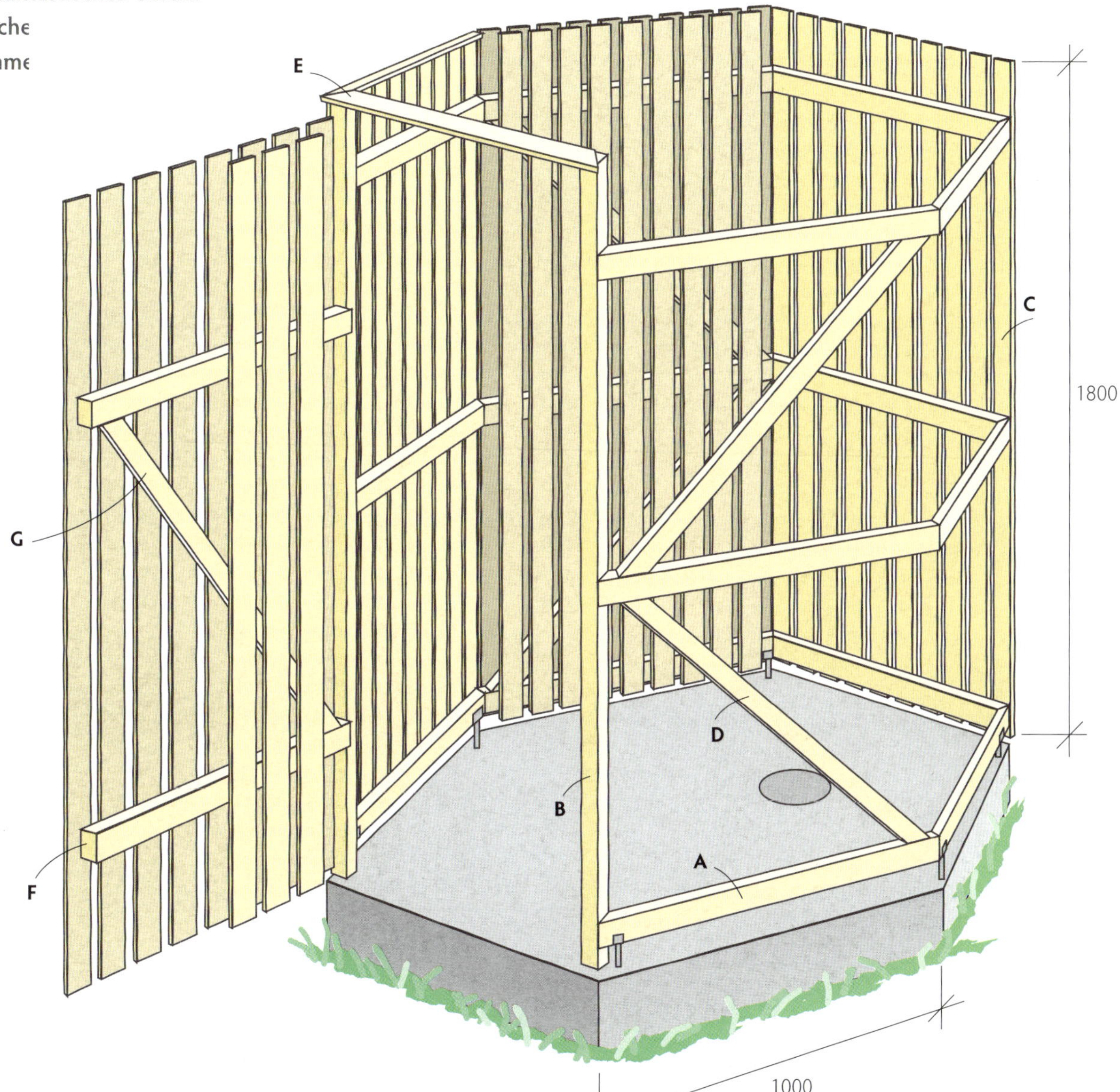

Alle Maße in Millimetern.

Abstellschuppen mit Plankenzaun

Hier hat der Besitzer nichts dem Zufall überlassen. Der Abstellschuppen ist gut durchdacht, praktisch und schön. Ein Teil ist durch eine Tür verschlossen, der Rest ist nur überdacht. Eine Plankenwand, die vom Stil her zum Schuppen passt, steht fest an der Grundstückgrenze. Die Plankenwand wurde an die Neigung des Grundstückes angepasst und erhielt daher wegen der natürlichen Gegebenheiten verschiedene Höhen und eine lebendigere Formensprache.

Material für den Abstellschuppen

Druckimprägniertes ungehobeltes Holz, 100 x 100 mm, ca. 27 m:

- 3 St. à 2400 mm (A1)
- 3 St. à 2550 mm (A2)
- 5 St. à ca 2480 mm (A3)
- 1 St. à 2060 mm (A4)

Druckimprägniertes gehobeltes Holz, 45 x 95 mm, ca. 53 m:

- 9St. à 2300 mm (B1)
- 4 St. à 4200 mm (B2)
- 3 St. à 3500 mm (B3)
- 1 St. à 1100 mm (B4)
- 1 St. à 1900 mm (B5)
- 6 St. à 300 mm (B6)

Gehobeltes Holz, 45 x 195 mm, ca. 18 m:

- 3 St. à ca. 5700 mm (C)

Rauhspund, 20 x 95 mm, ca. 17 m^2 (D)

Dreikantholz, 50 x 50 mm, ca. 12 m:

- 2 St. à ca. 5700 mm (E)

Druckimprägniertes Holz, 22 x 95 mm, ca. 6 m:

- 2 St. à ca. 2900 mm (F)

Druckimprägniertes Holz, 22 x 120 mm, ca. 230 m:

- 16 St. à 1930 mm (H1)
- 63 St. à 2120 mm (H2)
- 6 St. à 2400 mm (H3)
- ca. 38 laufende Meter (H4 und H5)
- 7 St. à 1820 mm (H6)

Druckimprägniertes ungehobeltes Holz, 25 x 38 mm, ca. 185 laufende Meter (I1), (I2), (I3)

Fertigfundamente: 12 St.

Sechskantbolzen,

Unterlegscheiben und Muttern für die Fundamente

Dachpappe und Bitumen-Kaltkleber für ca. 17 m^2 (G)

Traufbleche: 2 St. à 2 m

Tür

Nägel

Pappnägel

Holzschrauben

Dachbleche

So wird der Abstellschuppen gebaut

1. Setzen Sie die Fertigfundamente, siehe „Fundamente" auf Seite 119.
2. Schneiden Sie die Ständer A1 (3 St.), A2 (3 St.) ((In der Materialliste sind nur 2 angegeben)) und A4 (1 St.) mit allen Aussparungen zu und befestigen Sie diese an ihrem Platz an den Flacheisen der Fertigfundamente. (Setzen Sie einen Querriegel B ein. So ist es leichter, die Ständer auf die richtige Höhe zu bekommen). Achten Sie darauf, dass sie im Lot stehen.
3. Schneiden Sie die Pfosten A3 (5 St.) mit Aussparungen für B zu und setzen Sie sie provisorisch an ihren Platz. Markieren Sie die Höhe mit einer zwischen A1 und A2 gespannten Schnur. Nehmen Sie die Ständer runter, schneiden Sie am oberen Ende ab und stellen Sie sie wieder auf. Achten Sie darauf, dass alles im Lot steht. In die Ständer für den mittleren Dachsparren C machen Sie eine Aussparung mittig in das obere Ende, während die äußeren Ständer eine Aussparung an der Innenseite bekommen.
4. Montieren Sie sämtliche Querriegel B. Sorgen Sie dafür, dass die obersten Querriegel B an sämtlichen Wänden eine schräg angesägte Oberkante haben.
5. Schneiden Sie die Dachsparren C zu, legen Sie diese auf und längen Sie sie später ab.
6. Vernageln Sie den Rauhspund D. Dieser sollte an beiden Seiten gleich weit überstehen. Lassen Sie die Bretter etwas weiter als für das endgültige Maß nötig überstehen und versäubern Sie später.
7. Verschrauben Sie die Dreikanthölzer E auf der Unterseite des Rauhspunds D. Verschrauben Sie die Traufkante F auf den Enden von C und E.
8. Vernageln Sie das Traufblech und verlegen Sie die Dachpappe G mit Pappnägeln und Bitumen-Kaltkleber (beachten Sie die Anleitung auf der Verpackung).
9. Verschrauben Sie die Paneele H1, H2, H3 und H6 gleichmäßig verteilt in den Freiräumen zwischen den Ständern A. Die äußersten Bretter liegen an den Ständern an.
10. Verschrauben Sie die Bretter H4 oben und unten an allen Seiten.
11. Verschrauben Sie die Deckleisten I1 zwischen den beiden H4-Brettern und über den Spalten zwischen den Paneelen H.
12. Verschrauben Sie die Abdeckbretter H5 auf den oberen Querriegeln B.

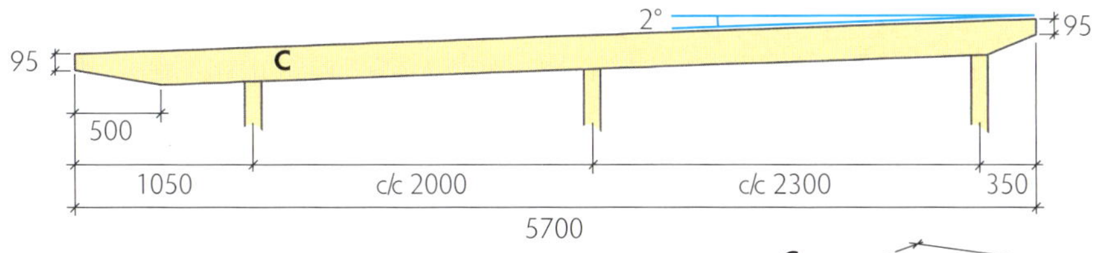

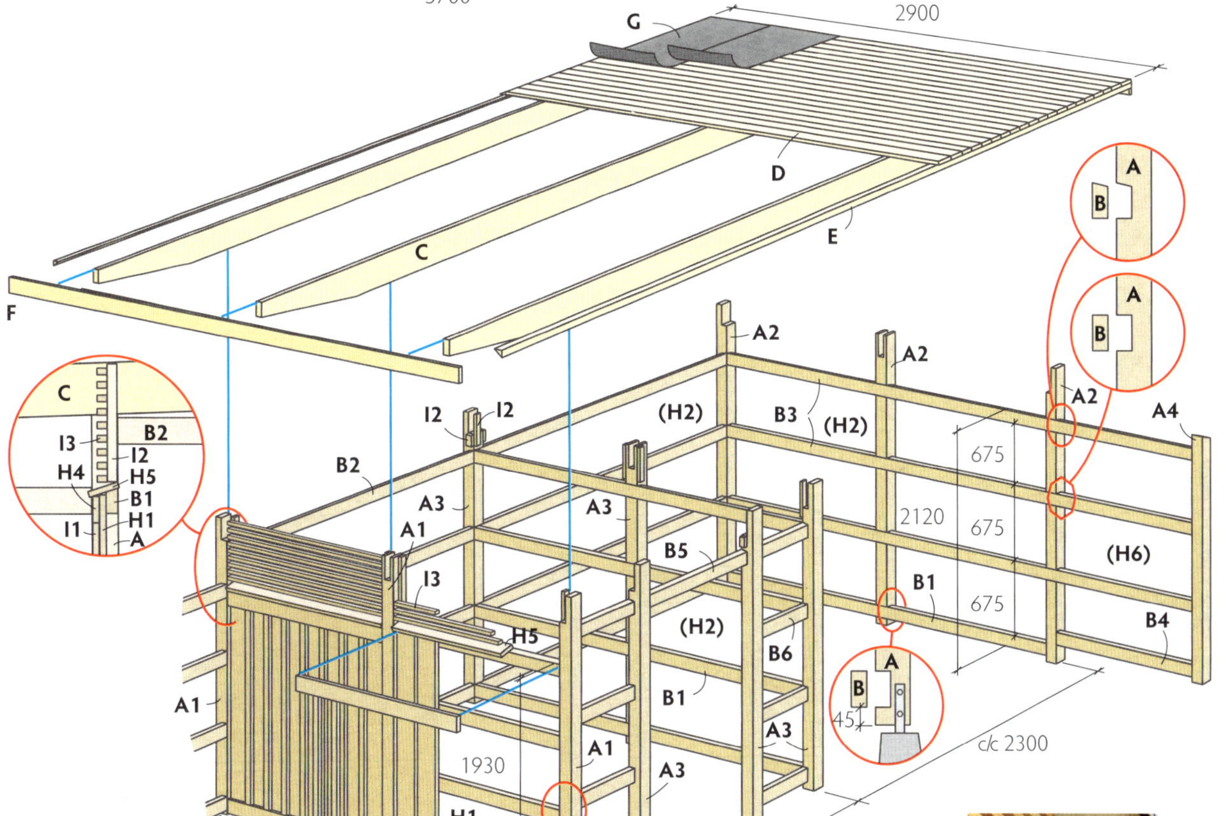

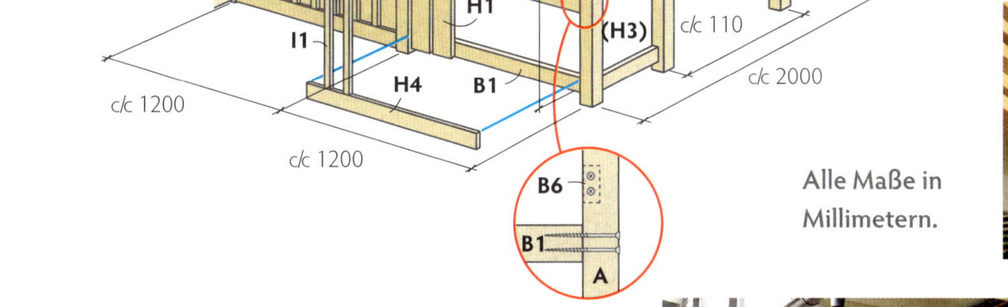

Alle Maße in Millimetern.

13. Verschrauben Sie die Leisten I2 als Befestigungshilfe für die Paneelleisten I3 auf den Ständern. Sehen Sie zu, dass an den Längsseiten die Paneelleisten I3 zum Teil an den Dachsparren C und zum Teil an kurzen Stücken von I2 verschraubt werden, welche an den Ständern A unterhalb der Dachsparren C liegen.

14. Verschrauben Sie die Paneelleisten I3 mit einem Abstand von 20 mm.

15. Bauen Sie die Tür ein und lassen Sie einen Dachdecker oder Klempner die Dachbleche auf der gesamten Dachoberfläche verlegen.

Material für den Plankenzaun

Passen Sie die Anzahl der Wandelemente an die Gesamtlänge der Plankenwand an. Deshalb wurden unten die Gesamtmengen für das Material nicht berechnet. Wenn das Grundstück ein Gefälle hat, wird der Zaun entsprechend abgestuft.

Druckimprägniertes ungehobeltes Holz, 100 x 100 mm:
2060 mm (A). Wenn die Plankenwand stufenförmig angelegt wird, nehmen Sie einen längeren Pfosten für den Übergang zwischen zwei unterschiedlichen Elementhöhen.

Druckimprägniertes gehobeltes Holz, 45 x 95 mm:
In Längen um 2000 und 4000 mm (B)

Druckimprägniertes Holz, 22 x 120 mm:
1 St. à 1900 mm (C) pro Element
15 St. à 1925 mm (D) pro Element
2 St. à 1900 mm (E) pro Element

Druckimprägniertes ungehobeltes Holz, 25 x 38 mm:
15 St. à 1925 mm (F) pro Element
15 St. à 1930 mm (G) pro Element

Fertigfundamente

Sechskantbolzen, Unterlegscheiben und Muttern für die Fundamente

Holzschrauben

So wird der Plankenzaun gebaut

1. Setzen Sie die Fertigfundamente, siehe „Fundamente“ auf Seite 119.
2. Schneiden Sie die Pfosten A mit Aussparungen für die Querriegel B zu. Am Übergang, dort wo zwei Elemente auf unterschiedlicher Höhe liegen, werden keine Aussparungen für die Querriegel B gemacht. Sorgen Sie dafür, dass der obere Querriegel B an der oberen Längsseite schräg angesägt wird.
3. Befestigen Sie die Pfosten A an den Fundamenten, gemeinsam mit den unteren Querriegeln B. Sorgen Sie dafür, dass alles ins Lot beziehungsweise in die Waage kommt.
4. Montieren Sie die restlichen Querriegel B. Benutzen Sie Längen von 2 und 4 Metern und achten Sie darauf, dass die Stöße abwechselnd auf A liegen, sodass es pro Pfosten maximal 2 Stöße gibt.
5. Verschrauben Sie die Abdeckung C auf dem oberen Querriegel B.
6. Verschrauben Sie die Paneelbretter D gleichmäßig verteilt. Die äußeren liegen an den Pfosten A an.
7. Verschrauben Sie die Bretter E ganz oben und ganz unten auf der Wandverkleidung.

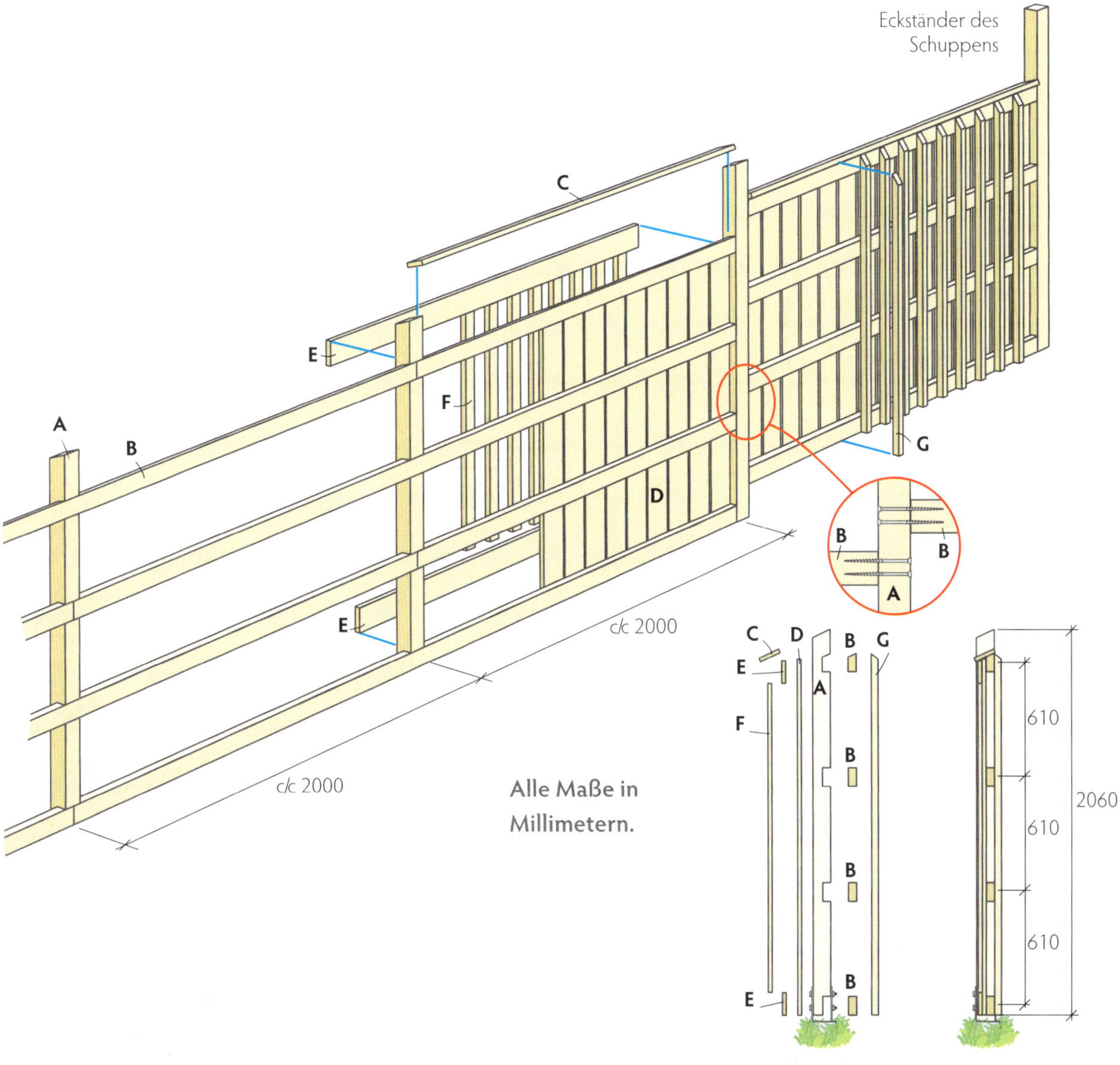

8. Verschrauben Sie die Deckleisten F zwischen den zwei E-Brettern und über den Spalten der Wandpaneele.
9. Schneiden Sie die Leisten G zu und verschrauben Sie diese an B mittig über den Zwischenräumen zwischen den Paneelbrettern D.

Die aufgesetzten Leisten sind ein hübsches Detail, welches die Plankenwand lebendiger macht.

Carports

Ein Carport ist ein einfacher und relativ guter Schutz für Ihr Fahrzeug. Vor allem im Winter werden Sie den Schutz des Carports zu schätzen wissen. Dadurch müssen Sie keinen Schnee fegen oder Eis vom Fahrzeug kratzen. Es gibt schließlich angenehmere Dinge als am frühen Morgen Autoscheiben freizukratzen.

Wie immer ist es sehr wichtig, dass Sie sich Ihr Grundstück, Ihr Haus und die Umgebung genau ansehen, bevor Sie sich für einen Standort für den neuen Carport entscheiden. Auch die Farbgebung, das Material des Ständerwerks und der Windschutz müssen sorgfältig bedacht werden.

Planung

Beginnen Sie damit, Ihr Grundstück und Ihr Haus zu skizzieren. Achten Sie darauf, wie Sie am leichtesten mit Ihrem Fahrzeug auf das Grundstück kommen, damit die Zufahrt so kurz wie möglich wird. Bedenken Sie auch, dass Ihr Carport Ihren Sitzplatz im Freien nicht beschatten sollte. Vielleicht kann er aber einem neuen Freisitz Sichtschutz bieten?

Werden die Nachbarn beeinträchtigt? Es ist immer besser, mit den Nachbarn zu sprechen, bevor Sie mit Ihren Planungen weit fortgeschritten sind. Wenn Sie näher als es das Baurecht erlaubt an der Grundstücksgrenze bauen möchten, benötigen Sie eine schriftliche Einverständniserklärung der Nachbarn für die Beantragung der Baugenehmigung.

Nicht vergessen

- Wenden Sie sich an die Baubehörde Ihrer Gemeinde, um Auskunft darüber zu erhalten, was die Bestimmungen für Ihren Wohnort beinhalten. In manchen Fällen benötigt man keine Baugenehmigung, wenn man sich an diese Bestimmungen hält. Mehr über Gesetze und Bestimmungen erfahren Sie auf Seite 118.
- Wenn Sie einen Carport für zwei Fahrzeuge bauen möchten, wirkt sich das sowohl auf den Standort als auch auf die Größe aus.

So wird's gemacht

- Ein gutes Fundament ist die Voraussetzung für ein gutes Endergebnis. Wenn Sie keine Bodenplatte gießen wollen, sollten Sie eine Lösung mit stabilen Pfahlfundamenten wählen. In diesem Buch haben wir uns auf Projekte mit Pfahlfundamenten konzentriert, siehe das Kapitel „Fundamente" auf Seite 119, aber auf Seite 167 wird die Vorgehensweise zum Guss einer Betonplatte beschrieben.
- Ein freistehender Carport erfordert, dass man mit den Abmessungen des Holzes nicht geizt und dass eventuelle Verstrebungen richtig platziert werden. Andernfalls wird Ihr Carport instabil und kann den Wettereinflüssen nur schwer widerstehen.
- Beim Bau eines Carports ist es sehr wichtig, dass alles gerade steht und alle Ständer in einer geraden Linie stehen. Auf die gleiche Weise wie beim Bau einer Plankenwand beginnen Sie damit, die Eckständer an einer Längsseite aufzustellen. Sorgen Sie mit der Wasserwaage dafür, dass sich die Ständer im Lot befinden. Spannen Sie eine Schnur zwischen diesen Ständern und richten Sie sich beim Aufstellen der übrigen danach. Ein Abstand von 1,8 Metern ist meistens für die Ständer günstig. Aber manchmal will man vielleicht auch ganz anders bauen.
- Sorgen Sie dafür, dass die Längs- und Schmalseiten genau im rechten Winkel zueinander stehen. Die Abbildung 1 zeigt eine einfache Methode zur Herstellung eines rechten Winkels. Danach können Sie die Rechtwinkligkeit durch das Vermessen der beiden Diagonalen kontrollieren, die immer gleich lang sein müssen, siehe Abbildung 2. Bei einer anderen Methode verwenden Sie ein Vermessungsgerät mit Laser.

Auf den folgenden Seiten finden Sie zwei Beispiele, einen einfachen und einen doppelten Carport.

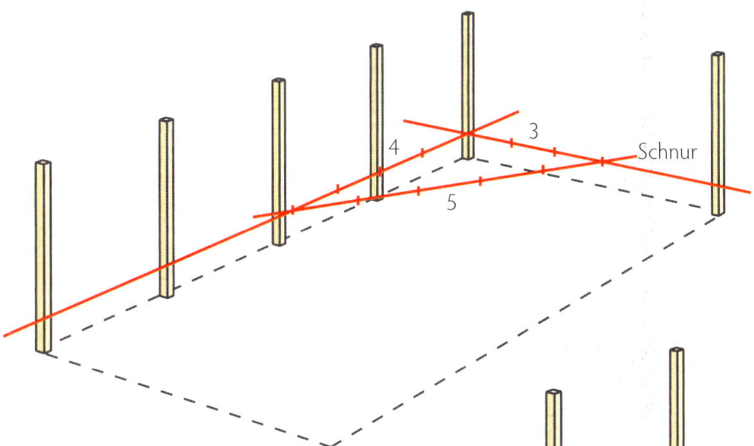

Mit dieser Methode erhalten Sie einen rechten Winkel.

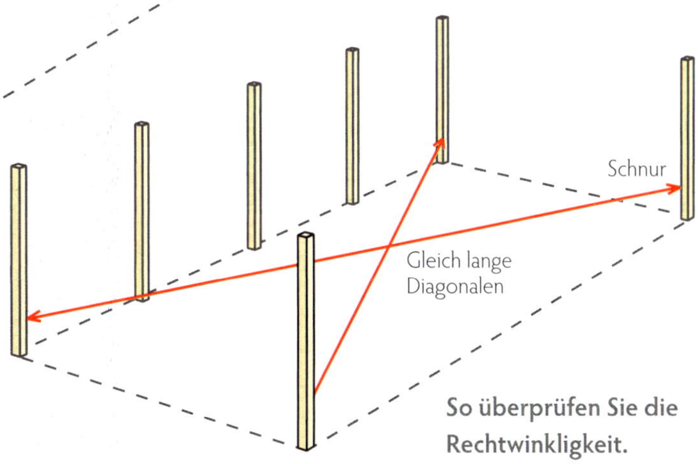

So überprüfen Sie die Rechtwinkligkeit.

Carport mit Abstellraum

Das Fahrzeug unter ein Dach zu bekommen, hatte hohe Priorität, und da das Grundstück seine vorgegebene Breite hatte, musste der Carport nahe am Haus gebaut werden. Die Familie wünschte sich einen Carport, der zum gelb verputzten Haus sowohl von der Form als auch von der Farbe her passte. Dadurch dass man - etwas verspielt - die Wandpaneele im „Fischgrätmuster" anordnete, ergab sich ein sehr gelungener Gesamteindruck.

Material für das Fundament

Armiereisen, Durchmesser 12 mm, ca. 24 m (R)

Baustahlgitter, Durchmesser 5 mm, 3,3 × 2,5 m, ca. 8,5 m^2 (S)

Fasertuch, ca. 17 m^2 (T)

Schotter oder grober Gesteinsgrus, ca. 1,5 m^3 (U)

Fertigbeton, ca. 1,5 m^3 (V)

Drainagerohr, Durchmesser 75 mm, ca. 14 m + Entfernung zum Abfluss (X)

Fertigfundamente: 6 St.

Sechskantbolzen, Unterlegscheiben und Muttern für die Fundamente.

Material für die Sparrengebinde (9 St.)

Gehobeltes Holz, 45 x 145 mm, ca. 86 m:
- 9 × 2 St. à 2540 mm (C1)
- 9 × 1 St. à 3370 mm (C2)
- 9 × 1 St. à ca. 1000 mm (C3)

Lochplatten-Verbinder: 9 x 8 St.

Kammnägel

Material für das Ständerwerk

Gehobeltes Holz, 45 x 95 mm, ca. 100 m (A)

Ungehobeltes Holz, 100 x 100 mm, ca. 15 m:
- 6 St. à 2400 mm (B1)

Gehobeltes Holz, 45 x 170 mm, ca. 11 m:
- 2 St. à 5300 mm (B2)

Gehobeltes Holz, 45 x 70 mm, ca. 34 m:
- 2 St. à 4500 mm (D)
- 6 St. à 2500 mm (J1)
- 3 St. à 700 mm (J2)
- 8 St. à 980 mm (J3)

Gehobeltes Holz, 45 x 45 mm, 5 m (E1)

Außenpaneele, 22 x 95 mm, ca. 445 m: ca. 17 m (E2)
- 1 St. à 2500 mm (J4)
- 4 St. à 2700 mm (K)
- ca. 300 m (N1)
- ca. 110 m (P)

Außenpaneele, 22 x 70 mm, 11 m:
- 4 St. à 2700 mm (L)

Außenpaneele, 22 x 45 mm, ca. 420 m: ca. 420 m:
- ca. 300 m (N2)
- ca. 120 m (Q

Rauhspund, 20 x 95 mm, ca. 43 m^2 (F)

Dreikantholz, 50 x 50 mm, ca. 10,5 m (G)
- Profilbretter, überfälzt mit Schattennut, 22 × 120 mm, ca. 21,5 m (O)

Traufbleche: 9 St. à 2 m (H)

Dachpappe (I) und Bitumen-Kaltkleber für 43 m^2

Windschutzpappe (M): 33 m^2

Schwellenisolierung (Teerpappe)

Nageldübel; Pappnägel; Nägel;

Winkelbeschläge;

Kammnägel; Holzschrauben

Dieser Carport mit seinem Schuppen wurde auf einer gegossenen Platte errichtet, aber man kann ihn genauso gut auf Pfahlfundamente setzen. Wenn bereits ein Schuppen vorhanden ist und Sie diesen mit einem Carport verlängern wollen, passen Sie die Maße an den Schuppen an. Achten Sie nur darauf, dass die Diagonalverstrebungen des Schuppens ausreichen. Das ist für den Carport wichtig. In der unten stehenden Beschreibung hat der Schuppen eine gegossene Bodenplatte, während der Carport auf Pfahlfundamenten ruht.

Vorgehensweise beim Fundament:

Der Schuppen wird auf einer Betonplatte mit Kantenverstärkung gebaut, während der Carport auf Pfahlfundamenten ruht. Für die Pfahlfundamente beachten Sie das Kapitel „Fundamente" auf Seite 119. Wenn Sie die Platte nicht selbst gießen möchten, können Sie die Arbeit auch durch ein Bauunternehmen ausführen lassen.

1. Beginnen Sie damit, dass Sie dort wo sie den Schuppen bauen möchten, den gesamten Mutterboden entfernen. Wenn der Grund Ihrer Baugrube danach zu tief liegt, füllen Sie bis zur richtigen Höhe mit Gesteinsgrus auf, welcher gut verdichtet werden muss.
   Auf dem Boden Ihrer Grube breiten Sie ein Fasertuch T aus und danach wenigstens 150 mm einer drainierenden und kapillarbrechenden Lage U aus gewaschenem Schotter, grobem Gesteinsgrus oder Kies. Verdichten Sie die Lagen gut mit einer Rüttelplatte. Wenn Sie Schotter verwenden, legen Sie ein Fasertuch obenauf, um zu verhindern, dass der Beton in den Schotter läuft.
2. Setzen Sie eine stabile Form um die zu gießende Betonplatte herum. Die Oberkante ist mit der Oberfläche der Platte bündig.
3. Legen Sie zwei Armiereisen R in die Kantenverstärkung und ein Baustahlgitter S über die ganze Fläche der Platte, um Risse zu verhindern.
4. Gießen Sie die Platte V mit Fertigbeton, den man sich zur Baustelle liefern lassen kann. Für ein gutes Ergebnis benötigt man einen Betonrüttler, der dafür sorgt, dass die Luftblasen aus dem Beton verschwinden und alle Hohlräume gefüllt werden. Abschließend bearbeiten Sie die Oberfläche mit einem Stahlglätter oder einem Glättbrett.

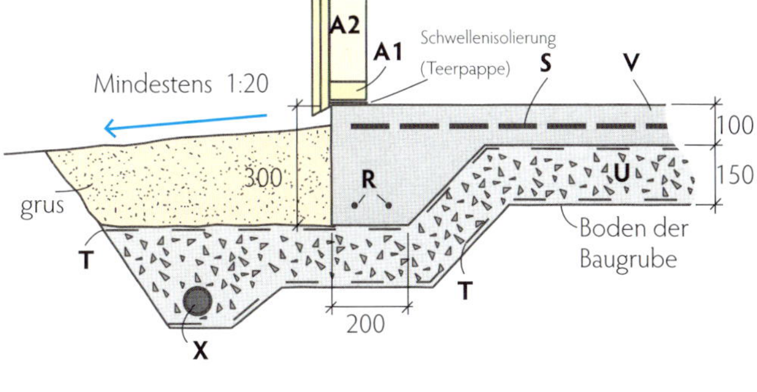

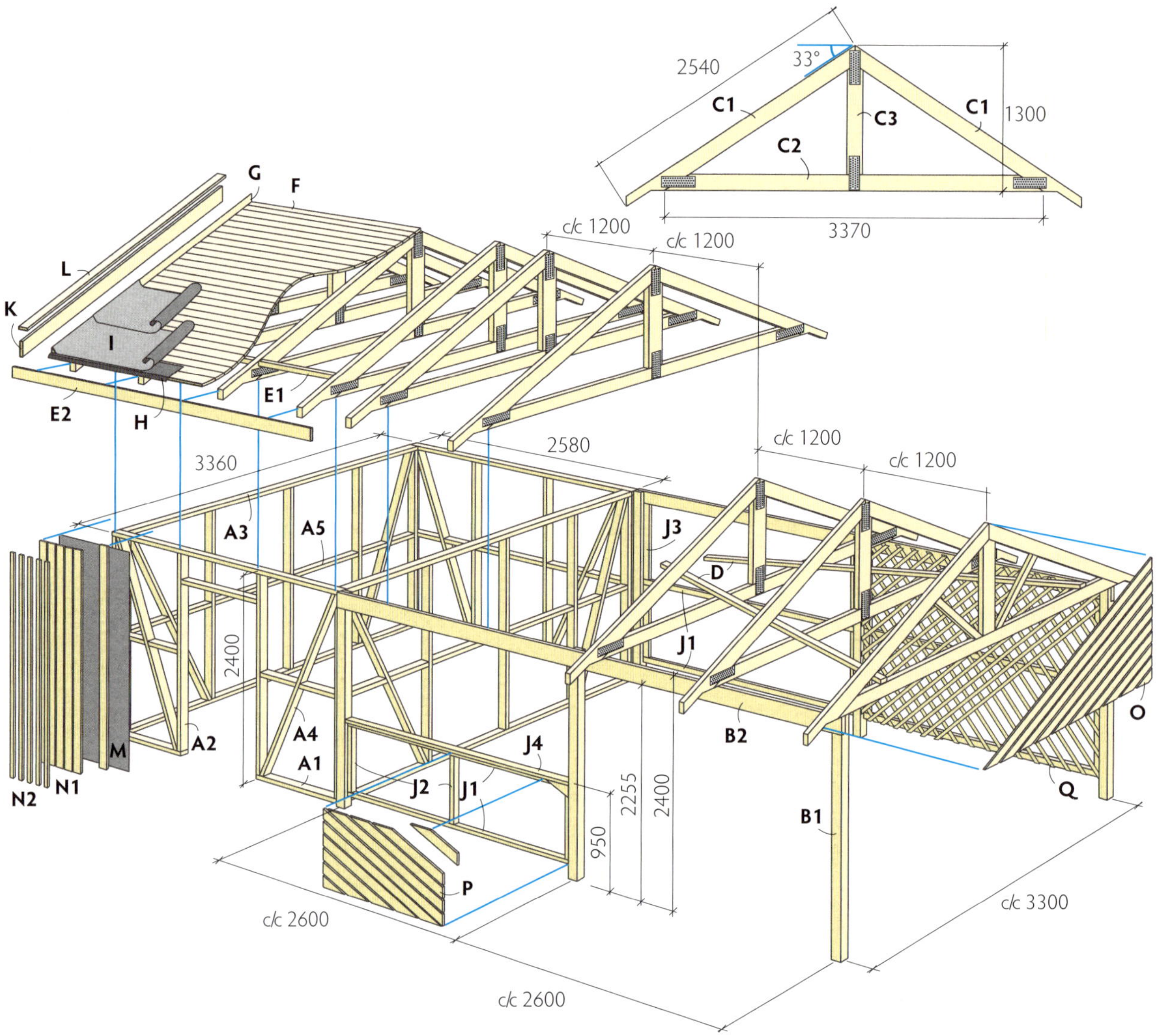

5. Legen Sie das Drainagerohr X mit einem Gefälle von mindestens 1:200 um das Fundament herum und schließen Sie es an einen Drainageablauf an. Füllen Sie mit dem gleichen Material, welches Sie unter der Bodenplatte haben, um das Rohr herum auf und den Rest verfüllen Sie bis zur endgültigen Bodenhöhe mit Gesteinsgrus.
6. Gießen Sie Pfahlfundamente für den Carport wie auf Seite 120 gezeigt.

So werden die Sparrengebinde hergestellt

Beginnen Sie damit, ein Sparrengebinde herzustellen und benutzen Sie dieses später als Muster.

1. Schneiden Sie die Giebelsparren C1 in einem 33°-Winkel an einem Ende an. Formen Sie durch zwei Sägeschnitte im 33°-Winkel an einem Ende der Mittelstütze C3 eine Spitze. Legen Sie alle Teile für das Sparrengebinde zusammen. Messen Sie sehr genau, sodass hinterher alles passt. Markieren Sie, wo zugeschnitten werden muss.
2. Schneiden Sie alle Teile zu und vernageln Sie diese mit Hilfe von Lochplatten-Verbindern und Kammnägeln. Alle Sparrengebinde müssen Lochplatten-Verbinder auf beiden Seiten haben, außer den beiden äußersten, die an der Außenseite keinen erhalten.

So wird das Ständerwerk gebaut

1. Legen Sie Schwellenisolierung unter die Schwelle A1 und befestigen Sie diese mit Nageldübeln auf der Bodenplatte.
2. Stellen Sie die Ständer A2 mit Hilfe von Winkelbeschlägen auf und befestigen Sie danach das Rähm A3 von

oben. Dort wo die Tür hinkommt platzieren Sie die Ständer A2 entsprechend der Breite des Türrahmens, aber bedenken Sie, dass die Sparrengebinde exakt über A2 stehen müssen.

3. Schneiden Sie die Diagonalstreben A4 zu und befestigen Sie diese. Überprüfen Sie ihr Ständerwerk sehr sorgfältig mit der Wasserwaage
4. Befestigen Sie alle Querriegel A5.
5. Montieren Sie die Ständer B1 und machen Sie an der Außenseite Aussparungen für den Querträger B2. Verschrauben Sie B2 an B1.
6. Richten die Sparrengebinde auf und verschrauben Sie diese mit Winkelbeschlägen. Fixieren Sie sie mit provisorischen Diagonalstreben. Legen Sie die zwei Kanthölzer D diagonal auf die Sparrengebinde und befestigen Sie diese mit Nägeln oder Schrauben.
7. Befestigen Sie die Kanthölzer E1 zwischen den Sparrengebinden am Schuppenteil direkt über dem Rähm A3. Verschrauben Sie die Abdeckungen E2 so, dass sie an den Giebeln 300 mm über die Sparrengebinde hinausragen.
8. Vernageln Sie den Rauhspund F. Lassen Sie ihn etwas mehr als 300 mm über die zwei äußeren Sparrengebinde hinausragen und längen Sie ihn ab, wenn Sie damit fertig sind.
9. Vernageln Sie die Traufbleche H und danach die Dreikanthölzer G. Verlegen Sie die Dachpappe I mit Pappnägeln und Bitumen-Kaltkleber (Beachten Sie die Anleitung auf der Verpackung).
10. Verschrauben Sie die Querriegel J1-J3 als Befestigung für die Brüstung und das Spalier des Carports.
11. Befestigen Sie die Windfedern K und die Abdeckbretter L.
12. Vernageln Sie die Windschutzpappe M auf dem Schuppen und danach die Außenpaneele N1 mit ca. 5 mm Abstand zueinander.
    Vernageln Sie die Abdeckleisten N2 über den Stößen. Vernageln Sie so, dass die Nägel in der Fuge liegen. N1 und N2 werden an der Unterkante schräg abgeschnitten, damit Wasser besser abtropfen kann.
    Auch der Giebel an der Rückseite wird mit Außenpaneelen N1 und N2 verkleidet.
    An der Wand zum Carport hin wird N2 weggelassen und die Windschutzpappe erst nach N1 aufgebracht.
13. Vernageln Sie die senkrechten Leisten Q exakt auf den Ständern A2 an der Wand zwischen Schuppen und Carport. Befestigen Sie schräg verlaufende Außenpaneele P auf diesen Leisten und danach Leisten Q genau über den anderen senkrechten Leisten Q.

14. Sägen Sie die Außenpaneele O an einem Ende im richtigen Winkel an und verschrauben Sie diese auf der Giebelseite. Lassen Sie die Außenpaneele nach unten überstehen und längen Sie mit der Handkreissäge ab, wenn alle angebracht sind.
15. Schneiden Sie die Außenpaneele P für die Brüstung an der Längsseite sorgfältig zu und verschrauben Sie diese. Legen Sie die Abdeckung J4 auf und befestigen Sie diese an dem oberen Querriegel J1.
16. Verschrauben Sie die Leisten Q an der anderen Längsseite, zuerst eine Lage im 45°-Winkel und danach die anderen rechtwinklig dazu. Die Leisten haben einen Abstand von 100 mm.

Doppelcarport

Dieser Carport, der an der Grundstücksgrenze liegt, hat eine leichte und einfache Formensprache und man hat sich dafür entschieden, dass die Pflanzen als „Wand" zwischen den Pfosten dienen sollen. Die zwei Autos der Familie haben reichlich Platz und der Durchgang, der direkt in den Garten führt, ermöglicht es, dass man schnell vom Haus zum Carport kommt. Das mit Teerpappe verkleidete Dach hat einen Unterbau aus Rauhspund und für die Sparrengebinde wurde auf Maß gehobeltes Holz verwendet. An den Außenwänden ist dagegen druckimprägniertes Holz vorzuziehen, weil es dort Wind, Regen und Schnee ausgesetzt ist.

Material für 6 St. Sparrengebinde

Gehobeltes Holz, 45 x 145 mm, ca. 73 m:
6 x 2 St. à 2700 mm (A)
6 x 2 St. à 3340 mm (B)

Gehobeltes Holz, 45 x 95 mm, ca. 19 m:
6 x 2 St. à ca. 210 mm (C)
6 x 2 St. à ca. 1360 mm (D)

Lochplatten-Verbinder: 100 St.

Kammnägel

Material für das Ständerwerk

Druckimprägniertes Holz, 95 x 95 mm, ca. 46 m:
15 St. à 2300 mm (E)
2 St. à 5395 mm (F)
1 St. à 5395 mm (G

Druckimprägniertes gehobeltes Holz, 45 x 95 mm, ca. 19 m:
7 St. à ca. 2500 mm (H)
2 St. à 600 mm (K

Druckimprägniertes gehobeltes Holz, 22 x 45 mm, ca. 115 m:
16 St. à 4070 mm (I)
9 St. à 5395 mm (J)

Rauhspund, 20 x 95 mm (L): ca. 42 m^2

Dreikantholz, 50 x 50 mm (N): 13,5 m

Außenpaneele, 22 x 95 mm, ca. 95 m:
ca. 80 laufende Meter (P)
4 St. à 3450 mm (Q

Pfahlfundamente: 15 St.

Sechskantbolzen,

Unterlegscheiben und Muttern für die Pfahlfundamente

Traufbleche (M): 7 St. à 2 m

Dachpappe (O) und Bitumen-Kaltkleber für 42 m^2

Pappnägel

Winkelbeschläge: 20 St.

Kammnägel

Holzschrauben

So werden die Sparrengebinde gemacht

Beginnen Sie damit, ein Sparrengebinde herzustellen und benutzen Sie dieses später als Muster.

1. Setzen Sie den Bundbalken A aus zwei Teilen mit Lochplatten-Verbindern und Kammnägeln zusammen, ohne ihn sogleich an den Enden zu beschneiden.
2. Schneiden Sie die Dachsparren B an einem Ende im 14°-Winkel zu. Legen Sie die beiden mit den auf Winkel gesägten Enden auf einer ebenen Fläche zusammen und verbinden sie diese mit Lochplatten-Verbindern.
3. Legen Sie den Bundbalken A, die Dachsparren B und die Streben C und D zusammen. Vermessen Sie sorgfältig, damit alles genau passt und reißen Sie an, wo gesägt werden soll. Schneiden Sie alle Bauteile zu und vernageln Sie diese mit Lochplatten-Verbindern und Kammnägeln. Alle Sparrengebinde müssen auf beiden Seiten Lochplatten-Verbinder bekommen, außer den beiden äußersten, die auf der Außenseite keine erhalten.

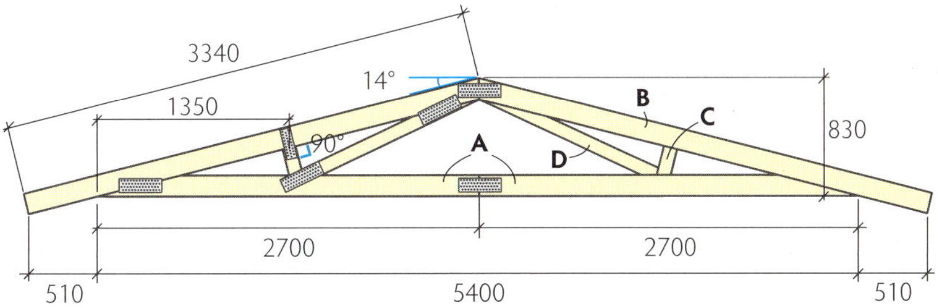

Alle Maße in Millimetern.

So wird das Ständerwerk gebaut

4. Gießen Sie die Pfahlfundamente, siehe Seite 120.
5. Montieren Sie die Ständer E. Sorgen Sie dafür, dass sie im Lot stehen.
6. Verschrauben Sie das Rähm F und G mit langen Schrauben. F und G werden an den Ecken, dort wo sie aufeinandertreffen, überblattet.
7. Schneiden Sie die Diagonalstreben H zu und befestigen Sie diese mit langen Schrauben.
8. Schneiden Sie die Hölzer I und J für die Gitter zu und verschrauben Sie diese in gleichmäßigem Abstand.
9. Richten Sie die Sparrengebinde auf und verschrauben Sie diese mit Winkelbeschlägen. Stabilisieren Sie sie vorübergehend mit Diagonalstreben.
10. Schneiden Sie die Diagonalstreben K zu und befestigen Sie diese mit langen Schrauben.
11. Vernageln Sie den Rauhspund L. Lassen Sie ihn weiter überstehen als beabsichtigt und schneiden Sie die Bretter so zu, dass sie 400 mm über den äußeren Dachstuhl hinausstehen, wenn alles montiert ist.
12. Vernageln Sie die Traufbleche M und danach die Dreikanthölzer N.
13. Verlegen Sie die Dachpappe und befestigen Sie sie mit Pappnägeln und Bitumen-Kaltkleber (beachten Sie die Anleitung auf der Verpackung).
14. Schneiden Sie die Außenpaneele P an einem Ende mit einem 14°-Winkel zu und verschrauben Sie sie an den Giebelseiten. Lassen Sie sie nach unten länger überstehen als beabsichtigt und längen Sie unten mit einer Kreissäge ab, wenn alle angebracht worden sind. Sägen Sie unten leicht schräg an, damit Wasser besser abtropfen kann.
15. Schneiden Sie die Windfedern Q zu und verschrauben Sie diese.

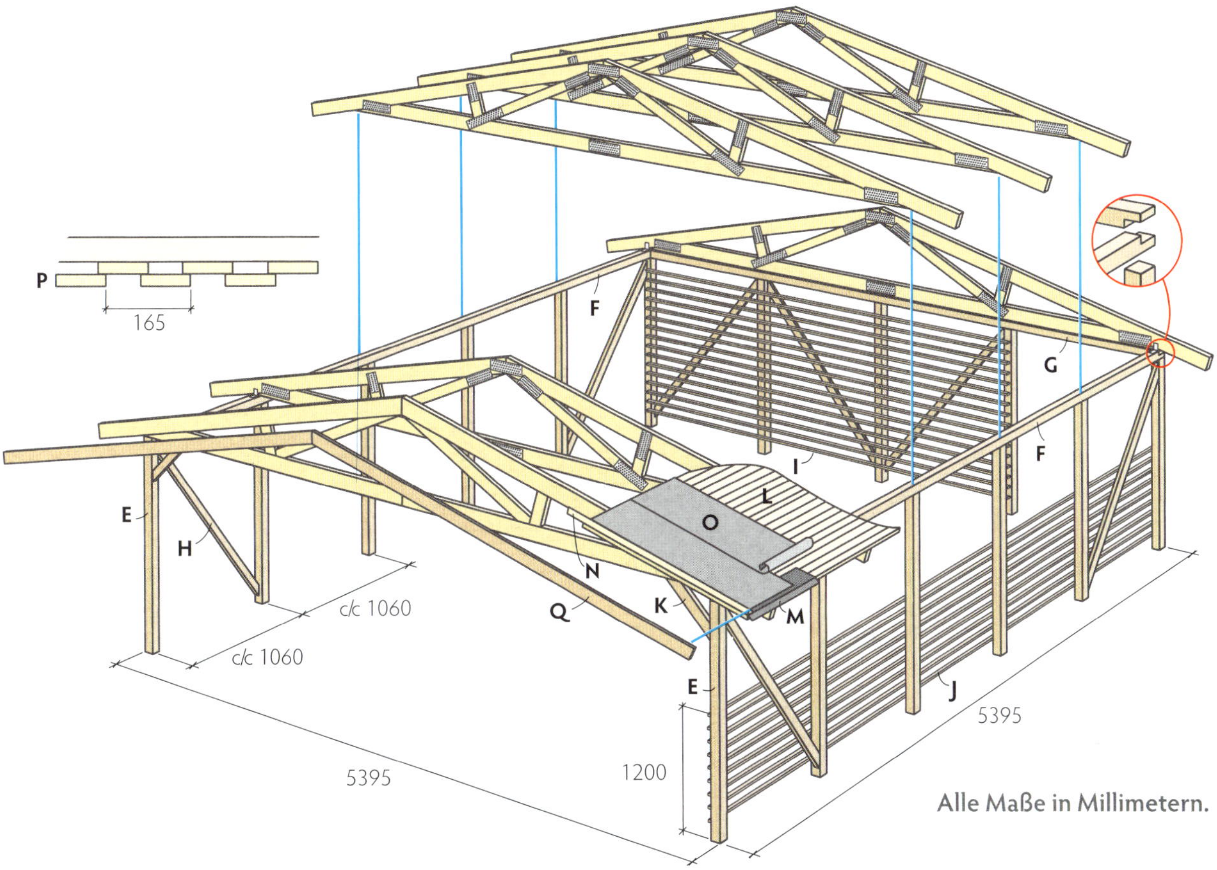

Alle Maße in Millimetern.

Sparrengebinde kann man vorgefertigt bestellen, aber mit Lochplatten-Verbindern und Kammnägeln kann man sie relativ leicht selbst herstellen.

Treppen und Vordächer

Eine Außentreppe aus Holz muss sowohl im Sommer als auch im Winter begehbar sein. Deswegen ist es wichtig, dass sie mit großer Sorgfalt und aus dem richtigen Material gebaut wird. Die Vorgehensweise ist die gleiche wie bei einer Treppe im Eingangsbereich, an einer Terrasse oder einer freistehenden Treppe, die in einem Garten verschiedene Höhen miteinander verbindet, gilt

Ein Vordach ist ein kleines spezielles Bauwerk, was nicht zu allen Häusern passt. Es ist wichtig darüber nachzudenken, ob ein Vordach oder Vorbau zum Haus passt und, wenn das der Fall ist, wie die Gestaltung aussehen sollte, damit es sich ins Gesamtbild einfügt.

Planung

Beginnen Sie mit dem Vermessen der Höhenunterschiede. Denken Sie darüber nach, ob Sie einen Absatz haben möchten, wenn Sie die Treppe heraufkommen, oder ein so genanntes Zwischenpodest in der Mitte der Treppe, falls sie sehr lang ist. Geht es um den Eingangsbereich, kann ein größeres Treppenpodest von Vorteil sein, da so genug Platz bleibt, wenn man die Tür öffnet.

Denken Sie an den Gesamteindruck. Eine Treppe ist ein Teil des Hauses oder, wenn es sich um eine freistehende Treppe handelt, ein Teil des Gartens.

Denken Sie an die Sicherheit. Ist ein Geländer oder ein Handlauf notwendig? Ungehobeltes Holz auf den Trittflächen vermindert das Risiko auszurutschen.

Damit man die Bauanleitungen für Treppen besser verstehen kann, ist es von Vorteil zu wissen, wie die unterschiedlichen Bauteile benannt werden, siehe Abbildung unten.

Nicht vergessen

- Wählen Sie für alle Bauteile druckimprägniertes Holz.
- Alle Beschläge, Schrauben, Bolzen und Nägel sollten zumindest feuerverzinkt, am besten aber aus rostfreiem Stahl sein.
- Die Treppe muss so gestaltet werden, dass Wasser und Feuchtigkeit sich nicht auf den Trittflächen sammeln sondern leicht ablaufen können. Sehen Sie unter anderem vor, dass die Setzstufe eine leichte Außenneigung hat, sodass das Wasser leicht von den Stufen abfließt.
- Eine Treppe sollte einen Steigungswinkel zwischen 17° und 30° haben. Eine Außentreppe sollte einen geringeren Winkel als eine Treppe im Haus haben. Die Treppensteigung sollte zwischen 140 und 200 mm liegen. Oft empfindet man es als schwieriger, auf einer Außentreppe zu gehen. Deshalb ist es am besten, wenn die Treppensteigung 150 mm nicht überschreitet. Der Treppenauftritt sollte mindestens 250 mm, am besten 300 mm betragen.

Die Treppensteigung und den Treppenauftritt berechnet man mit dieser Formel:
2 x Treppensteigung + Treppenauftritt = 630 mm.

So berechnen Sie die Treppensteigung – Beispiel:
Der Höhenunterschied beträgt 1000 mm
Die gewünschte Treppensteigung ist maximal 150 mm
1000/150 = 6,67 Stufen.
Bauen Sie sieben Stufen, was eine Treppensteigung von 143 mm ergibt.

So berechnen Sie den Treppenauftritt – Beispiel:
2 x 143 + X = 630 mm
X = 344 mm (Treppenauftritt)

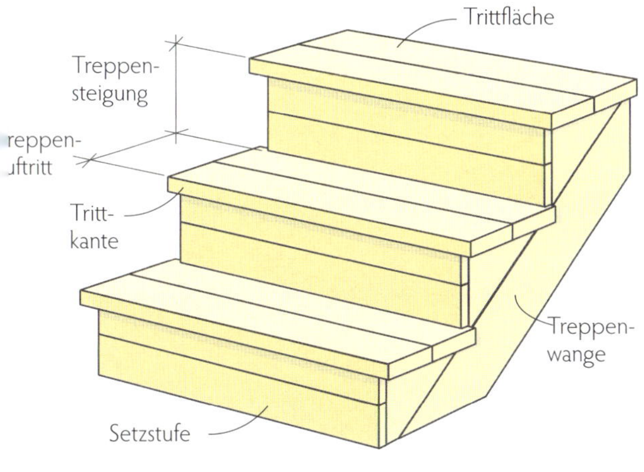

- Die Abmessungen des Holzes für die Trittflächen richten sich nach der Breite der Treppe. Wenn die Treppe 700 mm breit ist, wählen Sie 28 mm starkes Holz, bei 800 mm wählen Sie 34 mm, bei 1000 mm sind es 45 mm.
- Ein Geländer wird 900 mm über der Trittkante befestigt. Geländer benötigt man vor allem bei höheren Treppen.
- Eine Treppe dürfen Sie meist ohne Baugenehmigung errichten. Was Vorbauten angeht, können Sie mehr unter „Gesetze und Bestimmungen" auf Seite 118 herausfinden.

So wird's gemacht

- Bei einer Treppe, die direkt auf dem Boden beginnt und der Neigung des Grundstücks folgt, legen Sie die Wangen auf Betonplatten. Andernfalls benötigen Sie irgendeine Form von Pfahlfundamenten. Lesen Sie mehr über Fundamente auf Seite 119.
- Auch bei druckimprägniertem Holz muss die Oberfläche behandelt werden. Lesen Sie mehr über Oberflächenbehandlung auf Seite 134.

Schauen Sie sich unsere Beispiele an und lassen Sie sich inspirieren. Weitere Beispiele und Bauanleitungen für Treppen finden Sie auf den Seiten 48 und 60.

Treppe

Die Familie renovierte die Küche und nutzte die Gelegenheit, eine Tür zum Garten einzubauen. Dort bauten sie eine großzügige und einladende Treppe, die auf vortreffliche Weise die Küche mit dem kleinen Garten verbindet. Sie wurde zu einem Platz, an dem man sich mit einem morgendlichen Kaffee in der Hand und einem Blick in die Tageszeitung niederlassen kann.

Material

Die gesamte Konstruktion wird auf sechs Treppenwangen errichtet, die bereits vorgefertigt in einem Baumarkt erworben wurden.

Treppenwangen (A): 6 St.

Kantholz, 45 x 120 mm, ca. 5 m:
- 6 St. Ständer (B) à ca. 600 mm
- 1 St. Tragbalken (C) à 1100 mm
- 1 St. Klotz (D) à ca. 100 mm

Druckimprägnierte Terrassenbohlen, 28 x 120 mm, ca. 42 m:

Für die Trittfläche (E), die Setzstufen (F) und das Podest (G):

Kantholz, 45 x 45 mm, ca. 2 m:
- 2 St. à ca. 920 mm (H)

Lochplatten-Verbinder: 6 St.

Kammnägel

Holzschrauben

Schwellenisolierung (Teerpappe)

Eventuell Pflastersteine, 200 x 400 mm,

Schotter und Verlegesplitt

So wird's gemacht

Es ist nicht sinnvoll, die Treppe auf Erde oder Gras zu stellen. Am einfachsten ist es, sie auf einen gepflasterten Untergrund zu setzen. So kann man gleich mit dem Bau beginnen. Andernfalls benötigt man ein Fundament aus Betonplatten, zwei Platten für jedes Wangenbauteil. Vermessen Sie, wo diese liegen sollen, und graben Sie dort bis zu einer Tiefe von 20 cm. Bringen Sie eine 10 cm dicke Tragschicht auf und verdichten Sie diese stark. Darauf kommen 5 cm Verlegesplitt, den man einebnet. Legen Sie die Platten auf ihren Platz und richten Sie mit der Wasserwaage so aus, dass alle Platten auf der gleichen Höhe liegen. Die Platten sollten auf Bodenhöhe liegen.

1. Beginnen Sie mit den Wangen A und schneiden Sie die Ständer B im richtigen Winkel und der richtigen Länge zu. Befestigen Sie diese mit Lochplatten-Verbindern und Kammnägeln an der jeweiligen Wange.
2. Befestigen Sie ein Stück Schwellenisolierung unter allen Oberflächen, die auf dem Boden zu stehen kommen.
3. Befestigen Sie zwei der Untergestelle am Tragbalken C, der später am Haus anliegen wird. Es sollten 600 mm Abstand zwischen den beiden Untergestellen sein. Setzen Sie den Tragbalken mit den beiden daran verschraubten Untergestellen an den endgültigen Platz an der Wand.
4. Befestigen Sie einen Klotz D in der Mitte des Tragbalkens und schlagen Sie einen Nagel genau in die Mitte der Oberseite, um dort das Zentrum der Treppe zu markieren. Der Nagel wird zum Ausrichten der übrigen Untergestelle benötigt.

ISBN 978-3-86630-9

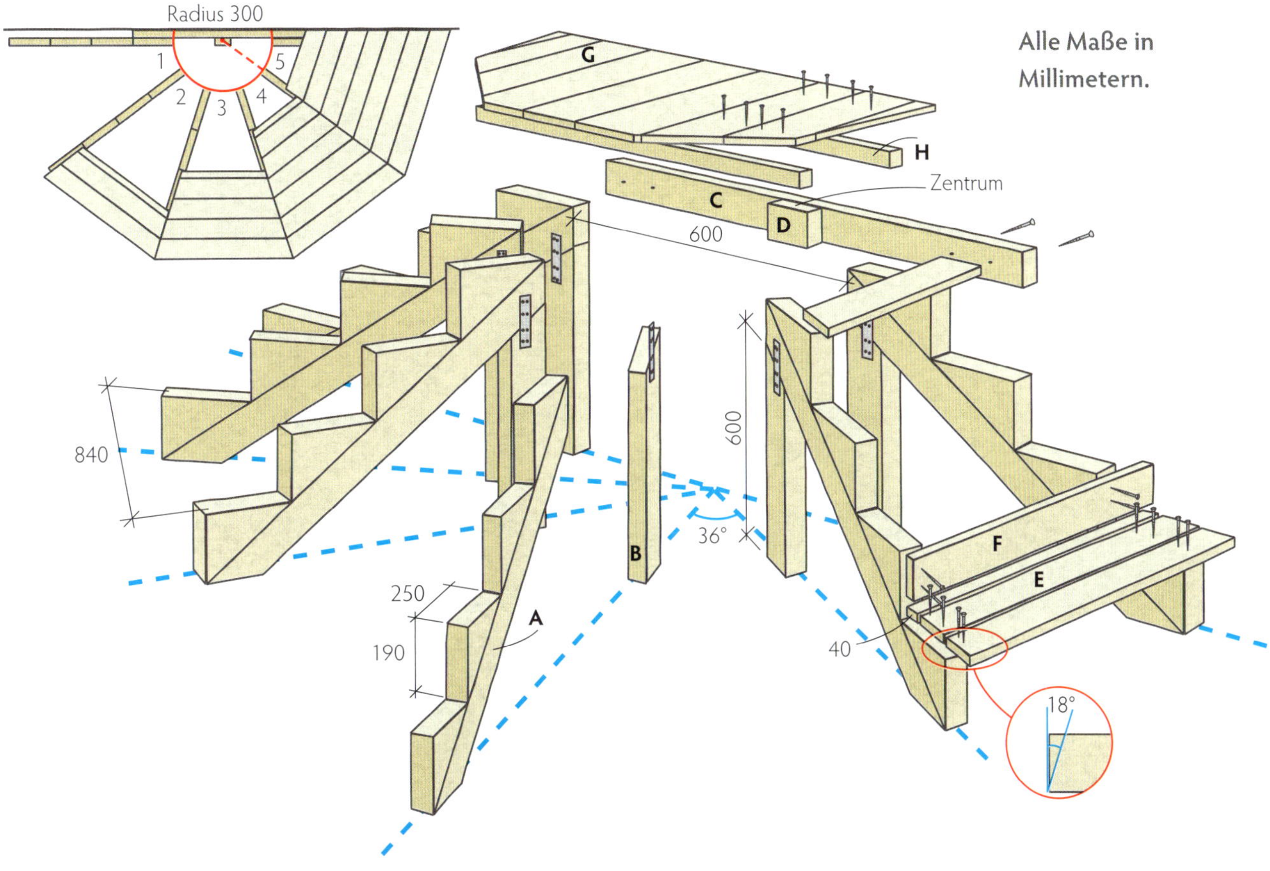

5. Vermessen und kennzeichnen Sie die Winkel. Zwischen den Untergestellen müssen 36° liegen. Der Abstand jedes Untergestells zum Nagel im Zentrum muss 300 mm betragen. Schneiden Sie eine Leiste zu und bohren Sie ein Loch, durch das der Nagel passt. Schneiden Sie die Leiste 300 mm vom Loch entfernt ab und benutzen Sie dieses Hilfsmittel zum Ausrichten der Untergestelle. Fixieren Sie die Untergestelle mit provisorischen Leisten. Vielleicht müssen Sie auch noch an einigen Stellen etwas unterlegen, um die Untergestelle in die Waage zu bekommen. Benutzen Sie dabei Wasserwaage und Zollstock und arbeiten Sie sorgfältig.

6. Schneiden Sie alle Trittflächen E zu und verschrauben Sie diese. Der Winkel an jedem Ende muss 18° betragen. Messen Sie sorgfältig! Vermessen Sie jede Stufe einzeln, denn so bekommen Sie keine Probleme, falls die Untergestelle nicht ganz exakt an ihrem Platz stehen, da Sie ja jede Stufe individuell zuschneiden. Das hinterste Brett der Trittfläche schneiden Sie auf 40 mm Breite zu. Lassen Sie eine Spalte von 3 mm zwischen den Brettern. Achten Sie darauf, dass die Stufen, die am Haus anliegen, das Wangenstück um 45 mm überragen müssen, um bis an die Wand zu reichen. Entfernen Sie die provisorischen Leisten, die bis dahin die Treppe zusammengehalten haben, sobald Sie so viele Stufen verschraubt haben, dass Sie ohne sie auskommen.

7. Die Treppe muss nicht an der Wand befestigt werden, sie ist stabil genug. Aber man kann sie durch den Tragbalken an der Wand befestigen.

8. Schneiden Sie die Setzstufen F zu - der Winkel an den Enden beträgt 18° - und verschrauben Sie diese an ihrem Platz. Platzieren Sie sie 10 mm oberhalb der Trittflächen.

9. Bauen Sie ein Podest aus den Brettern G und den Kanthölzern H und legen Sie dieses an seine Stelle. Es muss nicht befestigt werden, denn es kann von Vorteil sein, es abnehmen zu können, wenn einem etwas durch die Fugen gefallen ist.

Kleines Vordach

Das Dach oberhalb der Haustür muss gar nicht so groß sein, um seine Funktion zu erfüllen. Es macht die Fassade nicht nur attraktiver, sondern man ist auch, wenn es regnet, beim Aufschließen der Haustür geschützt. Die Kette, die das Wasser von der Dachrinne zum Boden ableitet, passt gut zu diesem Haus.

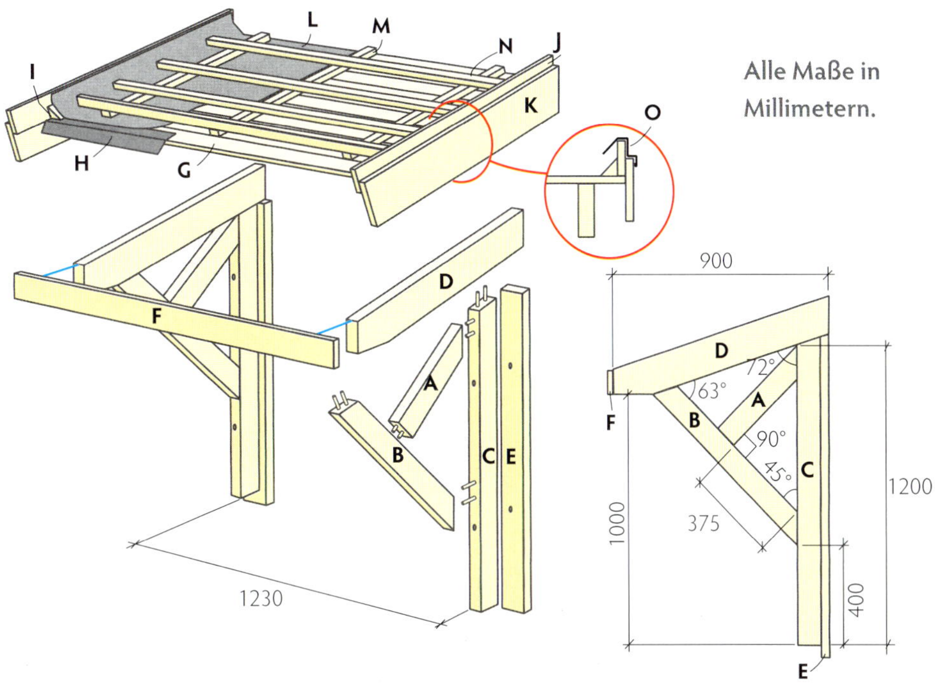

Alle Maße in Millimetern.

Material

Gehobeltes Holz, 45 x 95 mm, c
- 2 St. à 470 mm (A)
- 2 St. à 850 mm (B)
- 2 St. à 1230 mm (C)

Gehobeltes Holz, 45 x 145 mm,
- 2 St. à 980 mm (D)

Gehobeltes Holz, 34 x 95 mm, c
- 2 St. à 1290 mm (E)

Gehobeltes Holz, 22 x 95 mm, ca. 4 m:
- 1 St. à 1500 mm (F)
- 2 St. à 1170 mm (J)

Rauhspund, 20 x 95 mm, ca. 16,5 m:
- 11 St. à 1456 mm (G)

Dreikantholz, 50 x 50 mm, ca. 2 m:
- 2 St. à 935 mm (I)

Gehobeltes Holz, 22 x 170 mm, ca. 2,5 m:
- 2 St. à 1150 mm (K)

Gehobeltes Holz, 25 x 35 mm, ca. 8,5 m:
- 3 St. à 900 mm (M)
- 4 St. à 1360 mm (N)

Traufblech (H)

Dachpappe (L)

Holzdübel zum Zusammenbau der Konsolen

Blech (O)

Lange Sechskantschrauben mit Holzgewinde: 4 St.

Holzschrauben; Pappnägel

Wasserfester Leim

Rinneisen; Dachrinne

Dachpappe zum Unterlegen

Dachpfannen

So wird's gemacht

Am besten wird die Oberfläche der Bauteile behandelt, bevor sie montiert werden.

1. Schneiden Sie die Streben A an beiden Enden zu. Genauso verfahren Sie mit der Strebe B am unteren Ende. Machen Sie das alles wie auf der Zeichnung angegeben. Bohren Sie für die Holzdübel vor, verleimen Sie, pressen Sie alles zusammen und lassen Sie den Leim trocknen.
2. Legen Sie A und B an C wie auf der Zeichnung angegeben. Legen Sie D darüber. Markieren Sie auf B, C und D, wo die Schnitte sitzen sollen. Markieren Sie auch auf C, wo die Löcher für die Wandbefestigung gebohrt werden müssen. Schneiden Sie die Teile B, C und D zu. Legen Sie C und E zusammen, markieren Sie den Winkel ganz oben an E und sägen Sie E zu. Legen Sie C und E zusammen und bohren Sie die Löcher.
3. Verleimen Sie A/B mit C und D. Verschrauben und verleimen Sie E und C.
4. Schrauben Sie die fertigen Konsolen an die Wand. Benutzen Sie die Wasserwaage, damit alles exakt ist.
5. Verschrauben Sie das Brett F und danach den Rauhspund G auf den Kanthölzern D.
6. Versenken Sie die Rinneisen im Rauhspund, das geht gut mit einer Handkreissäge. Verschrauben Sie die Rinneisen an Ort und Stelle und vernageln Sie das Traufblech H.
7. Verschrauben Sie die Dreikanthölzer I und die Windfedern J und K in dieser Reihenfolge.
8. Legen Sie die Dachpappe L auf und befestigen Sie diese mit Pappnägeln.
9. Vernageln Sie die Unterlattung M und danach die Konterlattung N. Der Abstand zwischen N hängt von den Dachpfannen ab.
10. Legen Sie die Dachpfannen auf. Montieren Sie die Dachrinnen und die Blechabdeckung O. Machen Sie am Haus einen Wandanschluss aus Blech mit Abtropfkante.

7

Kleiner Vorbau

Ein kleiner Vorbau rahmt die Tür ein und macht den Eingangsbereich wohnlich und schön. Er hilft dabei, der Hausfassade Charakter zu geben und obwohl das gemauerte Fundament nur 1,6 m^2 misst, reicht es als schöner Platz für ein Paar Blumenkübel aus. Der Vorbau hält Regen und Schnee vom Haus fern und die im Dach eingelassene Lampe spendet ein einladendes Licht, wenn es dunkel ist.

Material

Gehobeltes Holz, 45 x 145 mm, ca. 4,5 m:
- 1 St. à 1400 mm (B)
- 1 St. à 1400 mm (C)
- 1 St. à 1400 mm (D)

Gehobeltes Holz, 45 x 120 mm, ca. 12,5 m:
- 2 St. à 2230 mm (A)
- 4 St. à 1040 mm (E)
- 2 St. à 1750 mm (H)

Gehobeltes Holz, 45 x 45 mm, ca. 5,5 m:
- 2 St. à 300 mm (J)
- 1 St. à 1155 mm (I)
- 1 St. à 740 mm (V)
- 2 St. à 1370 mm (L)

Gehobeltes Holz, 45 x 70 mm, ca. 4,5 m:
- 2 St. à 1060 mm und
- 2 St. à 1160 mm (X)

Gehobeltes Holz, 22 x 70 mm, ca. 26 m:
- 25 St. à 930 mm (Y)
- 1 St. à 1060 mm und
- 1 St. à 1160 mm (Z)

Gehobeltes Holz, 22 x 170 mm, ca. 5,7 m:
- 1 St. à 1800 mm (Q)
- 2 St. à 1870 mm (P)

Gehobeltes Holz, 22 x 145 mm, ca. 4 m:
- 2 St. à 1960 mm (O)

Rauhspund, 20 x 95 mm, ca. 38 m:
- 21 St. à 1800 mm (K)

Ungehobeltes Holz, 25 x 125 mm, ca. 9,5 m:
- 2 St. à 2230 mm (F)
- 2 St. à 2470 mm (G)

Dreikantholz, 50 x 50 mm, ca. 3,6 m:
- 2 St. à 1750 mm (N)

Ungehobeltes Holz, 25 x 35 mm, 13,5 m: (S und T)

Außenpaneele ca. 38 m, aber das hängt von der Breite der Paneele ab.

Flacheisen für die Ständerbefestigung

Winkelbeschläge

Holzschrauben

Nägel und Pappnägel

Rinneisen

Traufblech (M)

Dachpappe (R)

Dachpfannen

Dachrinne

Blech (U)

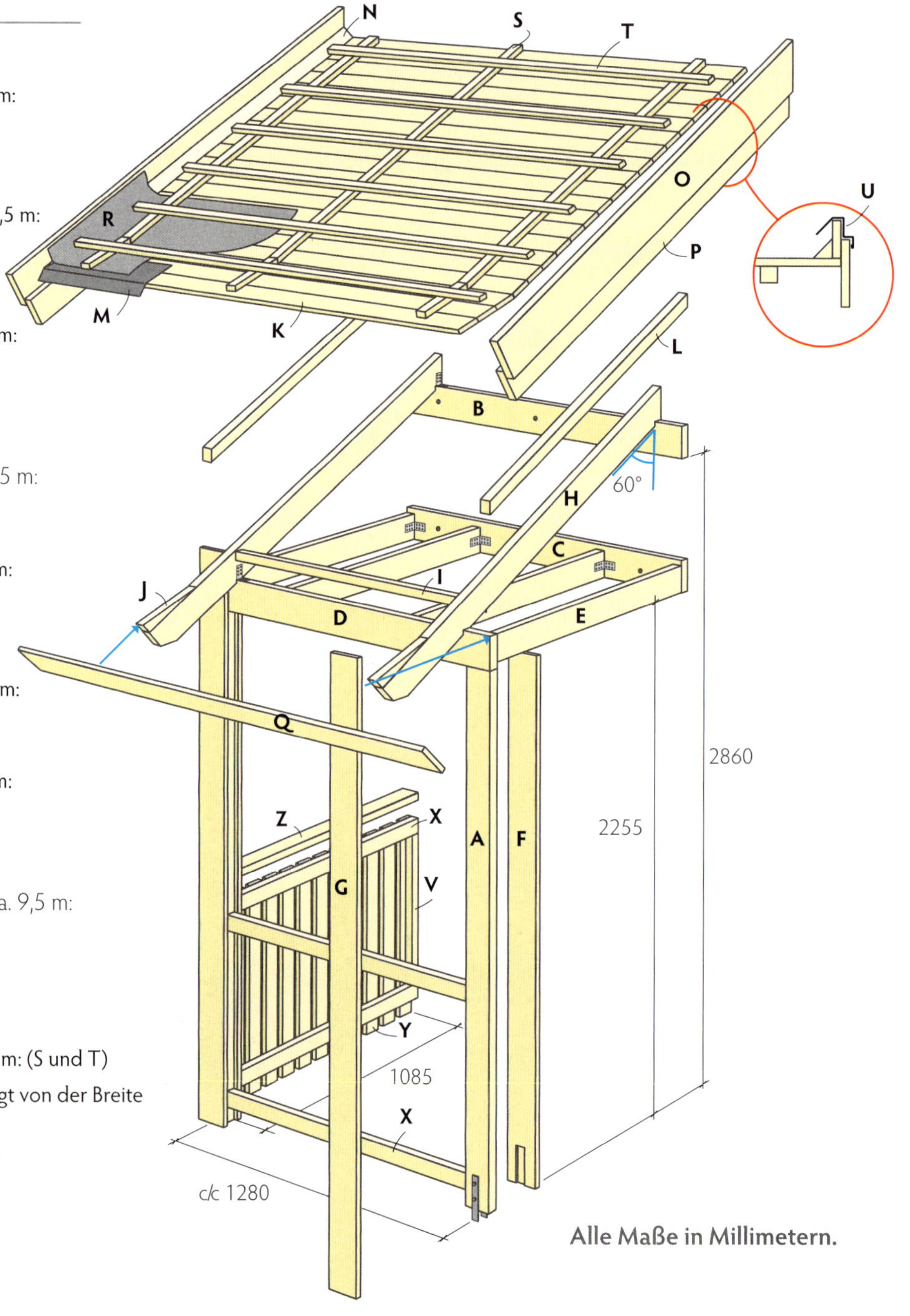

Alle Maße in Millimetern.

So wird's gemacht

Denken Sie daran: Behandeln Sie die Oberfläche am besten, bevor Sie die Teile zusammenbauen.

1. Gießen Sie Flacheisen zur Befestigung der Ständer in das Fundament oder in die Pfahlfundamente ein. In jeder Ecke sollten zwei Flacheisen mit einem Abstand von 45 mm zueinander sitzen.

2. Richten Sie den Ständer A auf und verschrauben Sie ihn mit durchgehenden Sechskantbolzen, Unterlegscheiben und Muttern an den Flacheisen. Schneiden Sie die Bolzen bündig mit der Mutter ab.
3. Verschrauben Sie das Kantholz B an der Wand. Benutzen Sie dazu Dübel oder andere Wandbefestigungen, abhängig vom Material Ihrer Hauswand.
4. Verschrauben Sie mit Winkelbeschlägen den Rahmen für die Innendecke, die aus den Teilen C, D und 4 St. E besteht.
5. Legen Sie den Rahmen auf die Ständer A, richten Sie ihn mit der Wasserwaage aus und verschrauben Sie ihn an der Wand.
6. Machen Sie eine Aussparung für die Flacheisen in den Abdeckbrettern F und G und verschrauben Sie diese. G hält D und den Ständer A zusammen. Achten Sie darauf, dass G die Oberkante von D um 95 mm überragen sollte.
7. Schneiden Sie die Dachsparren H zu und befestigen Sie diese mit Winkelbeschlägen an B und D. H wird an der Innenseite von G befestigt. Verschrauben Sie die Leiste I zwischen den Dachsparren H direkt oberhalb von D.
8. Sägen Sie die Keile J zu, sodass die Vorderkante um 45 mm erhöht wird. Verschrauben Sie diese auf der Oberseite der Dachsparren H.
9. Vernageln Sie den Rauhspund K. Verschrauben Sie die Leiste L unter K. Die Leiste L wird ganz exakt über dem darunter liegenden äußeren Rahmenteil E befestigt.
10. Versenken Sie die Rinneisen im Rauhspund, das geht sehr gut mit einer Handkreissäge. Verschrauben Sie die Rinneisen an ihrem Platz und vernageln Sie das Traufblech.
11. Verschrauben Sie die Dreikanthölzer N und die Windfedern O und P in dieser Reihenfolge.
12. Verschrauben Sie die Abdeckung Q.
13. Verlegen Sie die Dachpappe R und befestigen Sie diese mit Pappnägeln.
14. Befestigen Sie die Unterlattung S und darüber die Konterlattung T. Der Abstand zwischen den Dachlatten hängt von den Dachpfannen ab.
15. Verlegen Sie die Dachpfannen. Montieren Sie die Dachrinne und die Bleche U. Machen Sie am Haus einen Wandanschluss aus Blech mit Abtropfkante.
16. Verschrauben Sie das Kantholz V an der Hauswand.
17. Befestigen Sie die Querriegel X an V und F an einer der Giebelseiten beziehungsweise an den zwei Abdeckbrettern F an der Frontseite. Nehmen Sie kleine Winkelbeschläge oder verschrauben Sie schräg.

18. Verteilen Sie die Sprossen Y und verschrauben Sie diese an den Querriegeln X. Der Abstand beträgt ca. 17 mm.
19. Verschrauben Sie die Abdeckung Z.
20. Verschrauben Sie die Innendecke und danach die Paneele an den Giebelseiten und an der Frontseite. Lassen Sie die Paneele nach unten ca. 10 mm überstehen.

Einladendes Entree

Die eingebaute Sitzbank, Treppenstufen nach links und rechts und das hübsche Dach machen diesen Eingangsbereich zu einem der einladendsten, den man sich vorstellen kann. Das große, grüne Holzhaus mit seinen roten Elementen rundet das Bild selbstverständlich ab, aber dieselbe Idee für ein Entree lässt sich problemlos mit einem anderen Haus kombinieren.

Jeppsson, Ohlsson: Mit Holz arbeiten im Garten

ISBN 978-3-86630-942-5

Treppe mit Sitzbank

Material

Das gesamte Holz ist druckimprägniert, außer das für das bemalte Geländer (F, J, K, L).

Gehobeltes Holz, 95 x 95 mm, ca. 5 m:
- 3 St. à 460 mm (A)
- 2 St. à 1700 mm (F)

Gehobeltes Holz, 45 x 120 mm, ca. 15 m:
- 2 St. à 4120 mm (B1)
- 2 St. à 1610 mm (B2)
- 2 St. à 1520 mm (B3)
- 2 St. à 235 mm (B4)

Gehobeltes Holz, 45 x 170 mm, ca. 31 m:
- 4 St. à 375 mm (C1)
- 2 St. à 1610 mm (C2)
- 2 St. à 1520 mm (C3)
- 1 St. à 3000 mm (C4)
- 4 St. à 235 mm (C5)
- 2 St. à 2440 mm (E1)
- 2 St. à 1260 mm (E2)
- 2 St. à 1170 mm (E3)
- 4 St. à 235 mm (E4)
- 2 St. à 1215 mm (G1)
- 3 St. à 1880 mm (G2)

Gehobeltes Holz, 45 x 70 mm, ca. 8 m:
- 10 St. à 235 mm (D1)
- 2 St. à 260 mm (D2)
- 2 St. à 2250 mm (J)

Gehobeltes Holz, 45 x 145 mm, ca. 5 m:
- 2 St. à 2250 mm (H)

Terrassenbohlen, 28 x 95 mm, ca. 100 m (I)

Gehobeltes Holz, 28 x 45 mm, ca. 14 m:
- 21 St. à 662 mm (K)

Gehobeltes Holz, 34 x 70 mm, ca. 5 m:
- 2 St. à 2250 mm (L)

Gehobeltes Holz, 45 x 95 mm, ca. 3 m:
- 2 St. à 565 mm (N1)
- 2 St. à 350 mm (N2)
- 2 St. à 155 mm (N3)
- 2 St. à 415 mm (M)

Fertigfundamente: 3 St.

Sechskantbolzen,

Unterlegscheiben und Muttern für die Fertigfundamente

Sechskantschrauben mit Holzgewinde, Nageldübel oder was sonst für die Fassade geeignet ist: 8 St.

Schlossschrauben: 8 St.

Winkelbeschläge

Lochplatten-Verbinder

Kammnägel

Holzschrauben

Wasserfester Leim

So wird's gemacht

1. Setzen Sie die drei Fertigfundamente mit ihrem Mittelpunkt 1518 mm vom Haus entfernt, siehe „Fundamente“ auf Seite 119.
   Befestigen Sie die Pfosten A mit Bolzen, Unterlegscheiben und Muttern an den Fundamenten.
2. Verschrauben Sie die Kanthölzer B1 an den Pfosten beziehungsweise am Haus. Kontrollieren Sie mit einem Richtbrett und der Wasserwaage, welche man über die Kanthölzer liegt, dass die Konstruktion überall auf gleicher Höhe und in Waage ist.
3. Verschrauben Sie die Kanthölzer B2. Befestigen Sie B3 mit Winkelbeschlägen. Verschrauben Sie B4
4. Verschrauben Sie C1 an der Vorderseite des Pfostens und mit Lochplatten-Verbindern an B1 am Haus. Verschrauben Sie C4 an den Pfosten beziehungsweise am Haus. Verschrauben Sie C2 (4 St.). Befestigen Sie C3 (6 St.) mit Winkelbeschlägen und verschrauben Sie C5 (4 St.).
5. Befestigen Sie E1 am Haus mit Lochplatten-Verbindern an C4 und verschrauben Sie E2 daran. Verschrauben Sie die äußeren Kanthölzer E1 zwischen E2.
6. Geben Sie den oberen Enden der Geländerpfosten F eine 120 mm hohe Spitze, indem Sie diese in Form sägen. Machen Sie auch eine Aussparung für E1. Befestigen Sie die Pfosten mit Schlossschrauben an E1 und C3. Überprüfen Sie mit der Wasserwaage, ob sich alles im Lot befindet.
7. Befestigen Sie G2 mit Lochplatten-Verbindern an E1 am Haus. Verschrauben Sie G1 an G2. Befestigen Sie danach 2 St. G2 zwischen den beiden Bauteilen G1, ganz außen und in der Mitte. Montieren Sie ein Brett I mit Aussparung für F auf dem äußeren Kantholz E1 und verschrauben Sie dann H mit dem äußeren Kantholz G2.
8. Verschrauben Sie die Kanthölzer D1 an den Stufenenden und montieren Sie die Verstrebungen D2 im 45°-Winkel an den Pfosten A.
9. Verkleiden Sie die Oberfläche mit den Terrassenbohlen I. Beginnen Sie mit der Frontseite, da die Stufen und die Sitzbank diese überragen sollen.
10. Montieren Sie die Sprossen des Geländers K an den Querriegeln J mit Holzdübeln und Leim. Pressen Sie alles

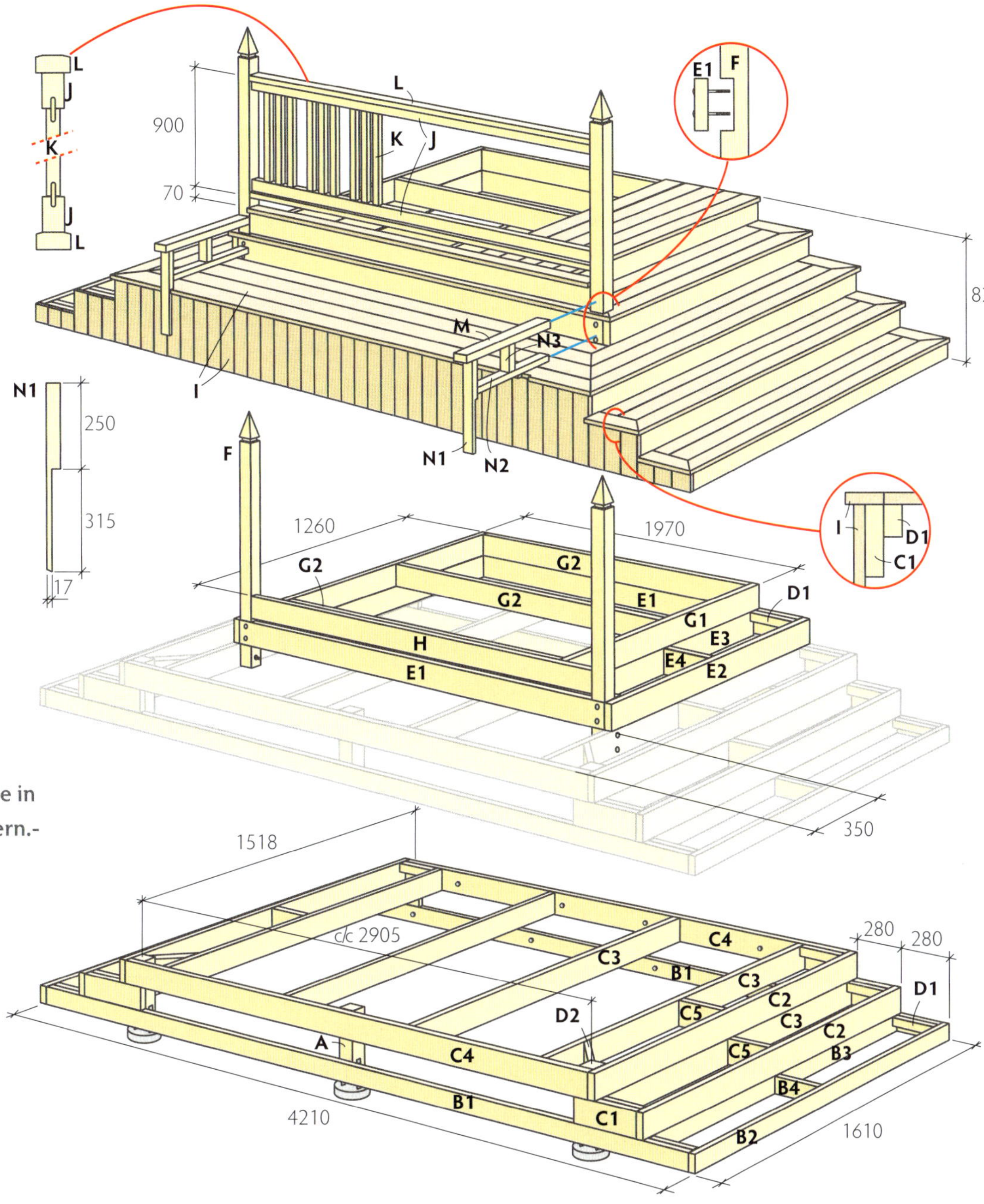

Alle Maße in Millimetern.-

zusammen und lassen sie den Leim trocknen. Hier wurden die Sprossen jeweils zu dritt gruppiert.

11. Hobeln Sie die Kanten der Abdeckungen L schräg an und verschrauben Sie diese an J. Setzen Sie das fertige Geländer an seinen Platz und verschrauben Sie es mit langen Schrauben an F.

12. Sägen Sie die senkrechten Halter N1 der Armlehnen zurecht. Machen Sie eine Aussparung an der Vorderkante des äußersten Sitzbrettes I, und zwar genau da, wo N1 montiert werden soll. Verschrauben Sie N1 an den senkrechten Verkleidungen I.

13. Verschrauben Sie M, N2 und N3 miteinander und bringen Sie sie an ihren Platz. Verschrauben Sie M und N2 an N1. Verschrauben Sie M und N2 schräg an F und E1.

Überdach

Material

Gehobeltes Holz, 34 x 95 mm, ca. 22 m:

1 St. à 1752 mm (A1)
2 St. à 560 mm (A2)
2 St. à 770 mm (A3)
1 St. à 720 mm (A4)
4 St. à 460 mm (A5)
2 St. à 1037 mm (A6)
2 St. à 600 mm (B1)
2 St. à 850 mm (B2)
1 St. à 800 mm (B3)
2 St. à 1142 mm (C)
2 St. à 1000 mm (D)
4 St. à 1350 mm (E)
1 St. à 350 mm (F)

Sperrholz 15 mm, ca. 1 ½ St. à 1200 x 2500 mm (G)

Profilbretter mit Nut und Feder und zwei Fasen, 22 x 120 mm, ca. 20 m (H)

Zierleiste 50 mm, ca. 3,7 m (I)

Dachpappe und Bitumen-Kaltkleber für ca. 4 m^2

Pappnägel

Sechskantschrauben mit Holzgewinde oder was sich sonst zur Befestigung an der Fassade eignet

Winkelbeschläge

Holzschrauben

So wird's gemacht

1. Den unteren Rahmen (A1-A6) bauen Sie auf dem Boden zusammen. Schneiden Sie alle Teile zu. Die Kanthölzer A2, A3 und A4 werden für die gewinkelten Ecken im 22,5°-Winkel geschnitten. Die Verstärkungen A5 werden im 22,5°-Winkel, wie aus der Zeichnung ersichtlich, zugeschnitten.
2. Verbinden Sie A1 und A2 mit Schrauben und Winkelbeschlägen. Fahren Sie fort und verschrauben Sie die Teile mit Hilfe von A5. Schließen Sie mit der Verschraubung von A6 ab, welches an der Vorderseite für A5 ausgeklinkt werden muss.
3. Sägen Sie die Teile B1, B2 und B3 zurecht. Auch diese werden im 22,5°-Winkel zugeschnitten. Verschrauben Sie sie von innen her außen am Rahmen A.
4. Befestigen Sie den Rahmen an seinem Platz. Stützen Sie den Rahmen von unten ab, sodass er zum Haus im 90°-Winkel steht. Schneiden Sie die Teile C zu und befestigen Sie auch diese an der Fassade. Die Winkel erhalten Sie am einfachsten, indem Sie die Bretter an Ort und Stelle anhalten, messen und markieren.
5. Befestigen Sie die Diagonalstreben D mit Schrauben an den Kanthölzern A6 und mit Winkelbeschlägen auf beiden Seiten an C
6. Bringen Sie die Dachsparren E an. Auch hier ist es am einfachsten, die entsprechenden Winkel herzustellen, indem man das Arbeitsstück an seinem Platz anhält und dort misst und markiert. Die Stütze F wird verschraubt, um die Sparren E zu stabilisieren.
7. Messen Sie die Sperrholzplatte G an ihrem Platz aus, schneiden Sie diese zu und befestigen Sie sie an Ort und Stelle.
8. Befestigen Sie die Holzpaneele H auf der Unterseite. Schneiden Sie die Dekorleisten I mit einem 22,5°-Winkel zu und verschrauben Sie diese an ihrem Platz.
9. Verlegen Sie die Dachpappe mit Pappnägeln und Bitumen-Kaltkleber. Überlassen Sie die Blecharbeiten einem Dachdecker.

Alle Maße in Millimetern.

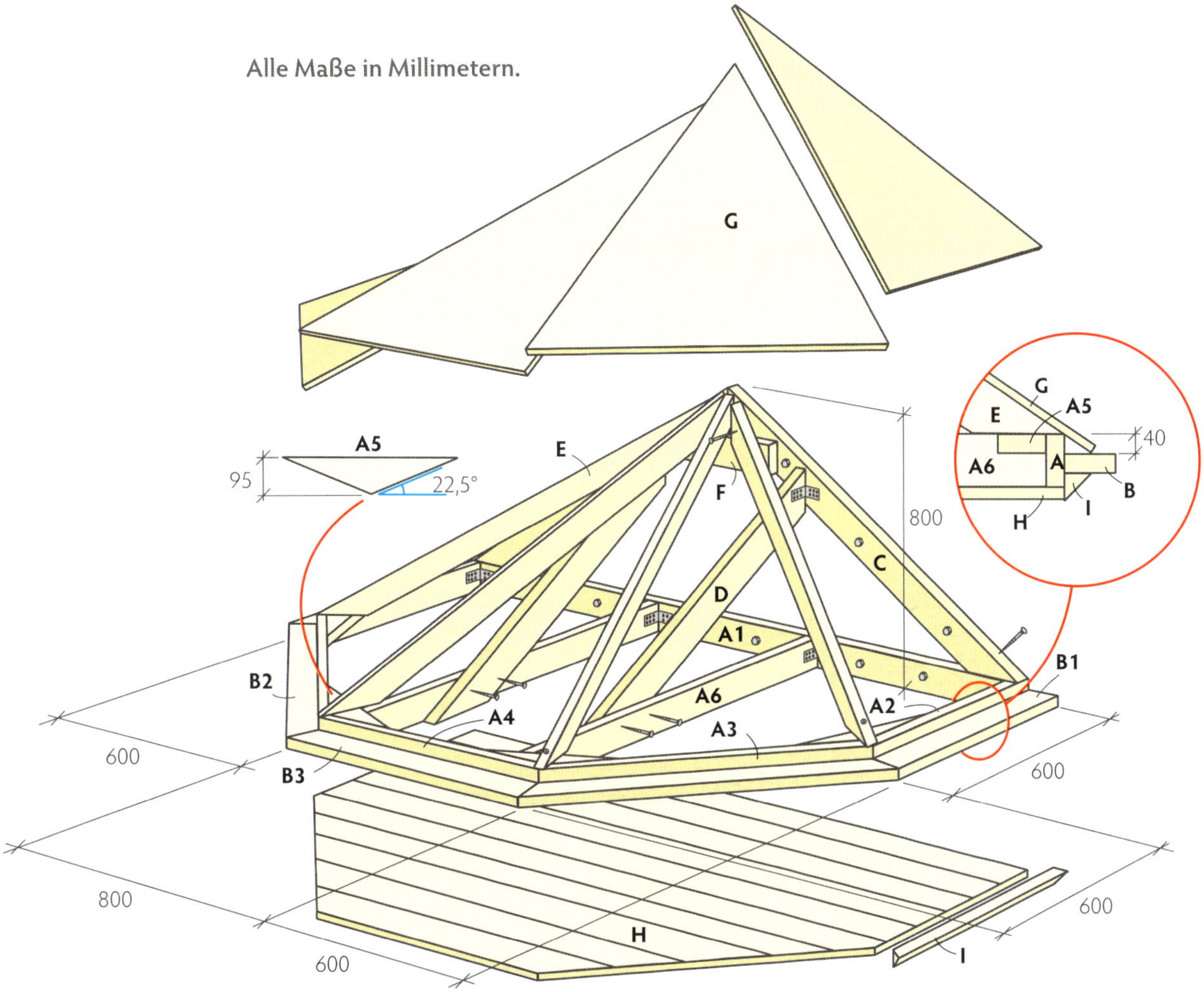

Es erforderte ein gediegenes Dach, um das Bild dieses prächtigen Entrees zu vollenden.

Gartenmöbel

Das Angebot an Gartenmöbeln ist groß. Neben den traditionellen Verkaufsstellen findet man heute viele Spezialgeschäfte, die in den letzten Jahren unser gestiegenes Interesse am Garten aufgegriffen haben. Aber vielleicht finden Sie es trotzdem schwierig, die Möbel zu finden, die genau zu Ihnen, Ihrem Portemonnaie oder Ihrem Garten passen. Wenn Sie Gartenmöbel selber bauen, können Sie diese an den Standort anpassen, an dem sie stehen sollen. Außerdem können Sie sie so herstellen, dass sie sich für die Einlagerung im Winter leicht auseinandernehmen lassen.

An einem warmen Sommerabend im Freien Essen zuzubereiten, ist für manche Menschen wunderbar. Die in Geschäften angebotenen Außenküchen bestehen oft aus einem großen Gasgrill mit integrierten Herdplatten und Arbeitsflächen – alles für eine schwindelerregende Summe Geld. Warum bauen Sie also nicht selber eine Außenküche? Da können Sie sich sowohl nach Ihrem Bedarf als auch nach Ihrem Portemonnaie richten.

Blättern Sie weiter und lassen Sie sich inspirieren.

Gartentisch

Südeuropa, Sonne, Ferien, gutes Essen und Trinken mit den allerbesten Freunden! Dies ist das Gefühl, das wir mit unserem rustikalen Gartentisch vermitteln wollen. Der Tisch ist aus kräftigen, mit Ölfarbe aus der Tube in der Nuance „gebranntes Umbra“ gestrichenen Kiefernbohlen gebaut. Ein herrlich massiver Tisch, der sich außerdem zusammenlegen und unterstellen lässt, wenn der Winter kommt.

Jeppsson, Ohlsson: Mit Holz arbeiten im Garten

ISBN 978-3-86630-942-5

Material

Gehobeltes Holz, 45 x 145 mm, ca. 18 m:
5 St. à 2200 mm (A)
1 St. à 2200 mm (D)
4 St. à 1100 mm (C)

Gehobeltes Holz, 45 x 45 mm, ca. 1,5 m:
2 St. à 700 mm (B)

Gehobeltes Holz für die Keile, am besten etwas härter (gerne Eiche), 16 x 120 mm, ca. 0,6 m:
2 St. à 250 mm (E)

Holzschrauben: 20 St.

Wasserfester Holzleim

Für den Außenbereich geeignete Farbe

So wird's gemacht

1. Schneiden Sie die Teile A und B für die Tischplatte zurecht. Verleimen und verschrauben Sie diese. Die Kanthölzer B sollten 150 mm von den Enden von A nach innen versetzt angebracht werden.
2. Schneiden Sie die Beine C grob zu. Zeichnen Sie ein Rechteck auf, welches die Ausmaße des Kreuzes umreißt (blau gestrichelte Linie). Legen Sie die Teile für die Beine in das Rechteck und markieren Sie die Stellen für die Überblattungen.
3. Schneiden Sie mit der Kreissäge bis zur halben Stärke des Beines ein. Machen Sie mehrere Einschnitte und stemmen Sie dann mit dem Stemmeisen das Holz aus.
4. Legen Sie die Teile zusammen, sie sollten am besten etwas stramm sitzen. Verleimen Sie sie, pressen Sie alles mit Schraubzwingen zusammen und lassen Sie den Leim trocknen.
5. Legen Sie das fertige Kreuz wieder auf das Rechteck (blau gestrichelte Linie) und markieren Sie die Länge und Winkel der Beine. Schneiden Sie diese zu.
6. Zeichnen Sie das Loch an, 45 x 70 mm, genau in der Mitte des Beinkreuzes. Bohren Sie mehrere Löcher und stemmen Sie das Loch mit dem Stemmeisen aus.
7. Schneiden Sie das Kantholz D zu, das die Beinkreuze miteinander verbindet. Der Zapfen an jedem Ende sollte eine Höhe von 70 mm haben.
8. Bohren und stemmen Sie die Löcher für die Keile E aus.
9. Schneiden Sie die Keile zu und bauen Sie den Tisch zusammen.

Das Gewicht der Tischplatte und die Stabilität des Unterbaus bewirken, dass diese nicht miteinander verbunden werden müssen. Dadurch kann der Tisch leicht auseinandergenommen und im Winter untergestellt werden. Aber wenn Sie wollen, setzen sie ein paar Schrauben durch das Kantholz B der Tischplatte in die Tischbeine, oder fertigen Sie einige runde Holzzapfen an, die man leicht entfernen kann.

Alle Maße in Millimetern.

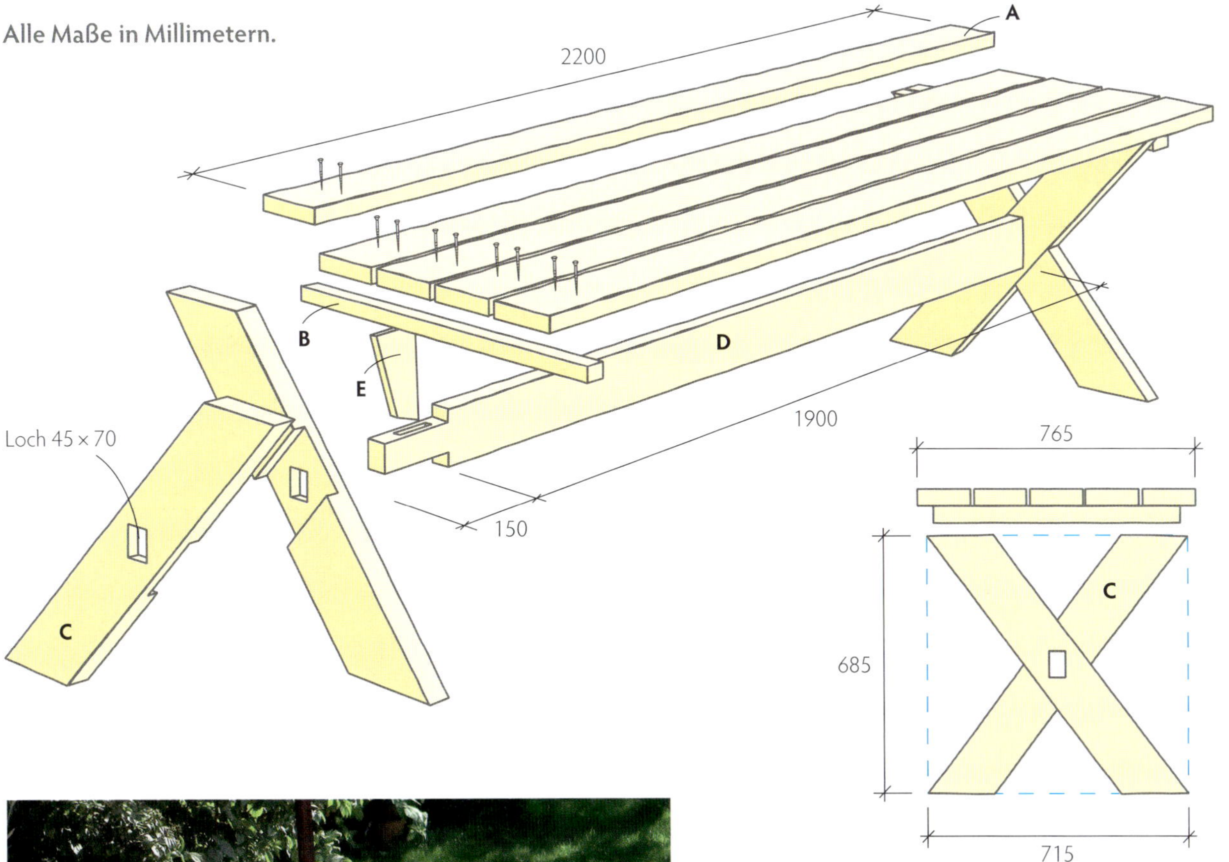

Mit einer Mischung aus Ölfarbe aus der Tube in der Nuance „gebranntes Umbra", gekochtem Leinöl und einigen Tropfen Sikkativ erhält der Tisch eine herrliche braune Farbnote. Mischen Sie die Farbe in einem Glasbehälter so dick wie Dickmilch an. Streichen Sie die Farbe zunächst mit einem Pinsel auf. Danach nehmen Sie Putzwolle, gehen Sie Bauteil für Bauteil vor, damit die Farbe nicht antrocknet. Fertig! Ein einfacher und flotter Anstrich, durch den der Tisch lange ansehnlich bleibt.

Kleine Bank

Bänke kann man im Garten gar nicht genug haben. Man kann sie an unterschiedlichen Plätzen aufstellen, sodass man sich setzen, aufstehen oder eine Pause machen kann. Hier zeigen wir eine kleine, nette Bank mit einer leicht gewölbten Sitzfläche für besseren Komfort und groß zugeschnittenen Füßen, durch die die Bank fest steht. Die Füße bewirken auch, dass die Bank richtig schöne Proportionen hat.

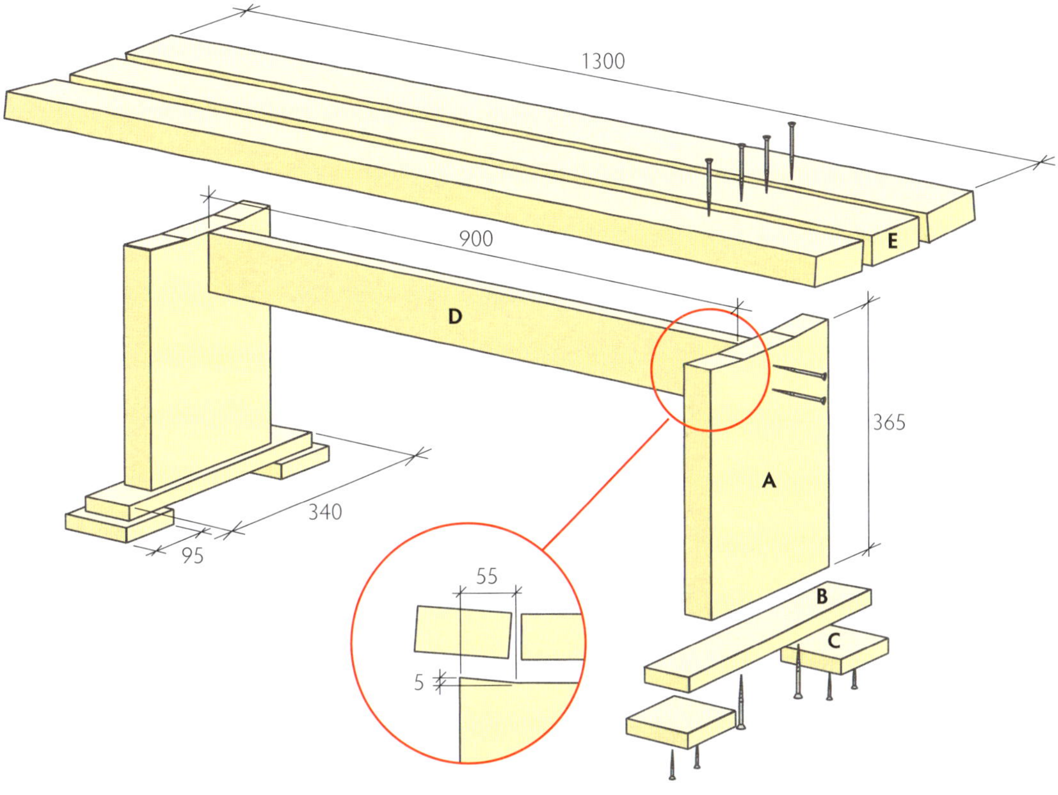

Material

Gehobeltes Holz, 45 x 220 mm, ca. 0,8 m:
2 St. à 365 mm (A)

Außenpaneele, 22 x 70 mm, ca. 0,7 m:
2 St. à 340 mm (B)

Außenpaneele, 22 x 95 mm, ca. 1,3 m:
4 St. à 95 mm (C)
1 St. à 900 mm (D)

Gehobeltes Holz, 45 x 95 mm, ca. 4 m:
3 St. à 1300 mm (E)

Holzschrauben

Wasserfester Leim

Außenfarbe

So wird's gemacht

1. Schneiden Sie die Beine A zu. Schneiden Sie an der Oberkante ein Profil mit der Stichsäge (siehe Zeichnung).
2. Schneiden Sie die Unterteile B und die Füße C der Beine zu. Verleimen und verschrauben Sie diese und verleimen und verschrauben Sie danach B unter den Beinen A.
3. Schneiden Sie die Querverstrebung D, die zwischen den Beinen sitzt, zu. Verleimen und verschrauben Sie diese.
4. Schneiden Sie die Kanthölzer E für die Sitzfläche zu. Schleifen Sie das Hirnholz und runden Sie die Kanten etwas ab. Runden Sie am Besten auch die Längsseiten, um einen besseren Sitzkomfort zu erreichen. Verleimen und verschrauben Sie diese an ihrem Platz.

Oberflächenbehandlung

Ölen Sie alle Teile, seien Sie dabei mit dem Hirnholz besonders sorgfältig und lassen Sie das Öl trocknen. Grundieren Sie zwei Mal. Schleifen Sie leicht an und machen Sie einen Endanstrich mit Lackfarbe für den Außenbereich.

Außenküche

Es ist herrlich, wenn man bei der Zubereitung des Essens Gesellschaft hat. Mit einer Außenküche vermeidet man es, einsam in der Küche zu stehen, während die Gäste draußen bei schönem Wetter gesellig sind. Diese braungebeizte Außenküche hat eine zweigeteilte Arbeitsplatte, teils aus Formsperrholz, teils gefliest. Das runde Becken aus Edelstahl ist in die Arbeitsplatte eingelassen und das Abflussproblem wurde ganz einfach mit einem großen Eimer gelöst. Die kleine Ablage oben eignet sich hervorragend als Bartresen, wo die Freunde stehen und es sich mit dem Aperitif bequem machen können.

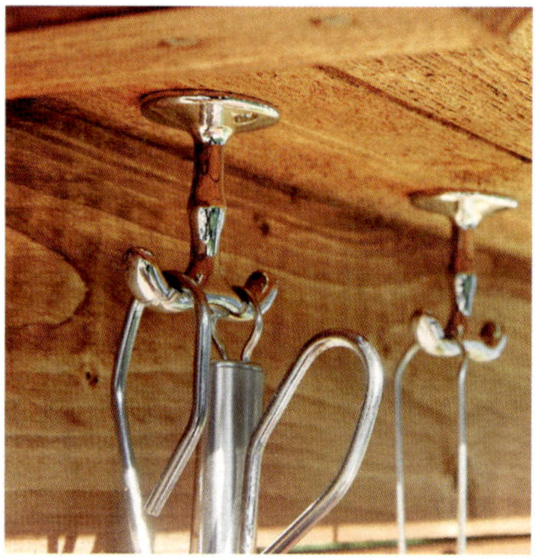

Material

Gehobeltes Holz, 45 x 70 mm, ca. 15 m:
- 2 St. à 900 mm (A)
- 2 St. à 1300 mm (B)
- 5 St. à 510 mm (C)
- 2 St. à 580 mm (D)
- 3 St. à 1660 mm (F)
- 1 St. à 1130 mm (G)

Gehobeltes Holz, 45 x 45 mm, ca. 4,2 m:
- 2 St. à 480 mm (E)
- 1 St. à 480 mm (H)
- 4 St. à 510 mm (I)
- 2 St. à 220 mm (J)

Außenpaneele, 22 x 120 mm, ca. 17,5 m:
- 4 St. à 1800 mm (K)
- 2 St. à 1850 mm (L)
- 5 St. à 1245 mm (N)

Gehobelte Leiste, 21 x 33 mm, ca. 4,6 m:
- 3 St. à 200 mm (M)
- 1 St. à 1800 mm (Q)
- ca. 1075 mm pro Konsole (R)

Gehobelte Leiste, 15 x 69 mm, für das Tablett S, ca. 4 m

Formsperrholz, 12 mm:

1 St. à 598 x 1060 mm (P)

Fliesen, 300 x 300 mm (O): 4 St.

Winkelbeschläge: 9 St.

Lochplatten-Verbinder: 1 St.

Holzschrauben

Wasserfester Leim

Spülbecken

So wird's gemacht

1. Schneiden Sie die Teile A, B, C und D für beide Kopfseiten zu. Verleimen und verschrauben Sie die Teile. Befestigen Sie auch die Leiste E, auf der die Arbeitsplatte ruht. Sie sollte ca. 400 mm lang sein, aber die Länge hängt von den Winkelbeschlägen ab, die in den Ecken sitzen.
2. Schneiden Sie die Kanthölzer F zu und verschrauben Sie diese mit Hilfe von Winkelbeschlägen mit den Kopfstücken.
3. Schneiden Sie die Teile G, C und H für den unteren Boden zu. Verbinden Sie G und C mit Winkelbeschlägen miteinander und befestigen Sie diesen Rahmen mit Winkelbeschlägen an F und A. Das Eckkantholz H, an dem der untere Boden befestigt wird, wird an G verschraubt und mit einem Lochplatten-Verbinder an F befestigt.
4. Schneiden Sie die Querriegel I zu und verleimen und verschrauben Sie diese. Auf ihnen liegen die Arbeitsplatte P, die Fliesen O beziehungsweise die Bretter N für den unteren Boden. Legen Sie die Fliesen auf die Querriegel D um die zwei Plattenbreiten auf F zu markieren. Platzieren Sie zwei Querriegel so, dass die Mitte der Kanthölzer mit der Markierung übereinstimmt.
5. Schneiden Sie die Konsolen J für die obere Ablage zu. Verleimen und verschrauben Sie diese an ihrem Platz.
6. Schneiden Sie die Verkleidungsbretter K für die Rückseite zu und verschrauben Sie diese von der Rückseite an B.
7. Bauen Sie die obere Ablage aus den zwei Brettern L und den drei Leisten M zusammen. Verleimen und verschrauben Sie die Teile miteinander, legen Sie die Ablage an ihren Platz und verschrauben Sie diese.
8. Schneiden Sie die Bretter N für die untere Ablage zu und verschrauben Sie diese mit dem Rahmen.
9. Legen Sie die Fliesen O lose auf die Querriegel.
10. Schneiden Sie die Formsperrholzplatte P zu und überprüfen Sie, ob sie passt. Schneiden Sie das Loch für das Spülbecken und legen Sie die Platte lose auf ihren Platz.
11. Schneiden Sie die Leiste Q zu und verleimen und verschrauben Sie diese als Einfassung an der Vorderkante des vorderen Querriegels F.
12. Bauen Sie die Konsolen R für das Tablett/Ablage. Sie sollten ungefähr 10 mm niedriger angebracht werden als der Abstand zwischen den Querriegeln C an den Kopfseiten beträgt. Schrauben Sie kräftige Schrauben in die Enden eines der senkrechten Träger der Konsole. Schneiden Sie die Schrauben mit einem Winkelschleifer oder einer Bogensäge ab. Die unteren Schrauben sollten 5 mm herausschauen und die oberen 20 mm. Bohren Sie zwei Löcher in die Unterseite des Querträgers C und in die Oberseite des unteren Querträgers. Setzen Sie die Konsolen ein. Diese sind nun schwenkbar.
13. Schneiden Sie die Teile für das Tablett S zu. Die zwei Seitenteile werden auf eine Höhe von 55 mm zugeschnitten. Schneiden Sie eine Aussparung in die Kopfseiten. Verleimen und verschrauben Sie den Rahmen. Verleimen und vernageln Sie die Leisten für den Boden des Tabletts.
14. Nehmen Sie die Fliesen O auf, ebenso die Arbeitsplatte P und behandeln Sie die Oberfläche der gesamten Konstruktion. Wir haben sie mit Lasur für den Außenbereich gestrichen. Lasieren Sie ebenso die Schnittkanten an der Formsperrholzplatte P.
15. Montieren Sie das Spülbecken in seiner Öffnung und legen Sie die Arbeitsplatte und die Fliesen wieder auf.
16. Bringen Sie Haken unter der oberen Ablage an, wenn Sie welche benötigen.

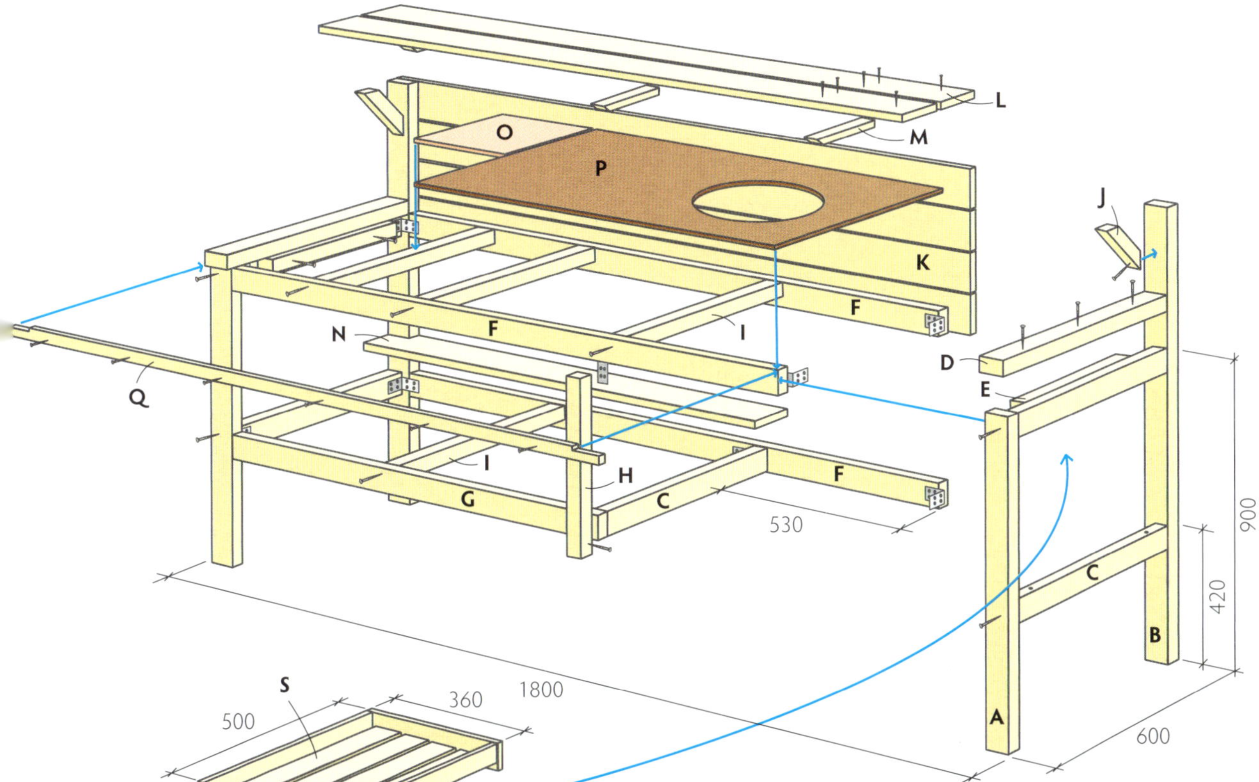

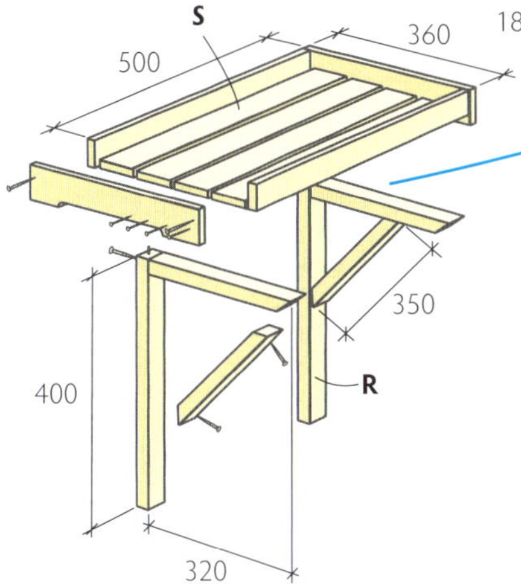

Alle Maße in Millimetern.

Wir haben uns mit einem Gartenschlauch für den Wasserzulauf zufriedengegeben. Aber man kann natürlich auch einen Wasserhahn an der Arbeitsplatte befestigen. Das Abflusswasser wird in einem Eimer unter dem Becken aufgefangen.

Wandbank

Auf dieser Bank kann man eine angenehme Auszeit
von der Gartenarbeit nehmen. Die rote Farbe macht die Bank
zu einem vortrefflichen Farbklecks, der sehr schön
mit der schwarzen Wand kontrastiert.

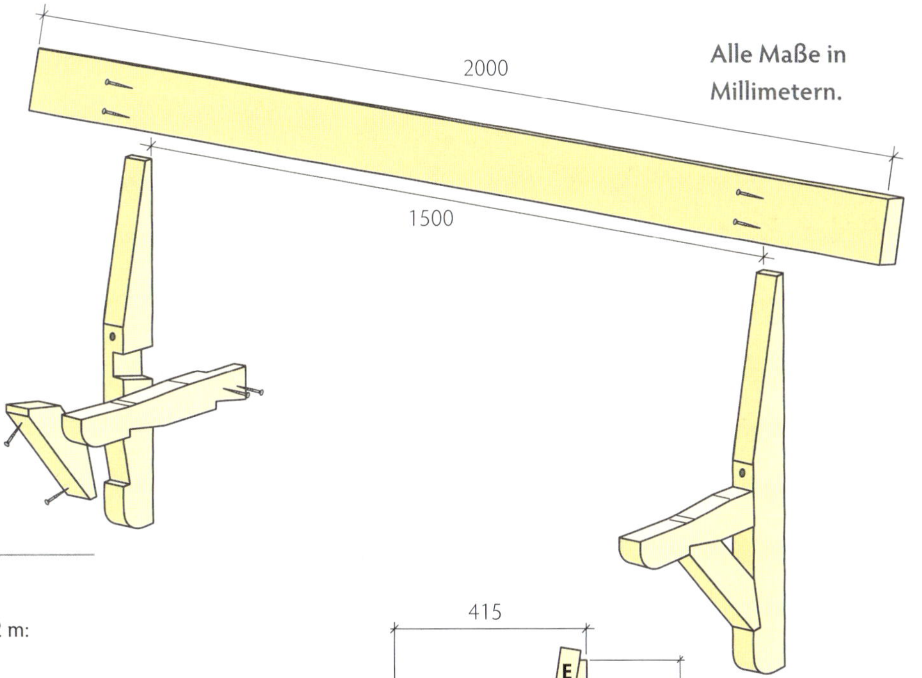

Alle Maße in Millimetern.

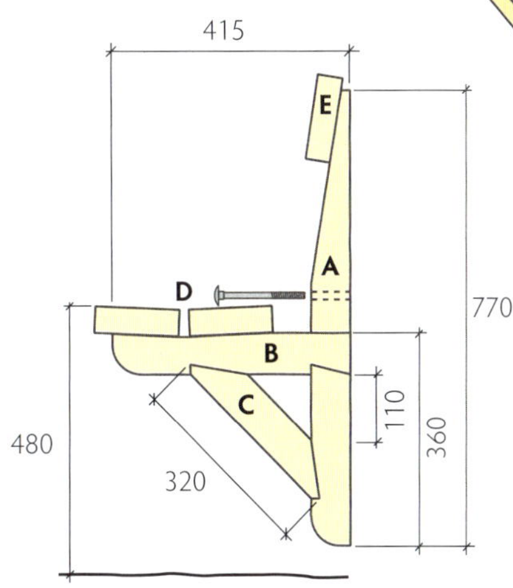

Material

Gehobeltes Holz, 45 x 70 mm, ca. 3,2 m:
- 2 St. à 770 mm (A)
- 2 St. à 415 mm (B)
- 2 St. à 320 mm (C)

Gehobeltes Holz, 45 x 145 mm, ca. 6 m:
- 3 St. à 2000 mm (D und E)

Holzschrauben

Wasserfester Leim

Schrauben für die Aufhängung:
- 2 St. (In diesem Fall hängt die Bank an einem Schuppen und wurde mit durchgehenden Schlossschrauben befestigt. Bei der Art der Befestigung wie auch der Zahl der Schrauben müssen Sie sich nach der Wand richten.)

So wird's gemacht

1. Schneiden Sie die beiden Träger A für die Bank zu. An der Spitze sollten Sie 15 mm stark sein.
2. Schneiden Sie einen Keilausschnitt in ein Ende der Auflage für die Sitzfläche B und schneiden Sie danach die Bohle auf die halbe Stärke.
3. Runden Sie B am vorderen Ende ab und sägen Sie danach die Auflage für die Sitzbretter zu. In der Mitte ist sie 10 mm niedriger.
4. Legen Sie die Sitzauflage B über die Träger A und markieren Sie, wie diese zugeschnitten werden müssen. Sägen Sie sie ein und stemmen Sie bis zur halben Stärke des Holzes aus.
5. Bohren Sie die Löcher für die Aufhängungen in die Träger A.
6. Runden Sie die Träger A unten ab und die Sitzauflage B ganz außen (falls Sie Letzteres unter Schritt 3 noch nicht getan haben). Der Radius beträgt 50 mm.
7. Legen Sie A und B aufeinander. Achten Sie darauf, dass der Winkel stimmt. Legen Sie die Querstrebe C im 45°-Winkel darüber und zeichnen Sie an.
8. Sägen Sie die Aussparungen für C sowohl in A als auch in B. Legen Sie nun wiederum A und B im richtigen Winkel zusammen. Nun liegt C darunter. Markieren Sie, wie C an den Enden beschnitten werden muss. Schneiden Sie C zu, legen Sie die Teile wieder zusammen und eventuell müssen Sie vor der Endmontage ein wenig mit der Feile nacharbeiten.
9. Verleimen und verschrauben Sie die Teile A, B und C zu zwei Konsolen. (Die Konstruktion ist sehr stabil, eigentlich hält sie ohne Leim und Schrauben zusammen.)
10. Befestigen Sie die Konsolen an der Wand.
11. Verschrauben Sie die Sitzflächen D und die Lehne E.
12. Es ist eine gute Idee, die Konsolen und die Sitz- und Lehnenbretter vor der Montage zu streichen.

Baumbank

Ein Klassiker – eine Bank rund um einen großen Baum herum!
Es ein wunderbares Gefühl,
an einem warmen Sommertag den Schatten des Blattwerks
eines großen Baumes aufzusuchen.
Oder warum sollte man sich nicht ganz nah
an den Stamm kauern, wenn der Regen fällt?
Holzbänke vermitteln Gemütlichkeit und Geborgenheit.
Es ist fast wie in einer Koje.

Material

Die Bank passt zu Bäumen bis zu einem Umfang von 185 cm oder 60 cm Durchmesser. Das gesamte Holz ist druckimprägniert.

Gehobeltes Holz, 45 x 70 mm (A), ca. 9 m:

Gehobeltes Holz, 70 x 70 mm, ca. 2 m:
- 4 St. à 480 mm (B)

Terrassenbohlen, 22 x 95 mm, ca. 30 m:
- 8 St. à 520 mm (C)
- 8 St. à ca. 650 mm (D)
- 40 St. in verschiedenen Längen (E)

Holzschrauben

Winkelbeschläge: 8 St.

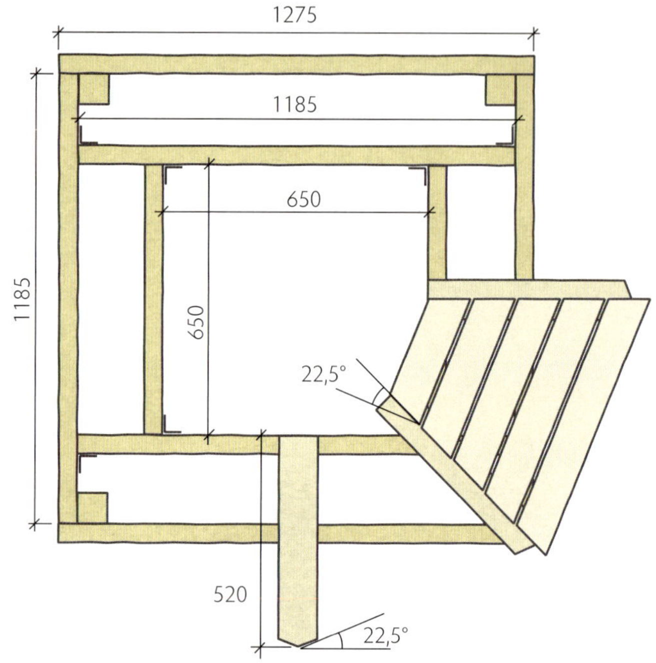

So wird's gemacht

Die Bank ist leichter zu bauen als man glaubt, wenn man sie im fertigen Zustand sieht. Aber es ist fast unabdingbar, mit einer Kapp- oder Gehrungssäge zu arbeiten, wenn man bedenkt, wie viele 22,5°-Winkel zu schneiden sind.

1. Schneiden Sie die Teile für den Rahmen A zu und verbinden Sie diese mit Schrauben und Winkelbeschlägen sowie mit langen Schrauben (mindestens 75 mm) an den Ecken. Messen Sie genau, das ist sehr wichtig, damit hinterher alles stimmt.
2. Schneiden Sie die Beine B zu und befestigen Sie diese mit langen Schrauben an ihrem Platz.
3. Schneiden Sie die Träger C der Sitzfläche zu. Bohren Sie vor und verwenden Sie lange Schrauben (75 mm) zur Befestigung. Vermessen Sie so, dass der Abstand zwischen den Trägern um den Baum herum 650 mm beträgt.
4. Vermessen Sie den Zwischenraum zwischen den Spitzen der unterliegenden Bauteile C. Wenn alles passt, haben Sie nun überall den gleichen Abstand. Aber vermutlich passt es nicht ganz, doch das macht nichts. Vermessen Sie und schneiden Sie die Verblendungen D nacheinander zu. Die Enden müssen zuerst im 22,5°-Winkel zugeschnitten werden. Bohren Sie vor und befestigen Sie die Verblendungen an den Enden der unterliegenden Bauteile C mit Schrauben. Um die Konstruktion noch zu verstärken, kann man auch noch Schrauben an den Ecken des Rahmens A eindrehen.
5. Schneiden Sie jeweils ein Ende von 5 St. Sitzbrettern im 22,5°-Winkel zu, E. Legen Sie sie an ihren Platz und denken Sie daran, dass das äußerste von ihnen an der Vorderkante 10 mm überstehen muss. Reißen Sie mit einem Lineal oder einem Richtbrett das andere Ende so an, dass Sie wissen, wo es abgeschnitten werden muss. Bohren Sie vor und befestigen Sie die Sitzbretter auf den unterliegenden Bauteilen C. Verwenden Sie kurze Schrauben, die nicht durch beide Bretter hindurchgehen. Setzen Sie Ihre Arbeit so rundherum fort. Am Ende können Sie einige Schrauben durch das äußere Sitzbrett und in die Verblendung D einbringen.

Als ich diese Bank baute, habe ich sie in der Garage komplett fertiggestellt. Danach nummerierte ich die Teile auf der Unterseite, nahm die Bank auseinander, sodass ich sie um den Baum herum setzen konnte, und montierte die zerlegten Teile an Ort und Stelle. Auf diese Weise lässt sich alles leichter vermessen, damit es richtig und gerade wird.

Alle Maße in Millimetern.

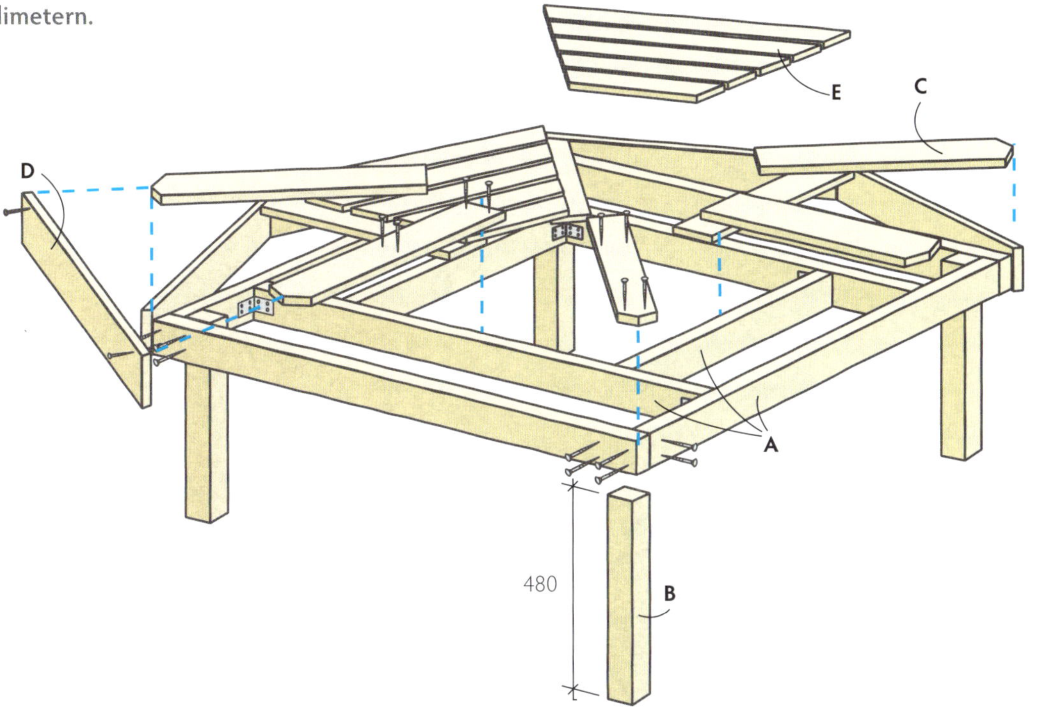

Klassische Gartenmöbel

Es ist sehr populär geworden, alte Gartenmöbel zu kaufen und zu restaurieren. Aber die Preise auf dem Gebrauchtmarkt sind parallel zur Nachfrage gestiegen und manchmal sind die Gartenmöbel in einem richtig schlechten Zustand. Dann kann es sich lohnen, sie selbst zu bauen. Man benötigt dann ein wenig Tischlergene, um diese Gartenmöbel zu bauen und nichts geht im Handumdrehen. Aber das Gefühl „Ich habe es selbst gemacht!" ist dann doch sehr wertvoll.

Material für den Stuhl

Die Maße für A, B und C sind etwas größer angegeben, als sie am Ende sind, damit man später noch alles anpassen kann.

Gehobeltes Holz, 28 x 95 mm, ca. 2,2 m:
2 St. à 1050 mm (A)

Gehobeltes Holz, 28 x 70 mm, ca. 2,3 m:
2 St. à 650 mm (B)
2 St. à 450 mm (C)

Gehobeltes Holz, 16 x 45 mm, ca. 1,8 m:
4 St. à 406 mm (D, E und G)

Gehobeltes Holz, 16 x 70 mm, ca. 4 m:
1 St. à 440 mm (F)

Gehobeltes Holz, 22 x 28 mm:
10 St. das kleinste 346 mm, das längste 430 mm (H)

Schlossschrauben mit Unterlegscheiben und selbstsichernden Muttern: 4 St.

Holzschrauben

Wasserfester Leim

Außenfarbe

So wird der Stuhl gemacht

Bevor die Teile montiert werden, werden sie geschliffen und alle Kanten und Ecken werden angefast. Bohren Sie immer vor und verbinden Sie die Teile mit Leim und Schrauben. Arbeiten Sie immer sorgfältig und kontrollieren Sie mit einem Anschlagwinkel.

1. Schneiden Sie die Teile A, B und C zu.
2. Bohren Sie dort kleine Löcher, wo die Schrauben später sitzen sollen, und montieren Sie die Teile vorübergehend mit einem dünnen Nagel anstelle der Schrauben. Legen Sie eine Seite hin, um alles zu kontrollieren und anzupassen. Markieren Sie genau, wo die Hölzer D (1 St.) und E (2 St.) sitzen sollen.
3. Sägen und stemmen Sie die Aussparungen für die Rückenlehnenbretter F und G an den Bauteilen A mit dem Stemmeisen aus.
4. Schneiden Sie die Rückenlehnenbretter F, G und 2 St. der Hölzer E zu und verleimen und verschrauben Sie diese an A.
5. Schneiden Sie die Hölzer D zu und verschrauben Sie diese an B.
6. Setzen Sie die zwei montierten Teile provisorisch mit Nägeln zusammen und kontrollieren Sie alles, bevor Sie bohren und den Stuhl mit Schrauben zusammenfügen. Achten Sie darauf, dass eine Unterlegscheibe zwischen C und A sowie zwischen C und B liegt.
7. Schneiden Sie die Sitzbretter H so zu, dass sie etwas größer sind, als sie am Ende sein müssen. Befestigen Sie diese provisorisch in gleichmäßigem Abstand und drehen Sie die Schrauben nur ein kleines Stück ein. Markieren Sie die Schnittstellen. Die sechs hinteren werden an C angepasst und die vier vorderen werden in einem sanften Bogen breiter. Schneiden Sie sie zu und befestigen Sie diese mit Leim und Schrauben.
8. Drehen Sie die Schlossschrauben wieder heraus und behandeln Sie die Oberfläche aller drei Teile einzeln.

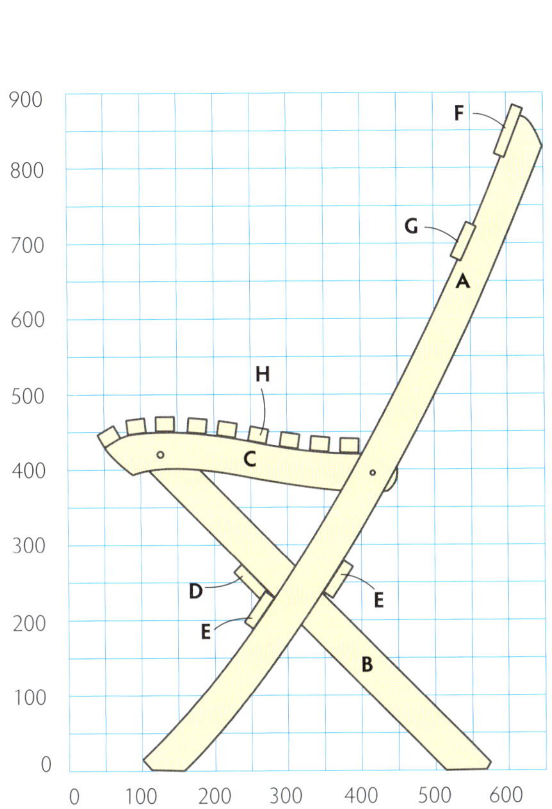

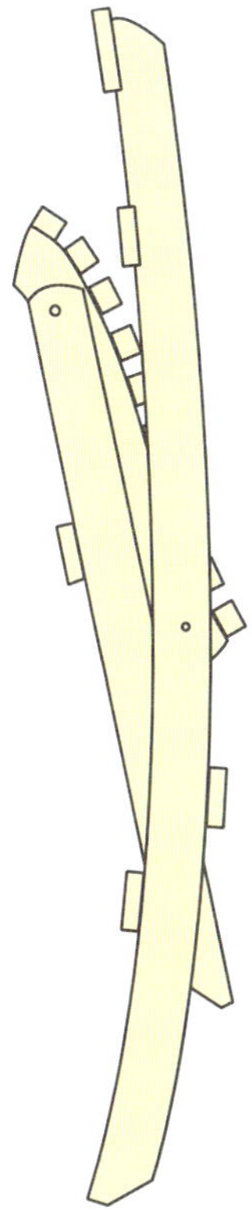

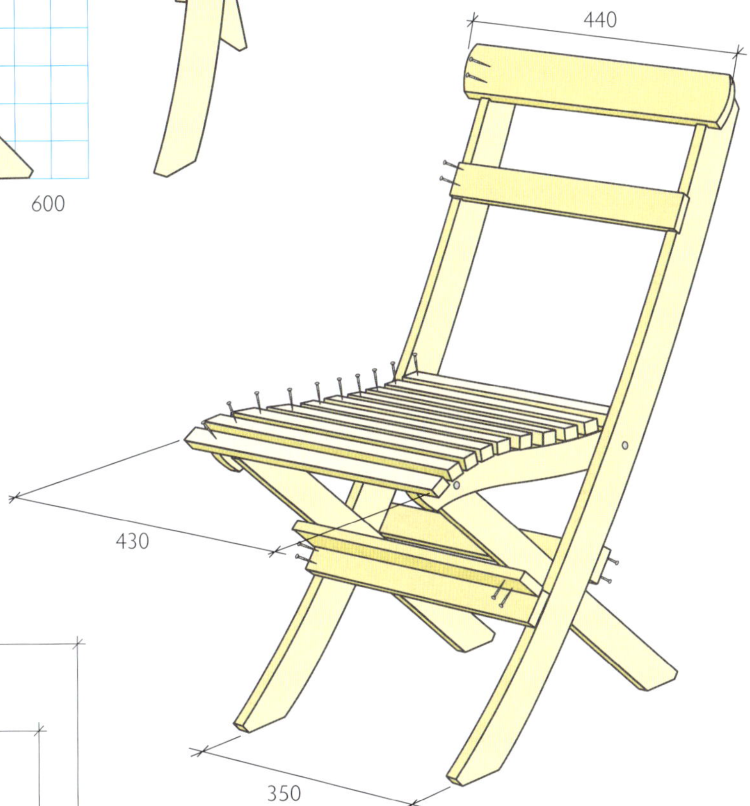

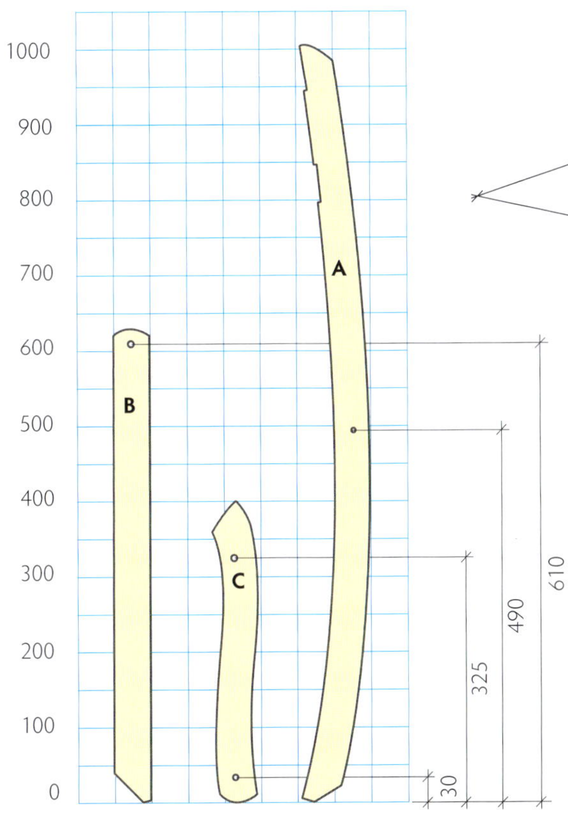

Alle Maße in Millimetern.

Material für den Tisch

Die Maße für A und B sind etwas größer angegeben, als sie am Ende sind, damit man später noch alles anpassen kann.

Gehobeltes Holz, 28 x 45 mm, ca. 4 m:
2 St. à 1000 mm (895 mm) (A)
2 St. à 1000 mm (885 mm) (B)

Gehobeltes Holz, 28 x 95 mm, ca. 1,4 m:
2 St. à 680 mm (C)

Gehobeltes Holz, 16 x 45 mm:
1 St. à 798 mm (D)

Gehobeltes Holz, 22 x 70 mm, ca. 1,7 m:
2 St. à 110 mm (E)
2 St. à 800 mm (F)
1 St. à 740 mm (G)

Gehobeltes Holz, 22 x 45 mm:
1 St. à 855 mm (H)

Gehobeltes Holz, 16 x 70 mm, ca. 10 m:
9 St. à 1100 mm (J)

Schlossschrauben mit Unterlegscheiben und selbstsichernden Muttern: 4 St.

Holzschrauben

Wasserfester Leim

Außenfarbe

So wird der Tisch gemacht

Bevor alle Teile miteinander montiert werden, werden sie geschliffen und alle Kanten und Ecken werden angefast. Bohren Sie vor und montieren Sie die Teile mit Leim und Schrauben. Seien sie immer sehr sorgfältig und kontrollieren Sie mit dem Anschlagwinkel.

1. Schneiden Sie die Teile A, B und C zu, aber lassen Sie A und B nach unten hin etwas länger.
2. Schneiden Sie die Klötze E zu, aber machen Sie noch keine Aussparung.
3. Legen Sie das Beinpaar A und B zusammen mit den Querverbindern C und den Klötzen E aus und passen Sie die Maße an. Die Löcher, die B und C verbinden, sollten 22 mm von der Unterkante entfernt sitzen und 120 mm von dem Ende von C entfernt. Am Tischbein B muss das Loch zentriert und ca. 30 mm vom Ende entfernt sein.
4. Bohren Sie kleine Löcher, dort wo die Schlossschrauben später sitzen sollen (B liegt gegen C und B gegen A), und montieren Sie die Teile vorübergehend mit kleinen Nägeln anstelle der Schlossschrauben, sodass Sie die Position der Löcher noch anpassen können. Markieren Sie genau, wo die Leisten G (1 St.) und F (2 St.) sitzen sollen. Markieren Sie ebenso genau, wo die Klötze E sitzen sollen und zeichnen Sie die Aussparung an. Denken Sie auch daran, dass die Leiste D ebenfalls in der Aussparung Platz finden muss.
5. Vermessen und reißen Sie die Beinenden am Boden an und schneiden Sie diese zu.
6. Machen Sie die Aussparungen in den Klötzen E und befestigen Sie diese auf den Querverbindern C.
7. Bohren Sie die Löcher für die Schlossschrauben.
8. Verleimen und verschrauben Sie die Querstrebe G an beiden Beinen A, ebenso F (2 St.) an beiden Beinen B. (Das Beinpaar A muss zwischen den Beinpaaren B Platz finden.)
9. Verleimen und verschrauben Sie die Leiste D an beiden Beinen A. D muss auf beiden Seiten 28 mm überstehen.
10. Montieren Sie die Beinpaare A und B sowie den Querverbinder C mit Schlossschrauben. Denken Sie daran, dass eine Unterlegscheibe zwischen A und B sowie zwischen C und F liegt.
11. Schneiden Sie die Diagonalstrebe H zu und befestigen Sie diese. Klappen Sie den Tisch zusammen und markieren Sie so, dass der obere Teil der Streben in den Aussparungen der Klötze E zu liegen kommt, wenn der Tisch zusammengelegt wird.
12. Verleimen und verschrauben Sie die Hölzer J für die Tischplatte in gleichmäßigem Abstand. Beginnen Sie mit den beiden äußersten, danach gehen Sie von der Mitte aus.
13. Runden Sie die Ecken ab.
14. Drehen Sie alle Schrauben heraus und behandeln Sie die Oberfläche aller drei Teile einzeln.

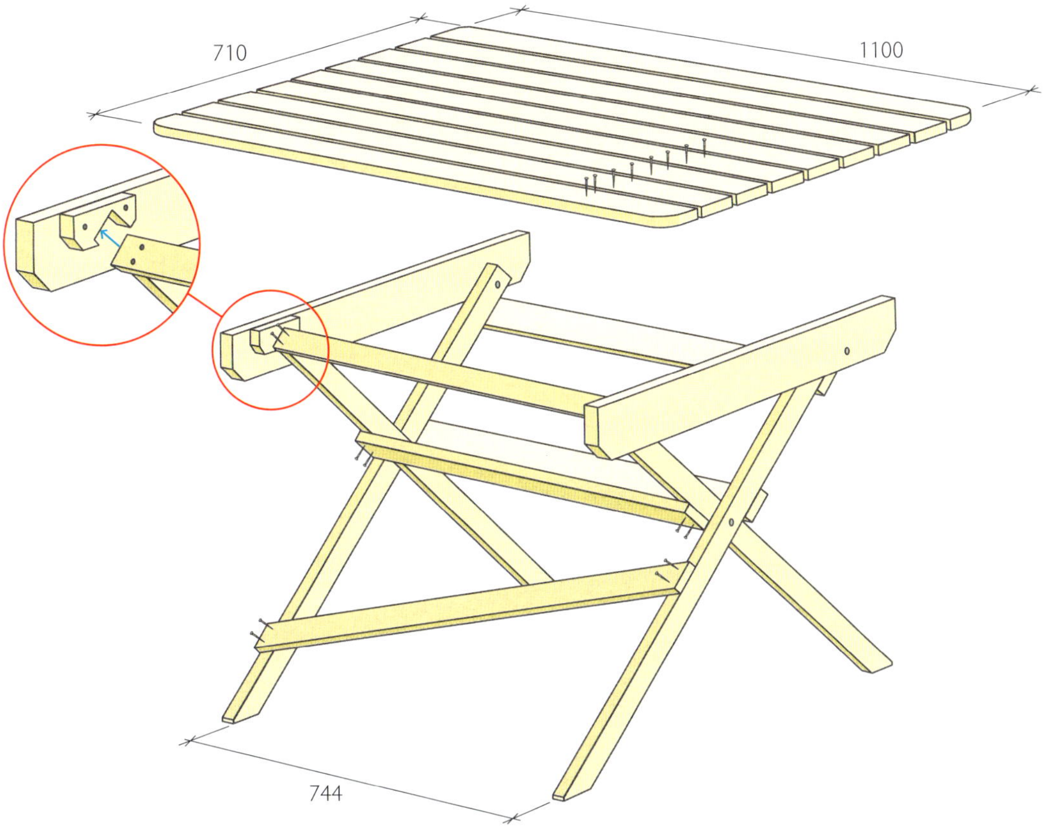

Alle Maße in Millimetern.

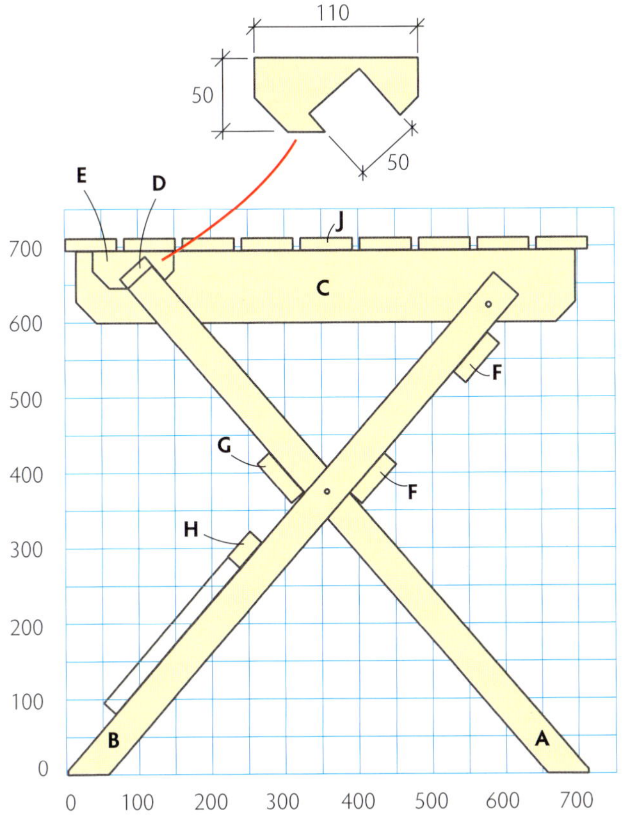

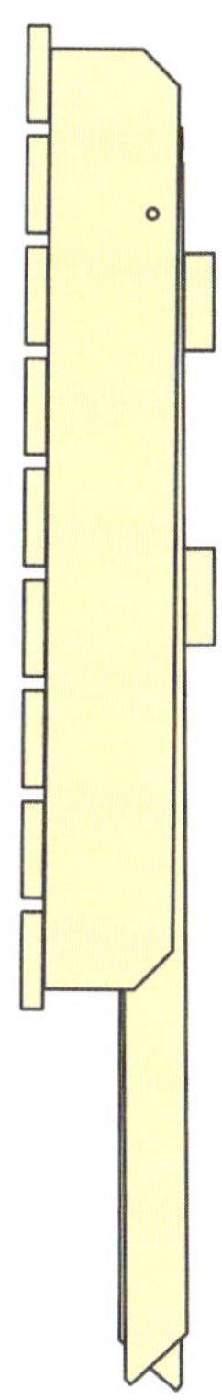

Gartenbank

so genannte „Armesünderbank"

In einem kleinen Hafen, zwischen Fischerhäuschen und Stegen, fand sich das Vorbild für die Armesünderbank. Man konnte sich richtig vorstellen, wie alle Fischer Jahr für Jahr dort gesessen und mit einem „größten" Fisch nach dem anderen angegeben haben. Die Bank passt genauso gut in einen Garten – und man kann dort ebenso gut „Seemannsgarn spinnen".

Material

Außenpaneele, 22 x 195 mm, ca. 2,6 m:
- 1 St. à 1800 mm (A)
- 2 St. à 395 mm (B)

Gehobeltes Holz, 45 x 45 mm, ca. 0,4 m:
- 2 St. à 195 mm (C)

Außenpaneele, 22 x 95 mm, ca. 3,6 m:
- 2 St. à 1800 mm (D)

Gehobeltes Holz, 45 x 70 mm, ca. 0,5 m:
- 2 St. à 250 mm (E)

Holzschrauben

Wasserfester Leim

Außenfarbe

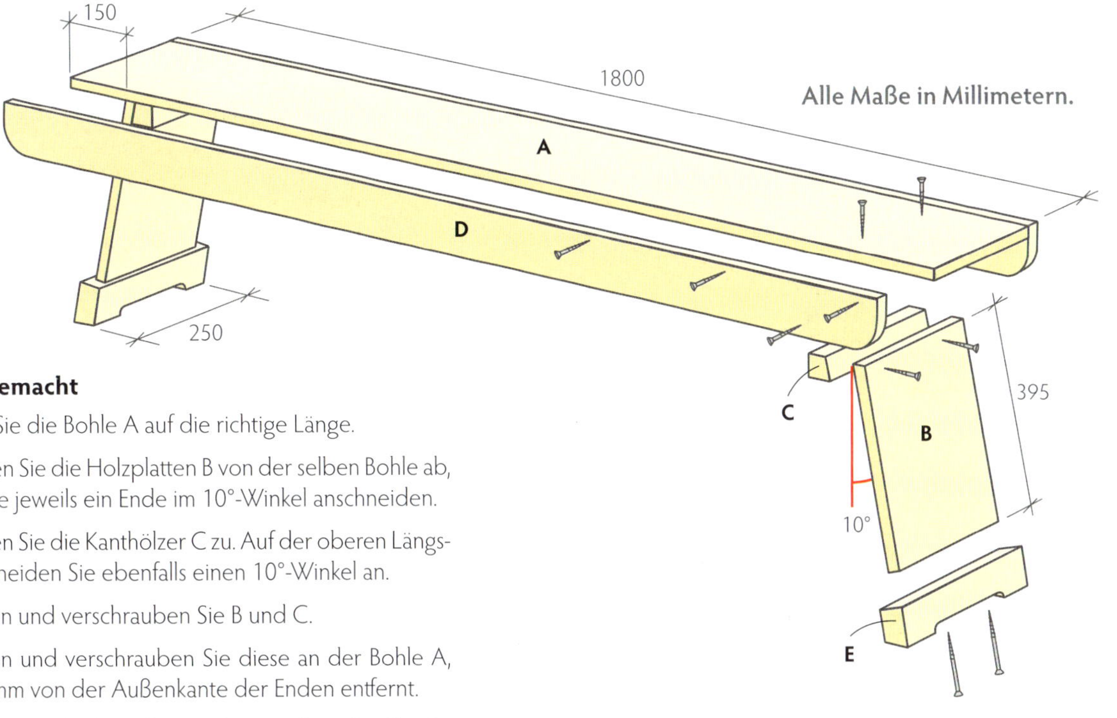

Alle Maße in Millimetern.

So wird's gemacht

1. Bringen Sie die Bohle A auf die richtige Länge.
2. Schneiden Sie die Holzplatten B von der selben Bohle ab, wobei Sie jeweils ein Ende im 10°-Winkel anschneiden.
3. Schneiden Sie die Kanthölzer C zu. Auf der oberen Längsseite schneiden Sie ebenfalls einen 10°-Winkel an.
4. Verleimen und verschrauben Sie B und C.
5. Verleimen und verschrauben Sie diese an der Bohle A, ca. 150 mm von der Außenkante der Enden entfernt.
6. Schneiden Sie die Seitenbretter D zu und runden Sie die Enden wie auf der Zeichnung gezeigt ab.
7. Verleimen und verschrauben Sie die Seitenbretter an der Bank. Es ist sehr wichtig, dass sie auch an den Beinen befestigt werden.
8. Schneiden Sie die Füße E der Bank zu. Schrägen Sie die Längskanten in einem Winkel von 10° wie in der Abb. an und schneiden Sie eine 20 mm tiefe Aussparung in die untere angeschrägte Seite.
9. Drehen Sie die Bank um und verleimen und verschrauben sie die Füße an den Beinen B.
10. Schleifen Sie die Sitzoberflächen und die Seiten. Das geht mit einem Bandschleifer am einfachsten.
11. Behandeln Sie die Oberfläche auf geeignete Weise.

Für die schwedische Originalausgabe:

www.icabokforlag.se

Fotografien: Anna Jeppsson und Hans-Ove Ohlsson
Zeichnungen: Anders Jeppsson
Layout: Anna und Anders Jeppsson

Deutsche Ausgabe:

„Mit Holz arbeiten im Garten"
Übersetzung: Peter Müller, Menden
Fachkorrektorat: Charlotte Böhnert, Neumünster
Printed in Italy
ISBN: 978-3-86630-942-5
Best.-Nr. 9150

HolzWerken ist ein Imprint von
Vincentz Network GmbH & Co KG
Plathnerstr. 4c
30175 Hannover

www.HolzWerken.net
Bitte fordern Sie unser Gesamtverzeichnis an.

Das Arbeiten mit Holz und anderen Materialien bringt schon von der Sache her das Risiko von Verletzungen und Schäden mit sich. Autor und Verlag können nicht garantieren, dass die in diesem Buch beschriebenen Arbeitsvorhaben von jedermann sicher auszuführen sind. Autor und Verlag übernehmen keine Verantwortung für eventuell entstehende Verletzungen, Schäden oder Verlust, seien sie direkt oder indirekt durch den Inhalt des Buches oder den Einsatz der darin zur Realisierung der Projekte genannten Werkzeuge entstanden. Der Verlag weist ausdrücklich darauf hin, dass vor Inangriffnahme der Projekte diese sorgfältig zu prüfen sind. Ebenso muss sichergestellt werden, dass vom Ausführenden die Handhabung der jeweiligen Werkzeuge beherrscht wird.
Der Verlag hat sich bemüht, die in diesem Buch aufgeführten Angaben und Anleitungen richtig und zuverlässig darzustellen. Der Text ist eine Übersetzung aus dem Schwedischen, das Buch geht daher von schwedischen Gegebenheiten aus. Soweit es möglich war und sinnvoll erschien, sind die Angaben auf deutsche Verhältnisse angepasst. Die Seite 118 und einige Angaben auf den Seiten 122 bis 126 wurden für die deutsche Ausgabe angepasst.